Der Weg ins
21. Jahrhundert

Der CLUB OF ROME wurde im Jahre 1968 von Aurelio Peccei gegründet. Peccei lud dreißig Wissenschaftler und Politiker nach Rom ein, um mit ihnen über weltweite Probleme zu diskutieren. Es wurde beschlossen, daß der Club weder politische noch wirtschaftliche Sonderinteressen vertreten dürfe – seine Aufgabe sollte sein, globale Krisensituationen zu analysieren sowie Informationen und Alternativen auszuarbeiten, die den Verantwortlichen in allen Ländern Entscheidungshilfe sein könnten.

Die apokalyptisch-pessimistische Studie »Die Grenzen des Wachstums« (DVA 1972) wurde in mehr als 20 Sprachen übersetzt. Sie erregte größtes Aufsehen und wurde zum Anlaß einer weltweiten Kontroverse zwischen Wissenschaftlern und Politikern.

Aurelio Pecceis Buch »Die Qualität des Menschen – Plädoyer für einen neuen Humanismus« machte die Wendung von der negativen zur positiven Prognose deutlich, eine Tendenz, die in der dritten Studie an den Club of Rome »Das menschliche Dilemma – Zukunft und Lernen« (Molden 1979) und in Pecceis Buch »Die Zukunft in unserer Hand« (Molden 1981) noch unterstrichen wurde: Die Menschheit kann nur überleben, wenn sie es lernt, krisenhafte Entwicklungen vorweg zu begreifen und zu steuern.

Berichte an den

CLUB OF ROME

von

Aurelio Peccei, Eduard Pestel,
Mihailo Mesarović u. a.

Der Weg ins 21. Jahrhundert

Alternative Strategien für die Industriegesellschaft

VERLAG MOLDEN – S. SEEWALD GMBH

Aus dem Englischen übertragen von Dieter Vogel
Titel des englischen Originalmanuskripts:
»Approaching the 21st Century – Global Problems and Human Choices«

2. Auflage

Verlag Molden – S. Seewald GmbH, München
Lektorat: Eva Schuster
Umschlag: Volker Pfeifle
Satz: Fotosatz Völkl, Germering
Druck und Bindung: Pressedruck, Augsburg
ISBN: 3-88919-014-6

Inhaltsverzeichnis

4. Automation und Information

5. Menschliche Ansiedlungen

6. Forschungen, Konzepte und Ideen zur Lösung der Weltprobleme – Open Session

Einführung

Der vorliegende Band enthält eine Reihe von Referaten, die von Naturwissenschaftlern, Humanisten, Ökonomen und Politikern anläßlich der internationalen Konferenz vorgetragen wurden, die der Club of Rome vom 26. bis 28. Oktober zum Thema »Auf dem Weg ins 21. Jahrhundert: weltweite Probleme und menschliche Entscheidungen« nach Tokio einberufen hatte. Es versteht sich von selbst, daß kein vorbereitetes Thesenpapier und kein zusammenfassender Bericht alles erfassen und wiedergeben könnte, was diese Wissenschaftler verschiedener Disziplinen und die Politiker an wesentlichen Gesichtspunkten über die großen Fragen unserer Zeit vorgebracht haben. Ich glaube aber, daß die Hauptpunkte unserer Debatten auf den folgenden Seiten zusammengetragen sind.

Wir wollten mit der Einberufung der Konferenz für einen Rahmen sorgen, der die Teilnehmer, die aus allen Ländern kamen, zu schöpferischem Denken anregen konnte. Sie sollten gerade zu diesem Zeitpunkt, der für die Geschichte der Menschheit entscheidend sein kann, die Gelegenheit haben, ein tieferes Verständnis zu entwickeln für die ungeheuren, nie dagewesenen Herausforderungen, vor denen die Menschen heute stehen, für das Ausmaß und die Vielschichtigkeit der Anstrengungen, die wir erbringen müssen, um – individuell und kollektiv – diesen Herausforderungen begegnen zu können. Ich hoffe, daß der Leser anregende Argumente und Ideen finden wird, die ihm Anlaß zu weiterem Nachdenken sind. Gewissermaßen als Ermutigung möchte ich selbst einige Überlegungen beisteuern.

Zunächst einmal ist es kein Zufall, daß die Konferenz

gerade in Tokio abgehalten wurde. Der ostasiatisch-pazifische Raum rückt immer mehr ins Zentrum des Weltgeschehens, da insbesondere Japan und China in vielen Bereichen immer größeren Einfluß auf das internationale System haben werden. Obwohl die beiden Nationen demselben kulturellen Nährboden entstammen, gehen sie heute grundverschiedene Wege. Ich bin jedoch davon überzeugt, daß sie durch die Macht der Umstände und den raschen Wandel der Situationen in nicht allzu ferner Zukunft wieder zusammenkommen werden. Bei beiden wird sich die Erkenntnis durchsetzen, daß man sich erstaunlich gut zu beiderseitigem Nutzen ergänzen und eine starke Bastion des Friedens und der Stabilität bilden kann, womit man der Menschheit gerade jetzt einen großen Dienst erwiese.

China sieht sich großen Problemen gegenüber, da sich seine Bevölkerung seit der »Befreiung« im Jahre 1949 praktisch verdoppelt hat und nun mehr als eine Milliarde Menschen umfaßt, was vor allem – jedoch nicht ausschließlich – auf die »Kulturrevolution« zurückzuführen ist. Obwohl das chinesische Volk seit jeher bescheiden lebt, hart arbeiten kann und viel Geschick und Geduld bewiesen hat, kann das Land beim besten Willen nicht mehr als etwa 800 Millionen Menschen ausreichend versorgen. Die chinesische Führung hat nun mit der diesem Volk eigenen pragmatischen Haltung drei grundlegende Ziele formuliert, die das Land in den kommenden zwanzig Jahren anstreben wird.

Ein Ziel – allerdings dürfte es nur schwer erreichbar sein – ist, mit Hilfe einer rigorosen Familienplanung (ein Kind pro Familie lautet die Losung) das Bevölkerungswachstum drastisch zu verringern. Bis zum Ende des Jahrhunderts soll es nicht mehr als 1,2 Milliarden Chinesen geben, und danach soll ihre Zahl allmählich abnehmen. Keiner weiß, ob diese Schätzungen zutreffend sind oder der eingeschlagene Weg sinnvoll ist; fest steht, daß man ihn um jeden Preis verfolgen wird. Das zweite Ziel – es erscheint realisierbar – ist es, die Bevölkerung und die Ressourcen des Landes zu mobilisieren, um bis zum Jahre 2000 die landwirtschaftliche und industrielle Produktion zu vervierfachen. Diese Ziele will man aus eigener Kraft erreichen, mit Hilfe von Dezentralisierung, Anreizen zur Gründung eigener Betriebe und dem Einsatz einfacher, arbeitsintensiver Technologien. Nur in wenigen, hochspezialisierten Sektoren will man sich auch der entwickelteren Technologien bedienen. Das dritte übergreifende Ziel, von dem sich die chinesische Politik leiten läßt, heißt Frieden; man ist sich in China bewußt, daß noch so heroische Anstrengungen vergeblich wären, daß das soziale und politische Gebäude, das man unter großen Mühen errichtet hat, zusammenbrechen würde, wenn nicht über lange Zeit der Frieden gesichert werden könnte. Im Kern geht es darum, daß mit der Sowjetunion eine Übereinkunft zur gegenseitigen Tolerierung getroffen werden muß.

Sollte es China gelingen, diese Ziele auch nur zu einem Teil zu erreichen, wird mit Sicherheit sein Einfluß unter den Völkern größer werden, und so manches Land der Dritten Welt, das mit der Nachahmung amerikanischer und europäischer Vorbilder Schiffbruch erlitten hat, wird sich dann das chinesische Modell zu eigen machen.

Ganz anders gelagert ist der Fall Japan. Das Land ist jetzt der zweitgrößte Industriestaat der Erde und schickt sich offenbar an, bald die Nummer Eins zu sein; auf technologischem Gebiet hat es bereits in vielen Bereichen Europa und die Vereinigten Staaten hinter sich gelassen. Seit einigen Jahren werden die Investitionen in »reife« Industriezweige gedrosselt und statt dessen kapital- und wachstumsintensive, zukunftsträchtige Industriezweige ausgebaut. Die Forschungs- und Entwicklungspläne sind langfristig darauf ausgerichtet, die jeweils neuesten technischen Errungenschaften produktiv zu nutzen. Auf den verschiedenen Gebieten wurden Zeitpläne aufgestellt, mit denen man recht eindrucksvolle Ziele zu erreichen hofft:

in Elektronik und Optik, auf dem Energiesektor, in den Bio-Wissenschaften, der Erschließung von Meeren und Wüsten, der Entwicklung neuer Stoffe, in der Plasmaphysik, Meteorologie, der Weltraumforschung, der Erdbebenkontrolle usw. In Japan wird gleichsam die Welt der Zukunft gestaltet – einer Zukunft allerdings, die nicht überall in der Welt gleich aussehen wird.

Bevor ich auf diesen wichtigen Punkt näher eingehe, möchte ich daran erinnern: das neue Japan, das an allen Fronten Phantasie und Leistungsfähigkeit unter Beweis gestellt hat, verzichtete nach dem Zweiten Weltkrieg darauf, wieder eine militärische Großmacht zu werden. Die Verfassung schreibt es vor, das Eigeninteresse gebietet es, auf Wiederbewaffnung zu verzichten. Von seiten der Vereinigten Staaten und gewisser Interessengruppen der japanischen Industrie wird jetzt aber zunehmend Druck ausgeübt. Diese Kräfte wollen ein militärisch starkes Japan, das nicht nur sich selber verteidigen, sondern strategische Aufgaben in weit größerem Rahmen übernehmen kann. Ich denke, die öffentliche Meinung wird diesen Kräften entgegenarbeiten, so daß es der Regierung schwerfallen dürfte, dem Druck nachzugeben. Auch politisch war Japan bisher eher zurückhaltend. Hier zeichnet sich jedoch eine Kursänderung ab; das Land wird sich als politische Kraft ins Spiel bringen, mit der gerechnet werden muß.

Die Entwicklungen im Fernen Osten werden sich möglicherweise weltweit positiv auswirken. Wenn China und Japan stärker und einflußreicher werden, wird die Welt nicht mehr sein, was sie einmal war; sie wird weniger polarisiert und ausgeglichener sein, und wir alle werden sicherer leben können. Konnten sich Europa und die Vereinigten Staaten im vergangenen Jahrhundert noch zu Recht als Dreh- und Angelpunkt der Weltgeschichte betrachten, sollten sie nun begrüßen, daß sich zwei mächtige Staaten anschicken, gemeinsam mit ihnen und der Sowjetunion dafür zu sorgen, daß Ordnung und Vernunft die menschlichen Angelegenheiten regeln.

Ein zweites, enorm wichtiges Thema, zu dem ich einige Überlegungen beisteuern möchte, ist die Diskussion um den anscheinend unaufhaltsamen Vormarsch der Technologien, die ich gerade aufgezählt habe. An der Spitze steht die erstaunlich vielseitig verwendbare Mikroelektronik. Informatik und Telematik in Verbindung mit Automaten und Robotern, der Einsatz von Millionen kleiner Vorrichtungen und von Milliarden winzigkleiner Silikonchips wird die menschliche Muskelkraft in einem Ausmaß verstärken und ergänzen, das unsere kühnsten Träume noch übertrifft. Die Umrisse einer neuen, auf Wissen basierenden Zivilisation sind bereits zu erkennen, in der der Mensch mit einer außerordentlichen Machtfülle ausgestattet sein wird, die er allerdings gleichermaßen für gute Zwecke wie für dunkle Machenschaften einsetzen kann. Wir wünschen natürlich, daß dieses Wissen und diese Machtfülle ausschließlich dazu dienen, den Menschen auf alle nur denkbare Weise zu helfen, ihr Los zu verbessern und ihr Leben angenehmer zu machen. Gefährliche, schwierige, schmutzige und monotone Arbeiten wird man die neuen elektronischen Instrumente verrichten lassen; auch wird man die lawinenartig sich ausbreitenden disparaten Daten und Informationsfragmente, die nun tagtäglich über uns hereinbrechen, irgendwie entwirren und kontrollieren können, damit wir ihren Sinn begreifen können. Dank ihrer Vielfalt und der flexiblen Einsatzmöglichkeiten werden diese Technologien in Zukunft auch noch in anderen Bereichen Anwendung finden. Einzelheiten kann ich mir sparen, da die Elektronikindustrie darüber bereitwillig Auskunft gibt.

Die Fortschritte auf diesem Gebiet sind jedoch auch mit Gefahren verbunden. Da hier sehr viel versäumt wurde, möchte ich ganz kurz drei Gefahren benennen, die uns von der Revolution in der Elektronik drohen. Die erste betrifft den militärischen Bereich: sie rührt daher, daß das Schlachtfeld vor allem in einem Atomkrieg voraussichtlich ganz und gar »informatisiert« und »automatisiert« sein wird. Die Vorbereitungen dazu laufen auf Hochtouren, sie genießen eine höhere Priorität und werden mit größerer Eile vorangetrieben als alles, was im nichtmilitärischen Bereich geschieht. An anderer Stelle habe ich bereits davon gesprochen, daß atomare Sprengköpfe eines Tages so genau ans Ziel gebracht werden können, daß ein überraschender »Erstschlag« in den Bereich des Möglichen gerückt ist. Entsetzlich daran ist auch die Tatsache, daß dabei – selbst wenn beim Abschuß der Raketen Mensch und Computer zusammenwirken – dann die Elektronik die Kontrolle übernehmen und uns Menschen zu bloßen Opfern degradieren würde.

Die zweite Bedrohung betrifft die zahllosen Arbeiter und Angestellten in der Industrie, im Bankwesen, im Dienstleistungsbereich sowie in der Verwaltung; sie können durch die Chip-Invasion überflüssig werden. Die Theorie, die Mikroelektronik werde neue Arbeitsplätze schaffen, um Verluste auszugleichen, ist wahrscheinlich reines Wunschdenken, denn in Wirklichkeit gibt es hier keine parallelen Entwicklungen. Falls tatsächlich neue Arbeitsplätze entstehen, dürften sie für die neuen Arbeitslosen kaum geeignet sein. Eine strukturelle Arbeitslosigkeit großen Ausmaßes kommt unvermeidlich auf uns zu; ihre sozialen und politischen Auswirkungen werden sehr einschneidend sein. Die ärmeren Staaten, die Jugend und die Minderheiten in allen Staaten, also die große Masse derer, die bereits jetzt benachteiligt sind, wird diese Entwicklung noch mehr treffen; es ist damit zu rechnen, daß sie mit allen Mitteln gegen eine noch stärkere Diskriminierung kämpfen werden.

Es kommen also neue gesellschaftliche Probleme auf uns zu, die uns nicht nur neue Entscheidungen und Strategien abverlangen, sondern eine grundlegend andere Denkweise erfordern. Die in den Industriestaaten geltenden Begriffe Beschäftigung und Nichtbeschäftigung – die in falscher Weise auch noch auf die Situation der weniger entwickelten Länder angewandt wurden – werden wir modifizieren müssen. Auf die Gefahr hin, als hoffnungslos ketzerisch zu gelten, möchte ich noch einiges in Frage stellen: die Bedeutung der Arbeit und generell der wirtschaftlichen Aktivitäten im Leben des einzelnen und der Gesellschaft, die absolut herausragende Rolle, die wir der Wirtschaft selbst zubilligen, die vorherrschenden Meinungen über Marktmechanismen und Planwirtschaft, über Bourgeoisie, Proletariat und Klassenkampf. All diese traditionellen Wertungen müssen hinterfragt und neu gewichtet werden. Die mikroelektronische Revolution schreitet in so raschem Tempo voran, daß die eingeübten philosophischen und politischen Denkmuster, die unser Bild von der Stellung des Menschen in der Welt bestimmen, dringend korrigiert werden müssen.

Es wäre verfrüht, wollten wir darüber spekulieren, wie die Beziehung Mensch – Arbeit, überhaupt alle menschlichen Lebensbedingungen von Grund auf neu geregelt werden müssen. Einige Zahlen können jedoch eine Andeutung davon geben, was uns bevorsteht, auch wenn sie vornehmlich aus Industriestaaten stammen. Die durchschnittliche Lebenserwartung ist heute etwa 70 Jahre, bzw. annähernd 600000 Stunden. Zwei Drittel davon werden von den physiologischen Gegebenheiten Kindheit, Schlaf, Ruhe, Essen, Altern ausgefüllt. Die verbleibenden 200000 Stunden gehören kulturellen Aktivitäten, z. B. der Arbeit, die den Menschen vom Tier unterscheidet. Vor einigen Jahren war davon die Rede, daß die durchschnittliche Arbeitszeit eines Menschen bei 40000 Stunden liegen werde. Natürlich muß man diese Zahlen genauer untersuchen; dennoch ist mit Sicherheit davon auszugehen, daß die Arbeitszeit insgesamt noch mehr zusammenschrumpft, wenn die Fertigungsprozesse noch mehr automatisiert, die Produktion von Rüstungsgütern eingeschränkt und hoffentlich alle Gebrauchsgüter haltbarer gemacht werden. Wir werden bald über so viel Freizeit verfügen, daß daraus entweder ernste Probleme für unsere Lebensgestaltung erwachsen oder aber ungeheure Chancen für die Entfaltung unserer Persönlichkeit und unserer Lebensqualität. Es wäre nicht länger möglich, einfach von »Freizeit« zu sprechen.

Mit anderen Worten: Arbeit wird zwar auch weiterhin unerläßlich bleiben, eine schöne und befriedigende Sache sein, jedoch ihren Charakter als zentrale Lebensäußerung und Grundbedürfnis des Menschen verlieren und gleichberechtigt neben anderen kulturellen Aktivitäten stehen, die sich erst noch herausbilden müssen. Eine Reihe von altehrwürdigen Funktionen wird wohl an Bedeutung verlieren und durch andere ersetzt werden; die Helden der Zukunft werden voraussichtlich nicht mehr die »Macher« sein, die ihre ganze Energie auf die Schaffung von materiellem Wohlstand konzentrieren – Unternehmer und Arbeiter –, sondern eher die »Inspiratoren«, die sich um Mittel und Wege bemühen, wie sie ihren Mitmenschen dazu verhelfen können, ihre körperlichen, intellektuellen und geistigen Fähigkeiten zu entwickeln, ohne von Arbeit abhängig zu sein.

Die dritte sehr reale Gefahr, die uns droht, sehe ich im Nord-Süd-Konflikt, der die Ursache von Instabilität und Krisenanfälligkeit in der Welt ist. Sollte sich der Spalt zur unüberbrückbaren Kluft erweitern, wird es mit Sicherheit zur Katastrophe kommen. Forschung, Produktion und Anwendung der Mikroelektronik sind im Norden beheimatet. Die Vereinigten Staaten und Japan legen ein so phantastisches Tempo vor, daß Westeuropa bald hinterherhinken wird und selbst die Bundesrepublik Deutschland nur schwer mithalten kann. Die Sowjetunion ist dank großzügig ausgebauter wissenschaftlicher Einrichtungen ebenfalls gut im Rennen, wobei festzustellen ist, daß neue Erfindungen zuallererst militärisch genutzt werden. Insgesamt gesehen werden die sogenannte Erste und Zweite Welt in der Lage sein, die Auswirkungen dieser neuen Technologien zu verkraften und ihren Lebensstil so zu verändern, daß sie von den Silikonchips nicht überrollt werden.

Je mehr Mikroprozessoren der Norden einsetzen wird, desto eher kann auf die billigen Arbeitskräfte des Südens verzichtet werden. Die Dritte Welt wird dadurch in noch größere Schwierigkeiten gestürzt. Die meisten Entwicklungsländer müssen erst noch die älteren, einfacheren Technologien für ihre Zwecke nutzen lernen. Da sie weder technisch noch administrativ über das Know-how verfügen, das der Umgang mit den neuen Technologien erfordert, besteht die Gefahr, daß sie ihrem Ansturm erliegen werden. Es könnte sich als verhängnisvoller Fehler erweisen, wenn es die Industrieländer so weit kommen ließen. Sie glauben immer noch, daß die Uneinigkeit und die Spannungen, die die Beziehungen zwischen den Völkern belasten, daß die vielfach erbärmlichen Lebensbedingungen im Süden ihre eigene Position nicht entscheidend berühren. Wenn sie jedoch auch diesmal so kopflos und rücksichtslos vorgehen, werden mit Sicherheit weite Teile der Menschheit von diesem ungeheuren Sturzbach des »Fortschritts« hinweggeschwemmt und auf der Strecke bleiben. Sie werden ihre Wunden lecken und auf Vergeltung sinnen. Auch in den Industrieländern muß sich die Einsicht durchsetzen, daß alle Völker und Staaten dieser Erde dasselbe Schicksal ereilen wird, denn die wechselseitige Abhängigkeit in der Welt wird immer stärker. Es liegt also in ihrem eigenen Interesse, dafür zu sorgen, daß die Dritte Welt mit ihrer Hilfe und gemeinsam mit ihnen in das neue, technologische Zeitalter eintritt.

Alle diese Überlegungen geben wahrlich kein ermutigendes Bild ab. Und weitere widrige Faktoren, die zu Sorgen Anlaß geben, kommen noch hinzu. Wir müssen schlicht feststellen, daß unsere stolze Spezies Mensch sich verrannt hat, indem sie an Zahl, an unersättlichem Ehrgeiz alle Schranken sprengte und sich außerstande zeigte, ihren großen Schatz an Wissen und Machtmitteln in intelligenter Weise zu nutzen, um den angerichteten Schaden zu beheben. Trotz unserer außergewöhnlichen technisch-wissenschaftlichen Errungenschaften sind offenbar auch die jetzt lebenden Generationen nicht fähig zu verhindern, daß es weiter abwärts geht und für die kommenden Jahre die Zeichen auf Sturm stehen.

Gewiß, die Veränderungen, die das Rad herumreißen sollen, fallen schwer, doch unmöglich sind sie nicht. Wir sind nicht blind einem Schicksal ausgeliefert, sondern können bestimmte Entwicklungen korrigieren. Es liegt bei uns, bei allen, die an diesem kritischen Punkt Bürger dieser Welt sind, die Aufgaben zu erkennen, die entsprechenden Entscheidungen zu treffen und dann alle geistigen und materiellen Möglichkeiten in die Waagschale zu werfen, um das Ziel zu erreichen. Im folgenden beleuchte ich einige Gesichtspunkte und Probleme, die bei diesem Unterfangen eine Rolle spielen werden. Weitere Punkte sind in meinem letzten Buch »Die Zukunft in unserer Hand«* aufgeführt.

In diesem Zusammenhang möchte ich einen grundlegenden Gedanken besonders hervorheben. Die tiefgreifende Evolution, die wir selbst vorantreiben müssen, damit die Menschheit endlich den nötigen Kurswechsel vollzieht, liegt im Bereich unserer Möglichkeiten, vorausgesetzt, wir erkennen, daß es eine breitangelegte kulturelle Evolution sein muß, die nicht nur irgendwelche Eliten betrifft, sondern alle Menschen in allen Teilen der Welt. Es handelt sich um einen Vorgang, der nur dann ausgelöst, aufrechterhalten und immer wieder erneuert werden kann, wenn die Fähigkeiten und Qualitäten, die jedem Menschen innewohnen, gefördert und ans Tageslicht gehoben werden. Worauf es also in erster Linie ankommt: die menschlichen Fähigkeiten müssen so weit ausgebildet werden, daß sie der wachsenden Verantwortung Rechnung tragen. Ich habe dafür das Wort von der »menschlichen Revolution« geprägt. Sie ist unerläßlich und nicht ersetzbar durch Fortschritte auf wissenschaftlichem, technischem, wirtschaftlichem oder irgendeinem anderen Ge-

* Verlag Fritz Molden, München 1981

biet. Zudem können Fortschritte in diesen Bereichen weder dauerhaft noch nützlich sein, wenn die Menschen die Fortschritte, die sie selbst zuwegegebracht haben, innerlich gar nicht verkraften und sich der Möglichkeiten und Gefahren unserer Zeit gar nicht bewußt werden, wenn sie schließlich keinerlei Einfluß haben auf die Entscheidungen, die der menschlichen Gemeinschaft und der Umwelt zugutekommen können.

Und doch bin ich überzeugt, daß wir die Wende zum Guten erreichen können, weil in vielen Ländern Bewegungen entstanden sind, die ein waches Bewußtsein von unserer Situation haben und einen Kurswechsel befürworten. Ich denke dabei zum Beispiel an die »grüne« Bewegung, zu der weit mehr Menschen zu rechnen sind als nur diejenigen, die an Demonstrationen teilnehmen oder bestimmte politische Parteien wählen. Es ist eine Basisbewegung, der es bereits gelungen ist, der Öffentlichkeit das Bewußtsein zu schärfen dafür, wie notwendig die Bewahrung der natürlichen Ressourcen ist und wie gefährlich deren hemmungslose Plünderung. Die Bewegung setzt sich für den Schutz der Biosphäre ein – den Schoß, dem unsere Art entstammt und dem sie all das verdankt, was sie zu ihrem Fortbestand braucht – und hält dies für die menschliche Existenz und die Qualität unseres Lebens für entscheidend. Aller Voraussicht nach wird die Bewegung noch stärker und einflußreicher werden und unnachgiebig auf dem Schutz der Umwelt bestehen, selbst wenn wir dafür kurzfristig Opfer bringen müssen; auf die Dauer kann es nämlich keine wirtschaftliche Entwicklung geben, wenn die ökologischen Grundlagen erschöpft sind.

Auch die Friedensbewegung möchte ich hier nennen; sie mag sich zwar aus verschiedenen Elementen zusammensetzen, findet sich jedoch im gemeinsamen Aufbegehren gegen den Irrsinn des Wettrüstens in einer hochtechnischen Welt. Ihr Protest richtet sich in erster Linie gegen den »military-industrial complex«, ist jedoch weit umfassender, weil hinter diesem sogenannten militärisch-industriellen Komplex mächtige politische, wirtschaftliche und gewerkschaftliche Interessengruppen stehen. In Wahrheit ist der »schuldige Teil« das gesamte Establishment, das in allen Ländern der Erde, im Osten wie im Westen, im Norden und im Süden die Zügel in der Hand hält. Dieses Welt-Establishment ist immer noch fasziniert von überholten Souveränitäts- und Sicherheitskonzepten und so darauf versessen, seine Vormachtstellung zu sichern, daß es vor einem irrationalen Wettrüsten, das die militärische Katastrophe immer mehr in den Bereich des Möglichen rückt, nicht zurückschreckt. Es wird unter dem Vorwand betrieben, irgendwelche Ideale oder liebgewonnene Besitzungen müßten beschützt werden – ob das Freiheit ist oder ein bestimmter Lebensstil, ob Tradition oder Revolution, ob eine Ideologie oder eine Grenze. Die Friedensbewegung gewinnt an Boden, da immer mehr einfache Bürger merken, daß hinter gewissen Phrasen, wohlklingenden Worten, sich allzuoft weniger ehrenwerte Interessen verbergen: Machtstreben, die Sicherung von Privilegien oder primitive Gewinnsucht. Und sie gewinnt an Boden, weil wir alle endlich begriffen haben, wie gewaltig die Zerstörungskraft der modernen Waffen ist und daß das Überleben der Menschheit von der Erhaltung des Weltfriedens abhängt.

Auch die Menschenrechtsbewegung möchte ich hier erwähnen. Sie ist eine elementare, durch nichts zu unterdrückende moralische, geradezu biologische, ja religiöse Reaktion auf den Zerfall menschlicher Prinzipien und Verpflichtungen, die die Grundlage unseres Menschseins darstellen. Das Entsetzen und der Schmerz, den wir empfinden, wenn die elementaren Rechte eines Menschen mit Füßen getreten werden oder wenn eine ganze Bevölkerung unterdrückt wird, müssen sich in aller Schärfe gegen die Schandtaten der Machthaber – der Diktatoren, Supermänner, Strafverfolger und Folterknechte – wenden. Ich meine also, die Menschenrechtsbewegung sollte als eine spontane und kraftvolle Erhebung gesehen werden, die sich gegen jeden Angriff auf die Integrität des Menschen zur Wehr setzt, insbesondere gegen Ungerechtigkeit, Machtmißbrauch, Tyrannei, Gewalt und Entwürdigung des Menschen, die wir in diesen Krisenzeiten überall beobachten. Einiges deutet darauf hin, daß unsere Rechte zunehmend an die Erfüllung von Pflichten gebunden sind, die wir als Individuen und als Gemeinschaft haben, gegenüber unseren Mitmenschen und den künftigen Generationen ebenso wie gegenüber allen Lebewesen, die mit uns auf dieser Erde leben. Wer so denkt, wird einen umfassenderen Begriff von Rechten haben und ihn mit dem Leitgedanken Gerechtigkeit verknüpfen, der in der Welt von morgen ein wichtiges Ideal und zugleich ein Grundbedürfnis sein wird.

Es fällt auf, daß keine der erwähnten Bewegungen von den herrschenden Klassen initiiert wurde. Es sind vielmehr Bewegungen, die von der Basis ausgehen und denen die Sorge um die Erhaltung der Umwelt und des Friedens und die Sicherung der Menschenrechte zugrundeliegt. Gerade weil sie als elementare Bewegung in der Basis der Gesellschaft ihre Grundlagen hat, sind wir zuversichtlich, daß sie auch Rückschläge überstehen wird und eines Tages vielleicht die öffentliche Meinung so stark beeinflussen kann, daß die jetzt noch eher vereinzelt vorgebrachten Forderungen nach einer menschlicheren und lebenswerteren Gesellschaft mehr Durchschlagskraft bekommen.

Alles in allem: die Welt steht an einem epochalen Scheideweg. Das Wechselspiel negativer Entwicklungen, Verhaltensformen und Einstellungen kann sie ins Chaos stürzen, während die Renaissance des Geistes echter Menschlichkeit ihr neue, ungeahnte Möglichkeiten erschließen kann. Wohin das Pendel ausschlägt, liegt im wesentlichen bei uns selbst. Der Club of Rome hat immer wieder mit warnender Stimme auf diesen Moment der Entscheidung hingewiesen und zugleich betont, daß durch die gemeinsame Arbeit aller Völker und Staaten der Weg in eine bessere Zukunft gefunden und beschritten werden kann. Die fähigsten Menschen oder Gruppen müßten dabei die Initiative ergreifen und die Hauptverantwortung für das Gelingen des Unterfangens übernehmen. Ihr Vorbild wäre allen anderen ein Ansporn.

In allen Regionen sollten die jungen Menschen eine Schlüsselrolle bei der Suche nach Auswegen übernehmen, denn sie haben ein weit größeres Interesse als die älteren Generationen, die Zukunft dieser Welt mitzugestalten. Die erfahrenen Bürger, die Geld und Macht besitzen, sollten der Jugend den Spielraum lassen, in schöpferischer Weise Ideen zu entwickeln, die wir für das Gelingen dieses entscheidenden Unternehmens brauchen, und sie in diesem Bemühen unterstützen. Ein sinnvoller Schritt in diese Richtung wäre zum Beispiel, das »Forum Humanum«-Projekt des Club of Rome moralisch und materiell zu unterstützen. Dieses Projekt appelliert an engagierte junge Männer und Frauen verschiedener Kulturen aus allen Teilen der Welt, sich zusammenzutun und gemeinsam herauszufinden, welche zukünftigen Entwicklungen wünschenswert und realisierbar sind.

Ich möchte nun den Leser dem Studium der Herausforderungen überlassen, die auf dieser Konferenz zur Sprache kamen und in dieses Buch Eingang fanden. Jedem einzelnen möchte ich die Bitte ans Herz legen, darüber nachzudenken, was er selbst zu tun bereit und fähig ist, diesen Herausforderungen in angemessener Weise zu begegnen.

Rom, 26. Januar 1983 *Aurelio Peccei*

1

Die Menschheit steht vor der Wahl

Eröffnungsreden zur Konferenz des Club of Rome in Tokio 1982

Ich freue mich sehr, die Mitglieder des Club of Rome, die aus der ganzen Welt nach Tokio gekommen sind, begrüßen zu können. Es ist schön, Sie alle wiederzusehen. Im Namen des Japan Committee möchte ich auch alle diejenigen herzlich begrüßen, die als Gäste und Beobachter teilnehmen werden.

In den vierzehn Jahren seines Bestehens hat sich der Club of Rome zu einer wichtigen internationalen Institution entwickelt, deren Aktivitäten die denkenden Menschen in aller Welt mit großem Interesse verfolgen. Der Club of Rome hat versucht, die Krankheiten unserer Welt zu behandeln, indem er die Probleme beim Namen nannte, laut und deutlich Warnungen aussprach und zu vielen Problembereichen Untersuchungen vorlegte. Angefangen von den konkreten Themen: natürliche Ressourcen, Energieversorgung und Umwelt bis hin zu weniger greifbaren politischen und wirtschaftlichen Fragen wie den internationalen Spannungen, dem Nord-Süd-Konflikt und den inneren Widersprüchen und Unausgewogenheiten sozialer Systeme haben wir zu einer großen Bandbreite von Fragen Stellung genommen. Darin besteht für mich die Leistung und Bedeutung des Club of Rome.

Wir können jedoch nicht umhin festzustellen, daß in allen Teilen der Welt die regionalen Unterschiede größer werden und die weltweite Rezession eine düstere Zukunft verheißt. In diesem Jahr mußten wir zudem erleben, wie allenthalben Feindseligkeiten mit Waffengewalt ausgetragen wurden. Haben wir nicht allen Grund, uns zu fragen: sind wir der Lösung der Aufgaben, die wir uns gestellt haben, überhaupt auch nur einen Schritt näher gekommen?

Hatten unsere Bemühungen irgendwelche sichtbaren Erfolge oder ist nicht in den letzten zehn Jahren alles noch viel schlimmer geworden? Kein Zweifel: wir müssen uns Rechenschaft ablegen über all das, was wir unternommen und versucht haben.

Für alle, die zum erstenmal an einer solchen Konferenz teilnehmen, möchte ich kurz erläutern, wie ich den Club of Rome sehe. Im wesentlichen ist es ein »Rat der Hundert«, dessen Mitglieder sich aus freien Stücken zusammengetan haben, weil sie für unsere Welt und die menschliche Rasse etwas tun wollen. Es ist eine Gruppe von Intellektuellen aus vielen verschiedenen Ländern, die alle von dem Glauben beseelt sind, daß »ein Weizenkorn, das in den Boden fällt«, Frucht bringen und gewiß einem Menschen helfen wird; Intellektuelle, die etwas zur Lösung der Probleme beisteuern wollen, die uns alle ins Verderben zu stürzen drohen. Ihr Streben gilt der Errichtung einer Welt des Friedens und des Glücks für alle.

Seit der Konferenz von Caracas im Juni 1981 haben wir vom japanischen Ausschuß des Club of Rome in ständiger Verbindung mir Dr. Aurelio Peccei an der Vorbereitung dieser Konferenz gearbeitet. Das Programm, das nun vor Ihnen liegt, rückt vier Themenbereiche in den Mittelpunkt unserer Diskussion.

Der erste lautet »Umwelt und Wachstum«; der zweite »Die Reform der Industriegesellschaft«, der dritte »Automation und Information« und der vierte »Menschliche Ansiedlungen«. Zu jedem Thema baten wir zwei oder drei Experten, auf dieser Konferenz ein Referat zu halten. Zusätzlich luden wir eine Reihe von Sachverständigen ein, die an der Diskussion über die einzelnen Themen teilnehmen werden. Jedes Thema ist wichtig, einfache Lösungen kann es nicht geben – und doch habe ich die feste Hoffnung, daß wir unsere Zeit nutzen und diese Konferenz erfolgreich beschließen können.

Bei der Vorbereitung des dritten Themas »Automation und Information« konnten wir auf Forschungsmittel der

Kikawada Foundation zurückgreifen, Ende vergangenen Jahres begannen Dr. Hiroshi Inose von der Universität von Tokio und Dr. John R. Pierce von der Universität von Kalifornien ein gemeinsames Forschungsprojekt für diese Konferenz. Gestern – einen Tag vor Beginn der Konferenz – stellten sie die Ergebnisse ihrer Untersuchungen und ihre Schlußfolgerungen vor, was fast einen ganzen Tag in Anspruch nahm. Mein Dank gilt ihnen sowie allen, die an der Diskussion des Referates teilgenommen haben.

Was wir erstreben, muß nicht Utopie bleiben. Wir stehen vor der Wahl, ob wir aus Trägheit und Untätigkeit das Verhängnis seinen Lauf nehmen lassen oder ob wir all unser Wissen und unsere feste Entschlossenheit einsetzen, um die Zivilisation wiederaufblühen zu lassen. Ich bin der festen Überzeugung, daß der Club of Rome in dieser Welt seinen Zweck, ja den klaren Auftrag hat, allen Menschen diese Alternative vor Augen zu führen.

Koji Kobayashi

Ich freue mich sehr, einige Begrüßungsworte an Sie richten zu können. Ich spreche in einer Art Doppelfunktion: erstens bin ich schon sehr lange mit der Arbeit des Club of Rome vertraut, zweitens bin ich Direktor einer Institution, deren Forschung und Lehre den globalen Problemen des Überlebens der Menschheit, ihrer Entwicklung und Wohlfahrt gilt. Der Club of Rome und die United Nations University sind gewissermaßen natürliche Verbündete. Am Arbeitsprogramm der Universität läßt sich ablesen, daß wir viele identische Interessen haben. Ich wünsche mir, daß diese Tagung dazu beiträgt, unsere Zusammenarbeit zu vertiefen.

Worin unterscheidet sich die erste Versammlung des Club of Rome hier in Tokio von dieser jetzigen? Die globalen Probleme, deren verschiedene Dimensionen und Zusammenhänge wir immer wieder aufgezeigt haben, haben sich inzwischen so zugespitzt, daß wir von einer Krise des gesamten internationalen Systems sprechen können. Wirtschaftlich befinden wir uns offensichtlich in einer tiefen Rezession. Viele Regierungen zeigen sich außerstande, grundlegende Entscheidungen zu treffen und die erforderlichen politischen Maßnahmen zu ergreifen. Insgesamt hat daher die Autorität und Glaubwürdigkeit nicht nur der Regierungen und ihrer Politik, sondern sämtlicher politischer und gesellschaftlicher Institutionen abgenommen.

Auf wirtschaftlichem, politischem und sozialem Gebiet haben Veränderungen stattgefunden, deren Management die Fähigkeiten der Regierungen und der sie tragenden Institutionen, sich neuen Gegebenheiten anzupassen und entsprechend zu handeln, bei weitem übersteigen. Indiz dafür sind nicht nur die ökologischen Verhältnisse, die sich laufend verschlechtern. Wir müssen vielmehr mitansehen, daß zahlreiche Regierungen vor allem in der Dritten Welt das Ausmaß der Zerstörung der natürlichen Umwelt in ihren Ländern nicht einmal genau registrieren können. Zum erstenmal seit dem Ende des Zweiten Weltkriegs stehen wir der Tatsache gegenüber, daß die Mechanismen, die die Weltgemeinschaft funktionsfähig erhalten, in Auflösung begriffen sind. Ein gefährlicher Abschwung hat nicht allein die Weltwirtschaft erfaßt, sondern – ich zitiere den Jahresbericht des Generalsekretärs der Vereinten Nationen – wir sehen uns der Gefahr ausgesetzt, daß die ganze internationale Ordnung zerfällt. Wir sind die Gefangenen einer Situation, in der die bestehenden Zustände immer anfälliger für Störungen und Zerstörung zu werden scheinen. Angst breitet sich aus; und es fällt uns nichts Besseres ein, als zunehmend zum Mittel der Gewalt zu greifen. Das gilt für den Umgang der Staaten untereinander wie für alle Ebenen darunter.

Wir erleben gewaltige Verschiebungen innerhalb der Weltbevölkerung, Wanderbewegungen bislang ungekannten Ausmaßes, den Aufstand von Millionen, die sich nicht länger mit ihrem Schicksal abfinden und in die Städte ziehen, Staatsgrenzen überschreiten, ja selbst Ozeane überqueren allein zu dem Zweck, ein besseres Leben führen zu können.

Zusätzlich haben wir es natürlich mit den altbekannten Problemen zu tun – ich schenke es mir, die Militärausgaben noch einmal gegen die Gelder aufzurechnen, die für die Entwicklungshilfe ausgegeben werden; sie sind das deutlichste Symptom, wie sehr wir Gefangene unserer Ängste geworden sind. Neben den schon offenbaren Beweisen des menschlichen Unverstands tauchen am Horizont neue Herausforderungen auf, denen wir nicht entrinnen können. Erstens: auch wenn es in den kommenden Jahren gelingen sollte, die Rezession zu überwinden, ist in den OECD*-Ländern über einen längeren Zeitraum mit sehr niedrigen Wachstumsraten zu rechnen. Zweitens: die lange Periode eines geringen Wachstums dürfte von sehr hohen Arbeitslosenquoten bestimmt sein. Drittens: die Folgen der Überalterung unserer Bevölkerung kommen auf uns zu und damit – da der Anteil der produktiv arbei-

* OECD = Organization for Economic Cooperation and Development

tenden Menschen in Zukunft viel geringer sein wird – Belastungen für die Gesellschaft, deren Tragweite wir noch nicht absehen können. Daß dabei auch die höhere Lebenserwartung einen wichtige Rolle spielen wird – viele OECD-Länder erwarten bis zum Jahr 2000 ein Durchschnittsalter von 80 Jahren – liegt auf der Hand. Hier in Japan hat man ausgerechnet, daß eine solche Lebensdauer 250000 Stunden Freizeit enthält – Zeit, die nicht für die biologische Erhaltung, für Arbeit oder Ausbildung genutzt werden muß. Das wirft die dringende Frage auf, in welcher Weise die überschüssige Zeit verbraucht werden soll; die kulturellen und sozialen Regulierungen, die vorgenommen werden müssen, erfordern grundsätzliche Überlegungen: was ist der Sinn des Lebens, welchen tragenden Grund haben unsere Gesellschaften und Kulturen? An unseren Antworten wird sich ablesen lassen, ob unsere politischen Systeme und Institutionen entwicklungsfähig sind.

Eine weitere Frage gilt dem technologischen Wachstum, dem Ausmaß technologischer Neuerungen, das sich auf Quantität und Qualität der Arbeitsplätze auswirken wird. In den Entwicklungsländern stehen wir vor dem zusätzlichen Problem, daß die drohende Stagnation der wirtschaftlichen Entwicklung eine Bevölkerung trifft, deren Durchschnittsalter immer niedriger wird. Die Versorgungslage und die Arbeitsmarktsituation könnte sich dramatisch verschlechtern; große politische Umwälzungen sind nicht auszuschließen, unabhängig davon, welcher ideologischen Orientierung und politischen Strategie diese Länder sich verschrieben haben.

Es geht also keineswegs nur darum, wie wir das internationale System besser in den Griff bekommen können. Die Probleme im Norden wie im Süden stellen uns vor eine harte Prüfung: sind unsere Länder, sind wir im Inneren wie nach außen, auf nationaler, internationaler und persönlicher Ebene in der Lage, auf ein entwicklungsfähigeres System der internationalen Beziehungen hinzuarbeiten; auf ein System, das unter möglichst geringer Gewaltanwendung das Überleben der Menschheit und unserer Zivilisation sichern kann? Fast fünf Milliarden Menschen wollen leben, und das angesichts eines raschen sozialen Wandels, langsamen Wirtschaftswachstums und sich überschlagender technologischer Neuerungen.

In den nächsten zwanzig Jahren werden wir durch unsere Entscheidungen die Weichen stellen: Kann die Menschheit überleben, hat sie eine Zukunft, und wenn ja, welche? Die Technologie-Diskussion, in der es um neue Waffen, um Energiefragen, um Pläne zur Re-Industrialisierung und neue Muster industrieller Beziehungen, um den Aufbau unserer Systeme der sozialen Sicherheit geht, dürfen wir nicht auf rein technischer und wirtschaftspolitischer Ebene führen. Entscheidungen für oder gegen bestimmte Technologien sind Ausdruck des gesamten kulturellen Denkens. Wie soll die Gesellschaft aussehen, in der wir leben wollen? Auch die übergeordnete Frage, wie es uns gelingen kann, Wissenschaft und Technik nicht als etwas Bedrohliches zu sehen, sie vielmehr den schöpferischen Fähigkeiten des Menschen dienstbar zu machen, müssen wir zu lösen versuchen. Über 60 Prozent der in Forschung und Entwicklung eingesetzten Wissenschaftler sind für die Rüstungsindustrie bzw. die Rüstungsforschung tätig. Wie sollen wir bei dieser Schwerpunktsetzung die Kräfte für die technische und soziale Erneuerung hernehmen, die notwendig ist, um die Strukturen und Institutionen der Gesellschaft so zu verändern, daß wir den Menschen ein sicheres und humanes Leben anbieten können? Müssen wir nicht, um einer menschlichen und lebensfähigen internationalen Ordnung willen, neue Mittel und Wege entwikkeln, um Wissenschaft und Technik zu einer Quelle der Hoffnung statt der Angst zu machen? Die Industrie des Nordens hat bereits jetzt einen Grad der Automatisierung und Rationalisierung erreicht, daß sich die Länder des Südens gezwungen sehen, ihr gesamtes Konzept der Industrialisierung neu zu überdenken. Die ursprüngliche Annahme, ganze Industriezweige würden aus Kostengründen ihre Produktion aus dem Norden in den Süden verlagern, um von den billigen Arbeitskräften zu profitieren, ist bereits jetzt in Frage gestellt. In den kommenden zwanzig Jahren dürfte sie sich mit fortschreitender Automatisierung und der Einführung von Robotern als gänzlich hinfällig erweisen.

Was heißt überhaupt Industrialisierung im Süden der Weltkugel? Wo sind Bereiche, in denen die Länder der Dritten Welt mit den Industriestaaten konkurrieren können; was können sie tun, um den vielen beschäftigungslosen Menschen Arbeit zu verschaffen? Mit anderen Worten: das gesamte System der internationalen Arbeitsteilung steht auf dem Prüfstand; die Folgen der Revolution der Kommunikationsmittel für die Industrie des Südens müssen erörtert werden.

Das internationale System ist in Auflösung begriffen; die staatlichen wie die überstaatlichen Institutionen sind zu schwach, um die Entwicklung aufzuhalten. Es wird daher Zeit, daß wir uns mit einer gegenläufigen Bewegung befassen. Neue politische Kräfte haben sich zu Wort gemeldet, die sich Gedanken gemacht haben über neue gesellschaftliche Wertvorstellungen. Im Norden wie im Süden haben sie es geschafft, das etablierte politische Gleichgewicht zu erschüttern. Eine Bewegung ist entstanden, die den Experten in aller Welt und ihren Regierungen zuruft: die vorgelegten Konzepte sind inakzeptabel; geht zurück in eure Planungsbüros; was ihr bislang vorgelegt habt, ist inhuman, zerstört die Kultur und die Moral, die unsere Völker über viele Jahrhunderte gepflegt haben! Und auch ich meine, wir sollten in die Planungsbüros zurück und nach neuen Antworten suchen.

Es wird immer deutlicher, daß unsere Institutionen an die Grenze ihrer sozialen Anpassungsfähigkeit stoßen, daß sie den großen Herausforderungen auf politischem, sozialem und wirtschaftlichem Gebiet nicht begegnen können. Vielleicht gibt es Institutionen mit eingebautem

Selbstzerstörungsmechanismus – dann brauchen wir Platz für neue Institutionen, die eher in der Lage sind, auf eben diese Herausforderungen konstruktiv einzugehen.

Nachdem der Wohlfahrtsstaat in die Krise geraten ist, fällt uns nichts Besseres ein, als ihn abzubauen, die Sozialleistungen auf Kosten der Alten und Armen je nach Produktivität der Volkswirtschaft zusammenzustreichen. Ist es nicht an der Zeit, über den Wohlfahrtsstaat hinauszudenken und Alternativen ins Auge zu fassen: wie können wir unser staatliches und gesellschaftliches Leben so umorganisieren, daß es menschlicher wird und zugleich funktionstüchtiger? Wir könnten doch z. B. niedrigere Wachstumsraten in der Wirtschaft als Chance begreifen, andere Konzepte für das Wachstum und die Entwicklung einer Gesellschaft zu erarbeiten. Die neue Einstellung zur Arbeit, das Mehr an Freizeit, die Rationalisierungswelle sowie die Möglichkeiten, die in neuen Kommunikationstechnologien angelegt sind, könnten doch zusammengenommen Anlaß genug sein, das gesamte System der Sozialleistungen und der Altersversorgung so zu gestalten, daß es den veränderten Aufgaben in den einzelnen Phasen des verlängerten Lebenszyklus besser gerecht wird. Kleinere, dezentral organisierte Einheiten wären z. B. weniger von großen bürokratischen Apparaten abhängig. Natürlich müßten Begriffe wie Effektivität und Produktivität mit neuem Inhalt gefüllt werden. Was gesamtgesellschaftlich und kulturell als produktiv zu gelten hat, muß sich nicht unbedingt auf wirtschaftliche Wachstumsraten auswirken. Überall da, wo es große bürokratische Apparate gibt, sind im Untergrund neue, kleine Wirtschaftseinheiten entstanden; läßt das nicht auf neue Bedürfnisse und Chancen schließen?

Eines der größten Probleme, vor dem wir stehen, lautet: wohin mit der Bürokratie? Es stellt sich im Norden wie im Süden und bei den internationalen Organisationen. Die bürokratischen Apparate sind so aufgebläht worden, daß sie sich selbst im Weg stehen und notwendige Anpassungsprozesse verhindern. Andererseits stehen uns genügend Mittel zur Verfügung – vorausgesetzt, wir lassen unsere Phantasie arbeiten und entwickeln mutig neue Konzepte – für bedarfsgerechte Lösungen ohne bürokratischen Aufwand, die den Menschen direkt zugutekommen.

Ein wichtiger Faktor, der unsere Entscheidungen, die den Weg ins 21. Jahrhundert ebnen sollen, erschwert, darf nicht unterschlagen werden: all die großen Ideen und Ideologien, die die erste Hälfte dieses Jahrhunderts geprägt und Geschichte gemacht haben, haben ihre bestimmende Kraft verloren. Wir haben keinen Ersatz dafür; die Konzepte, in denen die Erfordernisse unserer Tage auf den Begriff gebracht werden, fehlen.

Ganz sicher werden wir auf allen Ebenen der Gesellschaft für ein höheres Maß an Regierbarkeit sorgen müssen. Unser Wissen, wie komplexe Interaktionssysteme funktionieren und zu regulieren sind, ist allerdings noch sehr rudimentär.

Auf allen Ebenen geht es nun um grundlegende Weichenstellungen: setzen wir auf die Atomenergie oder auf andere Energiequellen, um unseren wachsenden Energiebedarf zu decken; versuchen wir, die Rüstungsindustrie und die von ihr abhängigen Wirtschaftszweige, unsere Wissenschaft und Technik so umzustrukturieren, daß sie sinnvollere Aufgaben erfüllen können oder lassen wir es beim alten Zustand bewenden? Schließlich die übergeordnete Frage: schaffen wir das alles, ohne daß die Freiheitsrechte zu stark eingeschränkt werden? Viele Zukunftsentwürfe, die uns im Rahmen der Arbeit des Club of Rome beschäftigt haben, bestehen aus Szenarios, die diese Frage ausklammern. Implizit, in einigen Fällen auch explizit, wird in diesen Szenarios davon ausgegangen, daß unsere Zukunft unvermeidlich von autoritären Regime geprägt sein wird. Der Club of Rome und alle diejenigen, die sich um die Zukunft der Menschheit und ein zivilisiertes Leben auf Erden Gedanken machen, sollten sich immer wieder die Frage vorlegen: haben wir auch ein Szenario für ein Leben in Freiheit? Und: sind wir imstande, die anstehenden Entscheidungen auf technischem und wissenschaftlichem Gebiet so zu treffen, daß wir von den Ängsten und Unsicherheiten, die uns jetzt lähmen, befreit werden?

Wir müssen die Fähigkeit zurückgewinnen, die Probleme der Welt auf eine menschliche Art anzugehen. Der Entscheidungsspielraum und die Freiheit des Individuums auf allen Ebenen des gesellschaftlichen Lebens sind zu bewahren und weiter auszubauen. Ich glaube, dies ist die größte Herausforderung, vor der wir stehen. Die Bewältigung schwer überschaubarer Problemkomplexe, die Beherrschung des großen Konfliktpotentials, das im Transformationsprozeß hin zu einer lebensfähigeren Gesellschaft angelegt ist, muß im Rahmen genau reflektierter und definierter demokratischer Spielregeln stattfinden.

Die United Nations University arbeitet auf einigen der genannten Gebiete. Keine Institution kann allein und isoliert die Aufgaben bewältigen. Alle müssen zusammenwirken. Die Vereinten Nationen könnten dafür sorgen, daß innerhalb und außerhalb der Regierungsapparate Kräfte bereitgestellt werden, die von ihrem Denken her in der Lage sind, sich den Erfordernissen der Zeit zu stellen.

Keine Organisation der Welt, kein einzelner Staat, keine Partei, Gewerkschaft oder private Vereinigung könnte der UNO diese Aufgabe abnehmen. Das sehe ich als unser zentrales Problem, und ich hoffe sehr, daß diese Konferenz konkrete Vorstellungen und Handlungsanweisungen erarbeiten wird, wie die zukünftige Zusammenarbeit der United Nations University und des Club of Rome aussehen könnte. Ich danke Ihnen.

Soedjatmoko

Der Club of Rome setzt sich bekanntlich aus nur wenigen Menschen zusammen. Es sind insgesamt 100, die allen Kontinenten entstammen und daher einen Querschnitt durch verschiedene Kulturen und Lebensverhältnisse darstellen; unsere wissenschaftliche und berufliche Herkunft ist genauso mannigfaltig wie die Positionen, die wir vertreten. Einige haben sich bereits einen Namen gemacht, andere noch nicht. Bei allen Unterschieden der Person und der gesellschaftlichen Stellung gibt es doch das einigende Band zwischen uns: wir sind Bürger einer Welt voller Unruhe, in der wir zu begreifen versuchen, wo wir und die Schicksalsgenossen unserer Generationen stehen, wohin es uns treibt, welche anderen Wege wir gehen können oder sollten und wie die Welt beschaffen sein wird, die wir unseren Nachfahren zurücklassen.

Mit dem Ende dieses Jahrhunderts bringt das Menschengeschlecht ein Jahrtausend seiner Entwicklung zum Abschluß, in dem es sich den Planeten unterwarf, aus dunkler Unwissenheit sich erhob und das Tor zu einem Zeitalter der Erkenntnis und der Information aufstieß. Wir spüren, daß wir einer Epoche grundlegender Veränderungen entgegengehen. Wird es eine Zeit großer Verheißungen? Da so viele neue Dinge auf uns zukommen, befürchten wir eher, daß wir unser gewohntes Leben nicht mehr weiterführen können, in dem wir uns allen Schwierigkeiten zum Trotz eingerichtet haben.

Wir müssen damit rechnen, daß die in raschem Fortschritt begriffenen neuen Technologien uns weit größere Probleme bescheren werden als all das, womit wir heute schon kaum fertig werden, wo wir uns Abhilfe erhoffen, um wenigstens eine Zeitlang noch ein weniger kompliziertes Leben führen zu können. So sehnlich wir uns wünschen, daß sich unsere Situation zum Besseren wenden möge, so sehr scheuen wir vor allzu vielen Veränderungen zurück; verwirrt und eingeschüchtert stehen wir da. Daß die Zukunft ganz neu und andersartig sein soll, gibt uns Rätsel auf.

Die mannigfachen Krisenerscheinungen, mit denen wir zu kämpfen haben, sind der untrügliche Beweis dafür, daß Kräfte und Gleichgewichte, die bis heute in der einen oder anderen Weise die gesellschaftlichen Systeme zusammengehalten haben, nicht länger imstande sind, diese Aufgabe hinlänglich zu erfüllen. Der Zustand der Welt ist alles andere als stabil, in einigen Regionen bzw. einigen gesellschaftlichen Teilbereichen sieht es ausgesprochen schlecht aus; hier ist man nicht fähig, auch nur den Anforderungen der Gegenwart zu genügen, geschweige denn dem, was die Zukunft bringen wird.

Was wir daher unbedingt brauchen, ist eine gründliche Analyse der Lebensbedingungen und der Zukunftserwartungen der Menschheit an diesem Wendepunkt ihrer Geschichte. Besonders dringlich ist es zu erforschen, welche Entwicklungsmöglichkeiten es geben kann. Auf keinen Fall dürfen dabei die Trends von heute, allenfalls mit ein paar kosmetischen Korrekturen versehen, auf die folgenden Jahrzehnte projiziert werden. Unabhängig von unserem Willen wird uns nämlich die kommende Epoche einschneidende und unvorhersehbare Entwicklungen bringen.

Wir können nur dann die komplizierten evolutionären Prozesse, die die einzelnen Gesellschaften gemeinsam durchmachen, wirklich begreifen, wenn wir die Weltgesellschaft als Ganzes im Blick haben. Würden wir nur einzelne Regionen analysieren, z. B. die Industriestaaten von den anderen Teilen der Welt absondern, oder würden wir uns nur ausgewählten Problembereichen zuwenden, der Wirtschaft, den Energiequellen oder der Rüstung etwa, müßte uns das zu falschen Schlüssen verleiten. Da sich die Ereignisse überschlagen, muß die Perspektive langfristig sein. Eine Krise nach der anderen bricht über uns herein, und wir stecken unsere ganze Energie in das nächstliegende Problem und streben kurzfristige Lösungen an; statt dessen sollten wir uns bemühen zu klären, wie sich unser Tun und Lassen sowie unsere gesamte Einstellung in naher und ferner Zukunft auf unser Leben auswirken wird.

Allerdings betreten wir mit einem solchen Verfahren, sämtliche Regionen und Teilbereiche in Beziehung zueinander zu setzen, Neuland, und wir müssen daher zunächst einige Vereinfachungen in Kauf nehmen; wir wissen jedoch genau, daß wir nur auf diese Weise einen umfassenden Überblick über das Gesamtsystem und seine globale Dynamik erhalten. Wir können dann immer noch durch Einzeluntersuchungen unsere Ergebnisse zu erhärten suchen.

Natürlich kennt jede Region, jedes einzelne Land Tausende von Problemen, die für sich allein gelöst werden müssen, und sei es nur, um unmittelbare Not zu lindern. Dennoch halte ich daran fest, daß wir allein mit einem Verfahren, das den Planeten in seiner Ganzheit begreift, die beiden grundlegenden Ziele erreichen können:

- Wir müssen herausfinden, welche Faktoren und Phänomene in erster Linie der gegenwärtigen Unruhe und den tiefgreifenden Wandlungen zugrundeliegen, die unsere Position auf diesem Planeten nachhaltig verändern;
- Wir müssen Kräfte freisetzen, die uns Zukunftsvisionen, neue Motivationen und Ideen verschaffen, mit denen die Milliardenbevölkerung der Erde dazu gebracht werden kann, Opfer und Risiken auf sich zu nehmen, die wir brauchen, wollen wir die Menschheit auf einen neuen Kurs bringen.

Wovon haben wir tatsächlich auszugehen? Die Mitglieder des Club of Rome und andere haben eine Reihe von Untersuchungen vorgelegt, nach denen wir drei relativ neuartige und miteinander verwobene Komplexe von überragender globaler Bedeutung vor uns haben, die diese Übergangsphase kennzeichnen. Aus der Fülle anderer Faktoren ragen sie deshalb heraus, weil sie sich auf das Gesamtsystem ungewöhnlich störend auswirken und die Menschheit kulturell unvorbereitet treffen, weder kann sie sie rational unter Kontrolle bringen, noch sich auf die Erschütterungen einstellen, die sie hervorrufen.

Es handelt sich um die folgenden Hauptkomplexe:

- Das exponentielle Wachstum der Weltbevölkerung, das nicht von einer entsprechenden kulturellen Evolution und von Vorkehrungen begleitet ist, allen Menschen das Existenzminimum zu sichern.
- Die technisch-wissenschaftliche und die industrielle Revolution, die uns mit unvorstellbarem Wissen und mit enormer Machtfülle ausgestattet haben, nicht jedoch mit der Klugheit, diese auch sinnvoll einzusetzen.
- Der Wandel in unserem Verhältnis zur Natur, deren Gaben wir zwar stets in Anspruch nahmen, die wir aber jetzt hemmungslos ausplündern.

Wenn wir nach den Gründen fragen, warum sich unsere Situation verschlechtert, stoßen wir als erstes auf die Tatsache, daß sich die Art und Weise, wie das Menschengeschlecht von der Erde Besitz ergriffen hat, im historischen Verlauf einschneidend verändert hat. Die Kindersterblichkeit ist z. B. erheblich zurückgegangen, und die Lebenserwartung ist heute doppelt so hoch wie früher. Die Probleme, die sich daraus ergeben, sind sehr komplexer Natur. Um die Tragweite solcher Veränderungen zu begreifen, muß man sie in historischer Perspektive sehen.

Nachdem der Mensch vor mehr als 10000 Jahrhunderten auf der Bildfläche erschienen war, vermehrte er sich langsam, aber stetig: im Jahre 1900 gab es dann 1,6 Milliarden Erdenbürger. Seitdem jedoch, also in nur 80 Jahren, hat sich ihre Zahl fast verdreifacht, denn heute haben wir 4,6 Milliarden. Nicht genug damit: in den kommenden Jahrzehnten ist, falls wir kein Wunder erleben und von großen Katastrophen verschont bleiben, mit einem weiteren gigantischen Sprung zu rechnen; die Erde wird um noch einmal so viele Bewohner zunehmen, wie sie in einer Million Jahren ihrer Geschichte hervorgebracht hat. Bis zum Jahre 2000 müssen 6 Milliarden Menschen auf dieser Erde unterkommen.

Die beispiellose Zunahme der Weltbevölkerung wird von zwei starken Umschichtungsbewegungen begleitet. Früher konnten sich die größten Menschenansammlungen die reichsten Gebiete aussuchen, während es jetzt umgekehrt ist. 80% der Menschen werden bald zusammengedrängt in den weniger entwickelten Ländern leben müssen. Seit alters her lebten die meisten Menschen in den ländlichen Gebieten; jetzt kehren sie ihnen den Rücken und strömen unablässig in die Städte. Etwa die Hälfte der Weltbevölkerung wird gegen Ende des Jahrhunderts in den Städten leben.

Wir haben alle Folgen dieses demographischen Erdbebens noch gar nicht erfassen können, da eine Reihe zusätzlicher Faktoren die Lage noch schwieriger gestaltet: die Bevölkerung in den reichen Ländern wird immer älter, während die armen Nationen einen Überfluß an jungen Leuten haben. Wir wissen, wie sich andere, nichtmenschliche Lebewesen verhalten, wenn sich ihre Zahl entscheidend verändert oder wenn sie mit einer neuen Umweltsituation zurechtkommen müssen. Die Natur sorgt dafür, daß sie nach und nach ihre Fortpflanzungs- und Lebensgewohnheiten den neuen Umständen anpassen. Eigentlich sind wir ja die intelligenteren Lebewesen, und doch haben wir lange Zeit praktisch nichts unternommen, um die ständig steigende Zahl von Menschen auf das verfügbare Land zu verteilen und einen vernünftigen und erträglichen Ausgleich zu schaffen zwischen Bevölkerung und Ressourcen der Natur. Bis zum heutigen Tag haben wir keine einheitliche internationale Strategie, um diese Aufgaben zu bewältigen. Dabei lebt fast ein Viertel aller Menschen unterhalb der Armutsgrenze – ein politisch wie moralisch unerträglicher Zustand. Nur ein Beispiel: die Entwicklung der ländlichen Gebiete und der landwirtschaftlichen Produktion, denen vor allem in weiten Teilen der Dritten Welt unser Hauptaugenmerk zu gelten hätte, stehen auf unserer Prioritätenliste höchstens an dritter Stelle.

Obwohl wir erkannt haben, daß es einen Selbsterhaltungstrieb gibt, den weniger entwickelte Lebewesen einsetzen, um ihre Überlebenschancen zu verbessern, treiben bei uns National- und Klassenbewußtsein schreckliche Blüten. Das Bewußtsein, die Gattung insgesamt könne bedroht sein, wird verdrängt. Dieses Phänomen mutet um so seltsamer an, als es in eine Zeit fällt, in der die Menschheit in jeden Winkel der Erde ausgeschwärmt ist und die Abhängigkeit und Verflechtung untereinander immer intensiver werden. Wir sind längst an dem Punkt angelangt, wo alle Völker und Staaten sich darüber klarwerden müssen, daß sie auf Gedeih und Verderb eine Einheit bilden, der sich niemand entziehen kann, weil das Schicksal des Planeten auf dem Spiel steht.

Das außerordentlich rasche Wachstum der Weltbevölkerung, das die Menschheit unvorbereitet traf und auch keine Maßnahmen ausgelöst hat, Hunger und Armut in der Welt zu beseitigen, hat uns in eine Sackgasse geführt und wird in Zukunft noch größere Unsicherheit mit sich bringen. Sollten wir uns auch weiterhin von Vorurteilen, Animositäten und Diskriminierung leiten lassen und nicht von Toleranz, Verständniswillen und Solidarität, dann wird es nicht möglich sein, daß sechs Milliarden Menschen oder gar mehr gleichberechtigt und friedlich auf diesem schönen, aber kleinen und verwundbaren Planeten leben. Die Vorstellung ist immer noch weit verbreitet, unser System sei anpassungsfähig und in sich funktionsfähig, es regeneriere sich praktisch von selbst. Weit gefehlt, und in Zukunft wird es sich als noch unflexibler und starrer erweisen. Das menschliche System wird von gefährlichen inneren Widersprüchen erschüttert, Zusammenbrüche und Zerreißproben großen Ausmaßes sind unvermeidlich.

Kurz zum zweiten Hauptkomplex, der unsere Zeit von allen bisherigen Epochen der Geschichte unterscheidet. Wir meinen die wissenschaftlich-technische und die industrielle Revolution mit ihren Verheißungen eines immerwährenden ›Fortschritts‹. Wir haben es auf einigen Gebieten sehr, sehr weit gebracht und uns eine solche Fülle von

Informationen, Erkenntnissen, Maschinen und Geräten verfügbar gemacht, wie es sich die Generationen vor uns nicht einmal träumen ließen. Mit unseren Kommunikationssystemen, unserem Forschungsdrang, mit Produktion, Handel und Transport, mit Geld- und Währungssystemen, schließlich mit unseren Waffen haben wir den ganzen Erdball überziehen können. Diese ›Technosphäre‹, die unsere Zivilisation kennzeichnet und die sich weiter ausbreitet, bildet das säkulare Instrument unserer neuerworbenen Macht. Sie verschafft uns immer größere Energie- und Warenmengen, beschert uns die Segnungen von Technik und Elektronik und läßt uns die Arme nach immer neuen Schätzen der Natur ausstrecken. Wir können daraus in bislang ungekanntem Ausmaß Nutzen ziehen. Gleichzeitig jedoch hat die von uns geschaffene Technosphäre so riesige Dimensionen angenommen, daß sie übermächtig geworden, uns über den Kopf gewachsen ist. Die Arbeitsplätze sind von ihr ebenso abhängig wie Arbeitszeit und Freizeit, die Konsumgewohnheiten und unser Lebensstandard, unsere Ausbildung und die Information bzw. Desinformation der Bürger, Frieden oder – Krieg. Ohnmächtig und entfremdet stehen wir vor dieser ungeheuren, uns undurchschaubar gewordenen Maschinerie des modernen Zeitalters. Wir sind die anonymen Schachfiguren eines phantastischen Spiels, dessen Regeln und Ausgang wir kaum noch begreifen können.

Auch aus einem anderen Grund ist der Triumph der Technosphäre besorgniserregend: ihres anarchischen Charakters wegen. Die von Menschenhand geschaffenen Systeme, aus denen sie besteht, beeinflussen und bestärken sich zwar gegenseitig; dennoch verhält sich jedes einzelne System wie eine autonome Größe, die ihrer eigenen inneren Logik und Zielsetzung gehorcht und sich von den anderen Systemen sowie vom planenden, die Totalität berücksichtigenden Verstand des Menschen unabhängig gemacht hat.

Diese zahllosen Systeme überlagern sich nun mit der

ohnehin hochsensiblen und konfliktträchtigen politischen Organisation unserer Welt; damit wird eine chaotische Situation heraufbeschworen, da die immense Machtfülle, die wir geschaffen haben, nur allzuoft mißbraucht und rücksichtslos eingesetzt wird. Je größer die Machtfülle, desto schlimmer der Schaden, den sie hervorrufen kann. Beispiele dafür: Die Fortschritte in der Beherrschung der Atomenergie und der Entwicklung der Mikroprozessoren haben dazu geführt, daß Raketen mit Atomsprengköpfen mit unglaublicher Treffsicherheit abgeschossen werden können; die Gefahr, daß jemand versucht sein könnte, diese Raketen einzusetzen, um den ›Feind‹ in einem ›Erstschlag‹ auszulöschen, wird dadurch erhöht. Die Möglichkeit, daß es zu einem atomaren Holocaust kommt, ist heute weit eher gegeben als noch vor ein paar Jahren.

Leider ist nicht einmal den herrschenden Klassen – und sie müßten es besser wissen, denn sie machen die Gesetze und unterzeichnen die Verträge – bewußt, wie groß die Aufgabe ist, die es zu bewältigen gilt, und daß sie dabei die Führung übernehmen und die Verantwortung tragen müssen. Es sieht ganz danach aus, als müsse eine Krise nach der anderen über uns hereinbrechen und als wären wir immer weniger in der Lage, unser Leben auf Erden selbst zu gestalten. Das Menschengeschlecht bringt offensichtlich nicht die erforderliche Weisheit oder wenigstens soviel gesunden Menschenverstand auf, sein Wissen und seine Macht sinnvoll und überlegt einzusetzen.

Tiefgreifende gesellschaftliche Veränderungen sind vonnöten. Die Lösung unserer Probleme kann nämlich allein von uns ausgehen. Unabhängig davon, an welcher Stelle des Planeten wir zu Hause sind und wie unsere gegenwärtige Situation ist: wir müssen es lernen, unser gesamtes Denken und Handeln in Übereinstimmung mit der wirklichen Welt zu bringen. Andernfalls gehen wir stürmischen Zeiten und einem düsteren Schicksal entgegen.

Und dies ist der dritte und meiner Ansicht nach schwerwiegendste Komplex: die Technosphäre, die wir in dieser

Ecke des Universums aufgebaut haben, liegt unmittelbar auf Kollisionskurs mit der Biosphäre der Erde. Mit jedem Jahr zeitigen unsere Eingriffe in die Lebenswelt schlimmere Folgen. Die Ausbeutung der regenerierbaren wie nicht regenerierbaren Rohstoffe läuft auf Hochtouren, unsere natürliche Umwelt verschmutzt und wird immer ärmer; ihre Fähigkeit, uns das Leben zu erleichtern, schwindet dahin. Nur zu bekannt ist die lange Liste der beklagenswerten Zustände: Versteppung, Bodenerosion, Abholzung der Wälder, Überfischen, Überweiden, Artenschwund, saurer Regen, die Emission von Kohlendioxyd und von Partikeln in die Atmosphäre, der Abbau der Ozonschicht in großen Höhen usw. Die Folgen dieser und weiterer ökologischer Verbrechen, die wir tagtäglich begehen, brauchen hier nicht eigens aufgeführt zu werden.

Zum erstenmal sind die natürlichen Systeme und Zyklen, die die Evolution des Lebens regeln, mit Umständen konfrontiert, die von Menschenhand gemacht und dazu fähig sind, ihnen mit Erfolg und in großem Ausmaß Lebensraum und Rohstoffe abzujagen und sie schließlich vollends zu verwüsten. Diese übermächtigen Eindringlinge haben insofern einen entarteten Charakter, als sie im Gegensatz zur ›Weisheit der Natur‹ nicht über die Fähigkeit verfügen, sich selbst zu regulieren und ein Gleichgewicht der Funktionen herzustellen. Die von Menschenhand geschaffenen Systeme müssen auch von Menschen reguliert werden. Genau dies aber geschieht häufig gar nicht oder nur unzureichend. Wir müssen endlich einsehen, daß die materielle Revolution ihren ziellosen und scheinbar unaufhaltsamen ›Fortschritt‹ nicht weitertreiben kann, ohne daß nicht nur die vom Menschen sorgfältig aufgebauten Systeme vollständig aus den Fugen geraten, sondern auch die Systeme der Natur, auf die unsere Existenz sich gründet.

Wir alle tragen direkt oder indirekt mit die Schuld an diesem unglückseligen Stand der Dinge, und wir sind zugleich seine Opfer. Ursache ist letztlich unsere fehlerhafte

Vorstellung von der Position des Menschen auf dieser Erde: der Glaube, wir seien berechtigt, über alle Schätze und alles Leben zu verfügen, die der Planet in seinem scheinbar unerschöpflichen Füllhorn bereithält. Unter so grundfalschen Voraussetzungen kommen wir dazu, uns wie ein gieriger Tyrann aufzuführen, der sein Land zu hoch besteuert, um hier und heute möglichst viel herauszupressen und töricht genug ist, damit seiner Zukunft die Grundlagen zu entziehen. Die Einsicht, daß die Zukunft des Menschen vor allem von seiner eigenen, unverantwortlichen Ausplünderungspolitik gegenüber der natürlichen Umwelt bedroht ist, muß sich erst noch durchsetzen.

Um es noch einmal zu sagen: allein durch eine tiefgreifende geistig-kulturelle Evolution sind wir noch vor uns selbst zu retten. Nur wenn es uns gelingt, diese Entwicklung bald und mit allen Kräften in Gang zu setzen, haben wir die Chance, den Anforderungen unserer Zeit auch menschlich gewachsen zu sein, die drohenden Gefahren zu erkennen und die Herausforderungen und die Verantwortung anzunehmen, die aufgrund der beherrschenden Position des Menschen auf dem Erdball auf uns lasten. Wir brauchen eine neue Vision; der Grundsatz, daß wir nur im Bündnis mit der Natur, deren Bestandteil wir sind und von der letztlich unsere Existenz und unsere Lebensqualität abhängen, unser Leben gestalten dürfen, muß uns in Fleisch und Blut übergehen.

Diese kurze und keineswegs erschöpfende Darstellung der entscheidenden Faktoren, die die Welt verändert haben, sollte nicht in Resignation münden. Das Unternehmen Menschheit ist nicht hoffnungslos. Wenn wir alle unsere Kräfte zusammennehmen, unsere geistigen und materiellen Möglichkeiten sowie die erforderlichen moralischen Energien mobilisieren, dann können wir dem Lauf der Geschichte eine andere Richtung geben und der ganzen menschlichen Familie eine bessere Zukunft sichern.

Fürwahr ein gewaltiges Unterfangen, vor dem man zurückschrecken könnte. Und doch dürfen wir uns nicht abhalten lassen; nicht nur, weil es die einzige wirkliche Überlebenschance zu sein scheint, sondern auch um der Verbesserung unserer Lebensqualität willen. Der Club of Rome vertritt seit einigen Jahren die These, daß es möglich sei, die bedeutenden Fähigkeiten, die in jedem Menschen schlummern, zu mobilisieren und auf diese Weise aus der Sackgasse herauszukommen, in die wir uns mit der naiven Entfaltung unserer materialistischen Zivilisation verrannt haben.

In jedem Mann und in jeder Frau lebt ein unausgeschöpftes, aber unendlich wertvolles Potential an Verständnis, Phantasie, Kreativität und innovativen Fähigkeiten; die Bereitschaft zu Toleranz, Gemeinsinn und Solidarität mit dem Mitmenschen und Sympathie und Achtung für die nichtmenschlichen Lebewesen. Es besteht auch der ernsthafte Wunsch nach einem partnerschaftlichen Verhältnis zur Natur und nach einer Orientierung des Lebens an transzendentalen geistigen Werten. Wenn wir es verstehen, dieses große menschliche Potential zu fördern und auf intelligente Weise einzusetzen, dann werden wir auch politisch, gesellschaftlich und im Umweltbereich weiterkommen. Die Menschen sind es doch, die die Sache der Menschheit zu verfechten haben, also hat die Entwicklung von Wirtschaft, Wissenschaft, Technik und Verwaltung, so wichtig sie im einzelnen sein mag, an die zweite Stelle zu rücken und dem Menschen zu dienen. Eine größere ethische und existentielle Herausforderung für den Menschen gibt es heute nicht.

Es war schon immer so, daß sich die Menschen in Zeiten der Unsicherheit und Unruhe am besten bewähren konnten; also verdoppeln wir jetzt unsere Anstrengungen, endlich den Weg zu finden, der in eine lebenswerte Zukunft führt. Daß das eine äußerst schwierige Aufgabe ist und unsere feste Entschlossenheit erfordert, liegt auf der Hand. Wir werden dabei zum erstenmal in unserer Geschichte ein außerordentlich wichtiges Hilfsmittel auf unserer Seite haben, nämlich die Fähigkeit, sämtliche verfügbaren Informationen zu verarbeiten. Wir sind jetzt in der Lage, ungeheure Mengen von Daten, die bislang verstreut, unzugänglich und daher praktisch nutzlos waren, zusammenzutragen, zu vergleichen, zu speichern und wieder verfügbar zu machen. Wir haben also die Mittel in der Hand, auf rationale Weise zu ergründen, welche Möglichkeiten uns verbleiben, die Zukunft zu gestalten, ein Unterfangen, das früher vollkommen utopisch erschienen wäre.

Wie der Titel dieser Konferenz bereits zum Ausdruck bringt, ist unser Ausgangspunkt die Erkenntnis, daß wir nach neuen Wegen und Strategien suchen müssen, – daß wir eine Entscheidung zu treffen haben. Und zwar muß es eine gute und richtige Entscheidung sein, die die lebenden Generationen treffen müssen, die sie keinesfalls ihren Nachfahren überlassen dürfen. Die Zukunft der Menschheit hängt davon ab, welchen Weg die Menschen heute einschlagen und wie sie sich ab jetzt entscheiden werden.

Diese Einschätzung hat den Club of Rome bewogen, ein neues Projekt ins Leben zu rufen. Es heißt ›Forum Humanum‹ und wurde jungen Menschen aus verschiedenen Teilen der Welt anvertraut. Ziel dieses Projekts ist es, mit Hilfe des uns zur Verfügung stehenden Wissens Entwürfe für die Zukunft auszuarbeiten und dem Menschengeschlecht möglichst realistische Wege zu weisen, wie es diese Entwürfe am besten verwirklichen kann. Ich bitte Sie alle, diese Sache nach Kräften zu unterstützen.

Aurelio Peccei

2
Umwelt und Wachstum

Erhaltung der Biosphäre – Erhaltung des Lebens

von Mohamed Kassas

Es waren Barbara Ward und René Dubos, die uns eindringlich bewußt machten, daß es nur diese eine Erde gibt.

Das war 1972, als sie bei der Umweltkonferenz der UNO in Stockholm sprachen. Die Astronauten im Weltraum konnten mit eigenen Augen sehen: es war nur eine Erde, in ihren Worten – ein Raumschiff.

Schon zuvor hatten sich Wissenschaftler aus aller Welt der Untersuchung globaler Phänomene gewidmet: 1957–58 während des *Internationalen Geophysikalischen Jahres* (IGY), 1964–1970 im *International Biological Programme* (IBP), im *Upper Mantle Project* von 1964–1970, dem *Global Atmospheric Research Programme* (GARP) von 1970–1980, dem *Man and the Biosphere* (MAB) *Programme,* das 1971 eingeleitet wurde, usw. Durch diese internationalen Projekte konnten unter der Führung des *International Council for Scientific Unions* (ICSU) und der *International Union for Conservation of Nature and Natural Resources* (IUCN) die um die Vereinten Nationen sowie andere internationale und staatliche Organisationen gruppierten Wissenschaftler mobilisiert werden. Ihren gemeinsamen wissenschaftlichen Bemühungen verdanken wir eine Fülle von Informationen über physikalische und biologische Prozesse, die sich innerhalb von ›Only One Earth‹ abspielen, und über den Bewegungsablauf und die Dynamik globaler Systeme.

Wir wissen nun, daß es im Lebensraum unseres kleinen Planeten vielerlei Formen und Arten von Leben gibt, und zwar innerhalb der bis in 1200 km Tiefe reichenden Gesteinshülle der Erde (Lithosphäre), ihrer Wasserhülle

(Hydrosphäre, d. h. dem Wasser der Meere, Binnengewässer etc.) und den unteren Schichten der Gashülle (Atmosphäre). Die drei Bestandteile zusammen bilden eine Sphäre, in der Leben existiert: die Biosphäre.

Wichtige Fortschritte konnten über die entscheidenden biogeochemischen Zyklen des Kohlenstoffs, des Stickstoffs, des Phosphors, Schwefels und anderer Elemente erzielt werden. Natürlich findet zwischen den Elementen aus den drei Bestandteilen der Biosphäre ein ständiger Austausch statt. Globale Studien zum Klima zeigen, daß bei der Herausbildung bestimmter Klimata Ozeane und Atmosphäre eng zusammenwirken und daß das Eis, die Walddecke und die Wüsten die Vorgänge in der Atmosphäre entscheidend beeinflussen. Die drei Bestandteile der Biosphäre hängen untrennbar zusammen; ihre Einteilung in einzelne Träger (Atmosphäre, Lithosphäre und Hydrosphäre) dient ausschließlich der übersichtlicheren Darstellung.

Innerhalb der Biosphäre spielt sich eine Reihe globaler Prozesse ab; d. h. Prozesse, in denen sich die Biosphäre als Ganzes, als ein System verhält: Klima, hydrologischer Zyklus, globaler Energiehaushalt, globale biogeochemische Zyklen usw. Auf Erscheinungsformen dieser Prozesse stoßen wir zwar jeweils in lokal begrenztem Rahmen, sie haben jedoch offensichtlich globale Dimensionen und Fern-Verbindungen. Die Wissenschaft der Ökologie sucht diese Prozesse und ihre Interaktionsformen zu erfassen.

Alle lebenden Organismen, also auch der Mensch, finden innerhalb der Biosphäre den Raum und die Stoffe zum Leben; und sie werden von der Zusammensetzung und den Kraftfeldern der Biosphäre beeinflußt. Die globale Umweltforschung befaßt sich mit solchen Interaktionen und Reaktionen zwischen dem Menschen und weltweiten ökologischen Prozessen.

Einige Elemente dieser Interaktionsformen und Tendenzen im komplexen Bezugsrahmen unserer Erde wollen wir uns im folgenden vor Augen führen.

1. Die Biosphäre

Umfangreiche meteorologische Aufzeichnungen und Satellitenfotos lieferten uns neue Erkenntnisse über Strukturen der Zirkulation in der Atmosphäre. Die Fortschritte auf dem Gebiet der wissenschaftlich-methodischen Darstellung globaler Vorgänge brachten uns neue Einsichten, wie Atmosphäre, Ozeane (und Eisschichten) und die Landmasse miteinander zusammenhängen. Es liegen jedoch nur wenige Messungen über einen längeren Zeitraum vor; sie erlauben uns allenfalls, bei einer Reihe von Komponenten der Atmosphäre bestimmte Tendenzen auszumachen.

1. Die Konzentration des Kohlendioxyds nimmt weiter zu: zwischen dem Jahr 1957 (315 ppm*) und 1981 (340 ppm) um 1 ppm im Jahr. Hauptursache ist die Emission von Kohlendioxyd bei der Verbrennung fossiler Brennstoffe, die jährliche Freisetzung betrug in den 40er Jahren 5000 Millionen Tonnen, in den 70er Jahren 18000 Millionen Tonnen. Auch die Rodung von Wäldern ist für die Zunahme des Kohlendioxyds verantwortlich. Der größte Teil des emittierten Kohlendioxyds schließt sich nicht dem atmosphärischen CO_2 an, das meiste lagert sich im Meer ab.

Die Zunahme des Kohlendioxyds in der Atmosphäre hat einen Aufwärmungseffekt; die Luft- und Wassertemperaturen steigen an, die Verdunstung wird beschleunigt, wodurch sich die Niederschlagsmengen verändern könnten. Der Temperaturanstieg wäre je nach Höhe (in der Ebene und auf der Wasseroberfläche größer als etwa in 3000 m Höhe) und Breite (am Äquator weniger bemerkbar als in höheren Breiten) unterschiedlich hoch. Die globale Zunahme des CO_2 würde sich in den einzelnen Regionen unterschiedlich auf das Klima auswirken. Diese Fragen sind Gegenstand des laufenden *World Climate Programme.*

* ppm = Kürzel für »part per million« = 1 Millionstel

Andererseits könnte das Mehr an Kohlendioxyd in der Atmosphäre die Photosynthese befördern und sich positiv auf das Wachstum der Pflanzen auswirken. Dieser Düngereffekt konnte im Rahmen von Kleinversuchen nachgewiesen werden; ob er sich in großem Maßstab bestätigen läßt, bleibt dahingestellt.

2. Durch Zutun des Menschen vergrößert sich die Menge der in der Atmosphäre schwebenden Partikelstoffe. Es wird geschätzt, daß auf natürlichem Wege pro Jahr etwa 1320 Millionen Tonnen Partikelstoffe abgegeben werden (vor allem Meersalz, Partikelstoffe durch Bodenerosion, Waldbrände und Vulkanausbrüche), die Menschen hingegen seien für 300 Millionen Tonnen im Jahr verantwortlich (in erster Linie über Heizungen, Industrieabgase und das Pflügen des Bodens). Physikalisch gesehen tragen diese Partikel (Staub und Aerosole) entweder zum Gewächshauseffekt (Aufwärmung) bei, wenn sie nämlich in niederen Schichten der Atmosphäre schweben, oder zur Abkühlung, wenn sie in den oberen Schichten emittiert werden. In einem Forschungsprogramm der WMO* sind auch Messungen der Eintrübung der Atmosphäre vorgesehen. Die Ergebnisse werden es uns ermöglichen, die Entwicklungstendenzen und wahrscheinlichen Auswirkungen auf das Klima zu erkennen.

3. Schwefeloxyde kommen über das Verbrennen fossiler Brennstoffe in die Atmosphäre (der Schwefelanteil variiert von 0,05% in Naturgas bis 8% bei einzelnen Kohlearten) sowie durch das Einschmelzen von Metallen (der Schwefelanteil von Pyriterzen kann bis zu 45% erreichen). Die vom Menschen verursachten Emissionen von Schwefeldioxyd nehmen jährlich um 5% zu; Ende der 70er Jahre waren es bereits 196 Millionen Tonnen im Jahr. Die Atmosphäre weist auch immer mehr Stickstoffoxyde auf, die

* WMO = World Meteorological Organization

ebenfalls vom Verbrennen fossiler Brennstoffe und von Industrieabgasen herrühren. Saure Niederschläge, deren Ursache Schwefel- und Stickstoffsäuren sind – ihrerseits das Ergebnis der in der Atmosphäre angesammelten Schwefel- und Stickstoffoxyde –, wurden in Nordwesteuropa und dem Nordosten Nordamerikas zu einem ernsten Problem. Der saure Niederschlag führte zur Erschöpfung von Binnengewässern, besonders von Seen, die über Eruptivgestein liegen – nachzuweisen an vielen Stellen Skandinaviens und im Osten Kanadas. Auch die Vegetation und die Böden haben ökologischen Schaden davongetragen. Am sauren Regen wird deutlich, daß die Verantwortung für Umweltverschmutzung sehr wohl regional eingegrenzt werden kann.

4. Daß sich der Ozongehalt der Stratosphäre infolge von fotochemischen Interaktionen mit den ausströmenden Gasen von hochfliegenden Überschallflugzeugen bzw. von Chlorfluorkohlenstoff aus Spraydosen und Aerosoltreibstoffen verringert, wurde bereits in den 70er Jahren als Gefahr erkannt. Theoretisch können dafür eine ganze Reihe von Chemikalien als Ursache in Frage kommen. Durch die Schwächung dieses Ozonmantels kann die Wirkung der biologisch schädlichen ultravioletten Strahlung erhöht werden; verläßliche Beweise für die tatsächliche Erschöpfung des Ozongehalts liegen bislang nicht vor.

5. Viele der toxischen Substanzen, die in die Atmosphäre emittiert werden, haben eine lange Lebensdauer (Schwermetalle und Pestizide); daher sammeln sie sich im Lauf der Zeit in lebenden Organismen an oder werden durch die Nahrungskette aufgebaut. Man hat dies noch nicht systematisch überprüft; außer an einzelnen Stellen sind starke Konzentrationen dieser Substanzen nicht auszumachen. In Grönland und im Eis der Antarktis hat man Messungen durchgeführt, die beweisen, daß solche Substanzen sehr umweltgefährdend sind und daß sie über die Atmosphäre weitertransportiert werden.

Im Lebensraum, den die abiotischen Bestandteile der Biosphäre – Atmosphäre, Hydrosphäre und Lithosphäre – bereitstellen, gedeihen die Elemente der organischen Welt: die Flora und Fauna. Die Lebensprozesse dieser Organismen stehen unter dem direkten Einfluß von Stoffen, Kräften und Bedingungen der abiotischen Biosphäre; Aufgabe der Ökologen ist es, diese Beziehungen im einzelnen zu untersuchen. Die biotischen und abiotischen Komponenten sind so eng miteinander verknüpft, daß sie integrierende Systeme bilden: die Ökosysteme. Die Prozesse, die die abiotischen Komponenten eines Ökosystems mit seinen verschiedenen biotischen Komponenten verbinden (Pflanzen, Tiere, Mikroorganismen), heißen Produktion, Konsumtion und Zersetzung: Prozesse der Stoffzyklen und des Energieflusses.

2. Der Mensch

Wir könnten fortfahren, die Vorgänge in der Biosphäre und die Veränderungen, die sich in ihren einzelnen Bestandteilen abspielen, zu schildern: die Verunreinigung des Wassers von Ozeanen, Meeren, Flüssen und Seen; die Zerstörung der Wälder und Waldgebiete vor allem in den Tropen; die durch den exzessiven Gebrauch von Chemikalien aus dem Gleichgewicht geratene Ökologie; die Erosion riesiger Weidegebiete vor allem in den halb-trockenen Gebieten der Erde. Man kann das alles aber inzwischen in einem 1982 herausgegebenen UNEP*-Bericht nachlesen.[1]

Die entscheidende Frage jedoch, um die es uns geht, lautet: wie sind die so komplexen und verschiedenartigen Vorgänge miteinander verbunden, welche Ursachen und Folgen haben sie? Die Antwort hat von vier Faktoren auszugehen:

* UNEP = United Nations Environmental Program

1. Als der Mensch auf der Bildfläche erschien und sich schließlich zum Herrn der Erde aufschwang, war das für das Funktionieren der Biosphäre ein entscheidender Einschnitt; der Mensch nämlich beanspruchte eine Sonderrolle unter den biotischen Kompenten der Biosphäre. Durch sein Handeln erhob er sich geradezu zu einem Naturphänomen, das für die Ausrottung Tausender von Pflanzen- und Tierarten verantwortlich zu machen war, in weiten Teilen der Erde die natürliche Vegetation unterbrach und den globalen hydrologischen Kreislauf mit Hilfe eines weltweiten Systems von Flußregulierungen veränderte.

2. Jedes einzelne Umweltproblem hat zwar lokal eingrenzbare Ursachen, jedoch Folgen globalen Charakters.

3. Die Biosphäre im kleinen wie im großen verfügt zwar über gewisse Fähigkeiten und Kräfte der Selbstreinigung und der Abwehr; sobald sie jedoch überstrapaziert werden, entstehen irreparable Schäden.

4. Was sich zwischen Mensch und Biosphäre abspielt, bewegt sich im Rahmen eines Dreierverhältnisses: die Systeme Biosphäre, Technosphäre und Soziosphäre stehen in Wechselbeziehung miteinander; Umweltprobleme entstehen dann, wenn es innerhalb des Beziehungsgeflechts zu Störungen kommt.

Biosphäre nennen wir das System der Natur – die Atmosphäre, die Lithosphäre, die Hydrosphäre und die lebenden Organismen. Es ist bei weitem älter als der Mensch, seine Funktionsweise ist von globalen und universalen Phänomenen bestimmt, die sich der Herrschaft des Menschen entziehen (auf der Makro-Ebene); es bietet dem Menschen Lebensraum und all die Stoffe, mit denen er sein Leben bestreitet.

Die *Technosphäre* ist von Menschenhand geschaffen: ein System von Strukturen, die der Mench in den Lebensraum der Biosphäre hineingestellt hat. Dörfer und Städte, Industriezentren, Verkehrs- und Kommunikationsmittel, Bewässerungs- und Flußregulierungssysteme, Ackerland usw. Der Mensch hat dieses von ihm geschaffene System gegenwärtig in seiner Gewalt. Es gibt Bereiche, etwa in der Landwirtschaft, die der Mensch zwar organisiert, die er jedoch nicht vollständig beherrscht; sie stehen noch unter dem Einfluß von Vorgängen in der Biosphäre wie z. B. Klima, Niederschläge usw.

Die *Soziosphäre* schließlich ist ein informelles System, das die Menschen entwickelten, um die innergesellschaftlichen Beziehungen sowie die Beziehungen zu den beiden anderen Systemen zu regeln. Es bildete sich im Verlauf von Jahrhunderten menschlicher Geschichte heraus und enthält Elemente, die auf jeweils frühere geschichtliche Phasen zurückgehen (Religionen, Staatsverfassungen, Gesetzgebung, kulturelles Erbe); die soziopolitischen, sozioökonomischen und soziokulturellen Institutionen als Ganzes geben einer Gemeinschaft das Gepräge.

Wie komplex die vieldimensionalen Interaktionen zwischen den drei Systemen sind, wird auch an folgenden Punkten deutlich:

- sie unterscheiden sich in Beschaffenheit, Entstehung und Organisation
- es gelten unterschiedliche Maßstäbe für Raum und Zeit.

Daß sich Diskrepanzen ergeben müssen, liegt auf der Hand. Daraus läßt sich zweierlei ableiten:

1. Der Mensch erschließt sich Hilfsquellen aus den Interaktionen der drei Systeme: die Gesellschaft (Soziosphäre) wirkt ein auf die Elemente der Biosphäre und bedient sich dabei der Instrumente, die die Technosphäre bereitstellt. Die Elemente der Biosphäre bleiben so lange als geologische Formationen, hydrologische Prozesse, biologische Organe usw. bestehen, bis a) der Mensch ihren Gebrauchswert für die Befriedigung seiner Bedürfnisse erkannt hat; b) er die Mittel entwickelt hat, sie sich anzueig-

nen und im Bedarfsfall zu bearbeiten; c) er die Elemente in seine Hilfsmittel umgewandelt hat. Die These »Mittel sind nicht, sie werden es« erhält da ihren Sinn; die Bewegung zum Schutze der Natur versucht uns ebenfalls beharrlich davon zu überzeugen, daß die Elemente der Natur (einzelne Pflanzen- und Tierarten), die heute nicht genutzt werden, in der Zukunft sich als sehr wertvoll erweisen könnten. Entwicklung heißt demnach: der Mensch bearbeitet die Elemente der Biosphäre; eine entwickelte Gesellschaft erkennt man an ihrer Fähigkeit, die komplizierten Interaktionsformen der drei Systeme zu beherrschen. Unterentwickelt ist eine Gesellschaft, die das nicht vermag.

2. Die Umweltprobleme haben da ihr Ursache, wo es nicht gelingt, die Interaktionsformen der drei Systeme harmonisch in den Griff zu bekommen, was wiederum auf die Unfähigkeit einer Gesellschaft verweist, die Funktionsweise dieser Interaktionsformen richtig einzuschätzen.

Ich möchte das an drei Beispielen demonstrieren.

a) Die Nutzung des Bodens

Die Lithosphäre (der terrestrische Bestandteil der Biosphäre) versieht den Menschen mit dem Lebensraum Land. Der Mensch benutzt das Land im wesentlichen auf zweierlei Weise: er baut darauf Wohnungen, Industrieanlagen, Straßen und andere Verkehrssysteme; und er nutzt es in der Land- und Forstwirtschaft. Die Bodennutzung ist das wichtigste Nahrung produzierende System; sie stellt jedoch an den Boden bestimmte Anforderungen, denen der von der Lithosphäre bereitgestellte Raum nicht überall genügt.

Die dem Menschen zur Verfügung stehende Landmasse umfaßt 134 Millionen km², die man entsprechend ihrer Produktivität in vier Kategorien einteilen kann:

- hohe Produktivität: 7 Mill. km^2
- mittlere Produktivität: 11 Mill. km^2
- niedrige Produktivität: 15 Mill. km^2
- gar keine: 101 Mill. km^2

Die Anbauflächen, Wiesen- und Waldgebiete der Erde machen die Summe der ersten drei Kategorien aus (33 Mill. km^2). Von der letzten Kategorie entfallen noch 53 Mill. km^2 auf wenig fruchtbare Weide- und Waldgebiete, der Rest von 48 Mill. km^2 ist völlig unfruchtbar.

Die Landflächen mit hoher und mittlerer Produktivität (fruchtbar und bebaubar) erzeugen den größten Teil der Nahrungsmittel der Welt. Ihr Anteil an der Landmasse der Erde beträgt 18 Mill. km^2, das entspricht 13,4%. Diese Zahlen unterstreichen, wie wichtig es ist, unsere Anbau- und Weidegebiete zu erhalten. Tatsächlich aber gehen Jahr für Jahr Millionen von Hektar fruchtbaren Landes verloren, weil sie zubetoniert und asphaltiert werden. In den Industrieländern fällt landwirtschaftlich genutztes Land häufig den aggressiven hochtechnisierten Produktionssystemen und dem Ausbau der Infrastruktur zum Opfer: der Industrie, dem Ausbau der Städte, dem Straßenbau usw. Jedes Jahr gehen auf diese Weise 5–7 Mill. ha Land verloren. In Japan wurden 1968–1974 jährlich 55000 ha = 0,15% der Landmasse Japans dem Wohnungsbau, der Stadtentwicklung, dem Straßenbau und der Industrie geopfert. Die geographische Lage Japans mag dies zum Teil entschuldigen; in den USA waren es aber von 1967–1975 rund 2,8 Mill. ha Ackerland, die der landwirtschaftlichen Nutzung entzogen wurden; d.h. jährlich 0,16% des Gesamtvorrats an Ackerland – ein nicht zu entschuldigendes Ausmaß. In Ägypten verfolgte die Regierung ehrgeizige Programme zur Landgewinnung; man regulierte Flüsse, bewässerte Wüsten usw. und gewann dadurch von 1955 bis 1975 insgesamt 372000 ha Anbaufläche. Im gleichen Zeitraum jedoch gingen infolge der Ausdehnung der Städte 400000 ha fruchtbaren Ackerlandes im Niltal und im Nildelta verloren. Es handelt sich also um eine weltweite Entwicklung, um ein Beispiel für das gestörte Verhältnis zwischen Soziosphäre und Biosphäre in der Art der Bodennutzung. Wir stellen fest, daß in den meisten Fällen ein Faktor aus der Soziosphäre, die Bodenspekulation, gegen die langfristigen Interessen der Gesellschaft arbeitet.

Es wird geschätzt, daß jährlich folgende Mengen landwirtschaftlich nutzbaren Bodens verlorengehen:

- durch nicht-landwirtschaftliche Nutzung: 8 Millionen ha
- durch Erosion: 3 Millionen ha
- durch Verödung: 2 Millionen ha
- durch Gifte: 2 Millionen ha

Wenn Land durch Erosion, Verödung und Gifteinsatz verlorengeht, ist in den meisten Fällen ein fehlerhaftes Verhältnis von Technosphäre (die im Landanbau eingesetzten Mittel) und der Fähigkeit des Bodensystems der Biosphäre, sich diesen Mitteln zu widersetzen, daran schuld.

b) Die Wasserreserven

Alle Welt ist sich einig, daß das Trinkwasser mit das Wichtigste im Leben ist. Im Koran finden wir eine Strophe, in der Gott sagt, Er habe alles Leben aus Wasser geschaffen. Das hohe Ziel der Menschheit, für alle Erdenbürger sauberes Wasser bereitzustellen, ist noch längst nicht erreicht. Die Bewässerung der Böden ist unser wichtigstes Mittel, um eine produktive Landwirtschaft zu ermöglichen.

Betrachten wir nun die Menge des uns auf dem Globus zur Verfügung stehenden Wassers, so stellen wir fest, daß sich die Gesamtmenge wie folgt verteilt:

- 97 % Meerwasser (salzhaltig)
- 3 % Süßwasser (42 Mill. km^3)

Das Süßwasser wiederum verteilt sich wie folgt:

- 77 % sind in den Eisschichten gelagert
- 22,4 % Grundwasser
- 0,35 % Seen und Sümpfe
- 0,04 % in der Atmosphäre
- 0,01 % Flüsse

Die Süßwasservorräte, aus denen wir unseren jährlichen Weltbedarf von 40000–45000 km³ decken können, machen also nur 0,1 % der Gesamtmenge des Wassers auf der Erde aus. Falls dieser Bruchteil vermehrt, gar verdoppelt werden könnte, wären wir in der Lage, auch doppelt so viele Nahrungsmittel zu produzieren und sämtliche Wüstengebiete, die nun fast 40 % der Erdoberfläche bedekken, landwirtschaftlich nutzbar zu machen. Die technischen Probleme dabei sind weniger kompliziert als die, den Menschen auf den Mond zu schicken und ihn heil wieder zurückzubefördern.

Warum eigentlich bringen wir für ein solches Projekt nicht die erforderlichen Geldmittel auf, während wir eine Menge Kapital und Forschungskapazitäten in andere Bereiche stecken, die offensichtlich nichts zur Befriedigung der dringendsten Bedürfnisse der Menschen beitragen? Eindeutig besteht hier eine Diskrepanz zwischen unserer globalen Prioritätensetzung und dem, was tatsächlich notwendig ist.

Forschungsprogramme zu den Komplexen

- Entsalzung
- Veränderung des Wetters
- Einschränkung der Verdunstung
- Wasserwiederaufbereitung

werden wenig gefördert im Vergleich zu den Forschungsbereichen, die neue Waffen hervorbringen. Etwa 400000 hochqualifizierte Wissenschaftler sind in Forschung und Entwicklung auf dem Rüstungssektor eingesetzt, wahrlich ein Paradebeispiel, wie auf globaler Ebene die drei Systeme in fehlerhafter Weise interagieren.

c) Disparitäten in der Weltbevölkerung

Unsere Weltkarte zeigt überdeutlich, wie ungleich die Reichtümer verteilt sind. Einzelne Bevölkerungsgruppen (Länder) haben kaum natürliche Ressourcen, andere haben sie im Überfluß. Ein Beispiel ist die Verteilung der Nahrungsmittel. L. Tweeten (Worldview, Dezember 1978) schreibt dazu: »1) Die Nahrungsmittelproduktion pro Kopf der Bevölkerung war noch nie so hoch. 2) Mehr Menschen als jemals zuvor in der Geschichte sind nicht ausreichend ernährt. 3) Diese widersprüchlichen Angaben erklären sich damit, daß die Mittel ungleich verteilt sind; es wird keineswegs zu wenig produziert und konsumiert.«

Man muß weit in die Geschichte zurückgehen, um die Ursachen dieser Verhältnisse zu begreifen. Die Menschen haben stets da ihre Siedlungen errichtet, wo sie ein reichhaltiges Nahrungsangebot vorfanden, z. B. in Flußniederungen, und nicht da, wo die Mittel knapp sind – im unfruchtbaren Land ziehen nur die Nomaden von einem Ort zum andern. Es waren vor allem Veränderungen des Klimas, die sich auf die Neuverteilung der Ressourcen der Biosphäre auswirkten: Eis- und Zwischeneiszeiten, Regen- und Trockenperioden. Solche Veränderungen vollzogen sich so langsam, daß die Menschen sich ihnen durch Völkerwanderungen anpassen konnten; sie verhielten sich nicht anders als die übrigen Lebewesen. Als im Verlauf Tausender von Jahren die Gletscher über Europa gen Süden wanderten, hatten die Menschen ausreichend Zeit, sich in die wärmeren Gefilde des Südens und Südostens zurückzuziehen. Oder: Fiel längere Zeit kein Regen und trocknete das Land aus, so waren die Menschen gezwungen, sich in die Nähe der Flüsse oder in weniger trockene Gebiete abzusetzen.

Je mehr Wissen die Menschen erwarben, je besser sie lernten, die Bestandteile der Biosphäre zu manipulieren, desto mehr neue Reserven eröffneten sich ihnen. Die Entwicklung des Wissens verlief in früheren Zeiten langsam;

die Menschen konnten darauf vertrauen, daß sie durch demographische Anpassung (Wanderbewegungen) mit den allmählichen Veränderungen Schritt halten konnten. In der Moderne wurde immer rascher immer größeres Wissen zusammengetragen, womit immer wieder neue Nahrungsquellen erschlossen werden konnten. Andererseits wurden wegen der neuen Staatsgrenzen und einer nationalistischen Politik die Möglichkeiten der demographischen Anpassung zunehmend verbaut.

An der Geschichte des Nahen Ostens und der angrenzenden Gebiete läßt sich dies demonstrieren. Die ökologische Zerstörung der Trockengebiete auf der arabischen Halbinsel führte zu massenhafter Abwanderung in die fruchtbaren Ländereien der Flußtäler in Mesopotamien, der Levante und Ägyptens bis hin zur Atlantikküste und zur Iberischen Halbinsel. Im 7. Jahrhundert sorgte die Ausbreitung des Islam dafür, daß die Wanderbewegung noch beschleunigt wurde. In den vergangenen 30–40 Jahren wurden riesige Ölreserven entdeckt und erschlossen, ausgerechnet in Wüstengebieten, die vordem wenig zu bieten hatten. Wanderarbeiter und ausländische Spezialisten kamen ins Land, die Zunahme der Bevölkerung stand jedoch in keinem Verhältnis zu den plötzlich vorhandenen ungeheuren Finanzmitteln.

Die Verteilung dieser Reichtümer unterlag politischen und ethnischen Zwängen und Kontrollen. Sie führte in einigen Teilen des Landes (z. B. in Kuwait) zu einer sprunghaften – und im Vergleich zu den dichtbesiedelten Gebieten in den Flußtälern unverhältnismäßigen – Zunahme des Pro-Kopf-Einkommens.

Wie die demographische Umschichtung zwischen dem dichtbesiedelten Europa und den neuentdeckten Kontinenten Amerika und Australien vor sich ging, ist hinreichend dokumentiert. Im Moment behindern politische und bürokratische Hemmnisse die Auswanderung in diese Kontinente.

Einige Bereiche der Erde sind also reich gesegnet mit

Ressourcen, während andere unter größter Knappheit leiden. Nehmen wir noch einmal das Beispiel Trinkwasser: Ein Drittel unserer Erde, in dem 600–700 Millionen Menschen leben, hat nicht genug Wasser; andere Teile dagegen, die dünn besiedelt sind, wie Alaska und der Norden Kanadas, haben überschüssige Wasserreserven. In den USA gab es Pläne, das Wasser aus den Überflußgebieten in den Südwesten der USA und nach Mexiko abzuleiten, wo Wassermangel herrscht. Da stellt sich uns die Frage: Sollen wir die Menschen dahin bringen, wo sie die Mittel der Biosphäre für sich nutzen können, oder bringen wir die Mittel dahin, wo die Menschen wohnen? Gegenwärtig scheint das zweite Konzept favorisiert zu werden: die natürlichen Ressourcen sollen aus den Überflußgebieten in Mangelgebiete transferiert werden. Man spricht bereits von Geber- und Empfängerländern. Solche Hilfs- und Unterstützungsprogramme sind momentan Gegenstand des Nord-Süd-Dialogs.

Wir schließen daraus vor allem, daß bestimmte Zwänge in der Soziosphäre die natürlichen Möglichkeiten des Menschen einschränken: die Möglichkeit, mit den Veränderungen der Biosphäre (Klimaschwankungen) und den Fortschritten in der Technosphäre durch demographische Umschichtungen fertigzuwerden und sich neue Hilfsquellen zu erschließen. Von den 4,6 Milliarden Menschen leben drei Viertel in den Entwicklungsländern, wo der Anteil des einzelnen an den insgesamt verfügbaren Ressourcen nicht einmal ausreicht, um die Grundbedürfnisse zu befriedigen. Das andere Viertel der Menschheit lebt in den Industrieländern, wo der Anteil des einzelnen an den verfügbaren Ressourcen extrem hoch ist; es sind verschwenderische Konsumgesellschaften. Daß eine solche Ungleichheit auf der Welt herrscht, ist eine Beleidigung für jeden, der die Menschheit als eine Einheit begreift, und könnte letzten Endes auch unsere Überlebenschancen beeinträchtigen.

3. Schlußbemerkungen

1. Die Menschheit hat über viele Jahrhunderte in den natürlichen Kreislauf von Pflanzen und Tieren eingegriffen und damit die Verteilung der Arten und ihre Interaktionsformen verändert. Vielfach konnte dadurch die Entwicklung befördert werden. In großen Gebieten der Kontinente (z. B. Europas) gibt es jedoch keine natürliche Vegetation mehr.

Wo sich die Armut der Entwicklung in den Weg stellt und die Menschen unter kargen Bedingungen ihr Dasein fristen müssen, besteht die Gefahr, daß das Land unfruchtbar wird und verödet. Davon sind akut bedroht:

- 3071 Mill. ha Weideland,
- 173 Mill. ha beregnetes Ackerland,
- 27 Mill. ha bewässertes Ackerland,

das sind die Lebensgrundlagen von 600–700 Millionen Menschen.

Die Eingriffe des Menschen haben dazu geführt, daß Tausende von Pflanzen- und Tierarten ausgerottet und wertvolle genetische Ressourcen für immer verloren sind. Die *World Conservation Strategy* geht von drei Grundprinzipien aus, die das Gleichgewicht zwischen Mensch und Umwelt, zwischen Soziosphäre und Biosphäre bewahren könnten:

a) die Erhaltung wichtiger ökologischer Prozesse und Lebenssysteme
b) die Bewahrung der genetischen Vielfalt
c) dauerhafte Sicherung der Nutzung von Arten und Ökosystemen

Und dies hat als Vorschrift vor allen anderen zu gelten: der Schutz der Natur ist unabdingbare Voraussetzung für das Überleben der Menschheit.

2. Die internationalen Hilfsprogramme, der Kapitalfluß von Geber- zu Empfängerländern, sollten an Bedingun-

gen geknüpft sein; es sollte gewährleistet sein, daß die Empfängerländer von sich aus die Kraft aufbringen, den komplexen Interaktionsformen der drei Systeme Rechnung zu tragen. Andernfalls bringen selbst die wohlmeinendsten Hilfsprogramme mehr Schaden als Nutzen.

3. Die Menschheit hat die Welt in 150 Einheiten aufgeteilt, die Nationalstaaten heißen. Als die Staatsgrenzen festgelegt wurden, ging man häufig nach willkürlichen Kriterien vor – den Grenzen der einstigen Kolonien etwa – jedenfalls nicht danach, welche natürlichen Reichtümer, ethnischen oder bio-geographischen Probleme die neuen Staaten haben würden. Einige sind winzig klein – 17 Staaten haben weniger als 1000 km^2 Fläche – oder menschenarm – in 35 Staaten leben nicht einmal 1 Million Menschen. Auf der anderen Seite die großen Länder: 27 besitzen ein Territorium von mehr als 1000000 km^2, 7 haben eine Bevölkerung von mehr als 100 Millionen. Nun wächst und wächst die Zahl der Menschen, doch die Grenzen verändern sich nicht, Grenzen werden zu Fallen. Wir können diesen unglückseligen Zustand der Aufsplitterung der Welt in territoriale Einheiten nicht einfach rückgängig machen, irgendwie müssen wir damit zurechtkommen. Sollte aber die internationale Gemeinschaft der Völker, die doch am Konzept der Einheit aller Menschen festhält, nicht darauf hinwirken, soziopolitische Systeme ins Leben zu rufen, die mit diesem unhaltbaren Zustand Schluß machen? Man könnte auf regionaler Ebene politisch-ökonomische Gruppierungen schaffen und auf die regionalen Entwicklungssysteme zurückgreifen, die 1974 Mesarović und Pestel vorgelegt haben.[2]

4. Zusammenfassung

a) Die Atmosphäre

Die Menschheit muß immer wieder mit natürlichen Schwankungen und Störungen des Klimas fertigwerden (Sahel-Dürre 1968–1972, Taifune etc.). Dazu kommen die vom Menschen verursachten Veränderungen in der Atmosphäre: die stetige Zunahme des CO_2-Gehalts (Treibhauseffekt); der Sulfate und Nitrate (saurer Niederschlag); des Chlor-Fluor-Kohlenstoffs, der die Ozonschicht beeinflußt; der Staubpartikel, die die Temperaturen verändern, sowie einer Reihe chemischer Schmutzteile. Diese Vorgänge in der Atmosphäre werden begleitet von Veränderungen auf der Erde selbst (Abholzung der Wälder, Aufforstung, Versteppung, Ausbreitung der Städte, Bewässerung etc.). Beides wirkt sich in vielschichtiger Weise auf das Klima aus.

b) Die Hydrosphäre

Ölstoffe und jede Menge anderer schmutziger und giftiger Abfälle werden in die Meere gekippt. Vor allem in den Küstengewässern und Meeren, die von Land umschlossen sind – das sind 10 % aller Meere –, ist das Wasser stark verschmutzt. Gerade in diesen Gewässern werden aber 90 % aller Fische gefangen. Die Fischfangindustrie meldet aus den meisten traditionellen Fischfanggebieten und bei den wichtigsten Fischarten fallende Fangquoten, denn die Gewässer sind überfischt. Der Fischfang in den bislang unberührten südlichen Meeren sowie die Ausbeutung der Mineralien am Meeresboden werfen ökologische und technische Probleme auf, die man noch nicht lösen konnte.

Die Menschen brauchen die Binnengewässer unbedingt zum Leben, und doch kamen 1980 lediglich 29 % der

Landbevölkerung und 75 % der Menschen in den Städten in den Genuß von sauberem Trinkwasser und von sanitären Einrichtungen. Mit Hilfe von Bewässerungsprojekten sollen neue Nahrungsquellen erschlossen werden; die Versorgung mit Trinkwasser kann gesichert werden, wenn der globale hydrologische Kreislauf verändert und Wasser für die Bodenbewässerung und die Industrie bereitgestellt wird. Der Fischfang in Binnengewässern und die Aquakultur werden für die Fischfangindustrie immer wichtiger.

c) Die Lithosphäre

Die physikalische Theorie ist jetzt in der Lage, die geologische Krustenbewegung und die Prozesse der Mineralbildung genauer zu erfassen. Die Lithosphäre stellt fast alle Rohstoffe und Metalle bereit, die in der Industrie benötigt werden. Die Vorräte an solchen Stoffen sind nicht regenerierbar; daher muß man die Mineralien am Meeresboden erschließen und die Vorräte in der Lithosphäre durch Recycling und Ersatzbildung schützen und erhalten.

Erdbeben, Vulkane, Erdrutsche kosten Tausende von Menschen das Leben und zerstören Sachwerte. In einigen Teilen der Welt sind Warnsysteme und Evakuierungspläne entwickelt worden, um diese Probleme allmählich in den Griff zu bekommen.

d) Die Organismen

Unaufhaltsam schreitet die Zerstörung der natürlichen Pflanzen- und Tierwelt voran. Tausende von Pflanzen- und Tierarten sind vom Aussterben bedroht, die genetischen Ressourcen nehmen ab; die Tropenwälder vor allem in Nord- und Südamerika und in Asien werden in großem Stil abgeholzt, empfindliche Ökosysteme (Inseln, Berge,

Feuchtgebiete) überall auf der Welt werden dadurch nicht wiedergutzumachenden Schaden erleiden.

Positiv ist zu vermelden: eine Reihe von Konventionen zum Schutz der Natur wurde getroffen, weltweit nimmt die Zahl der Naturschutzgebiete zu; es gibt inzwischen mehrere Keimplasmabanken; die *World Conservation Strategy* (1980) hatte ein positives Echo.

e) Die globale Biosphäre

Die wichtigsten natürlichen Vorgänge spielen sich innerhalb des Systems der globalen Biosphäre ab. Die Biosphäre funktioniert als ganzheitliches System, auch wenn ihre Bestandteile ein Einzelleben führen und untereinander interagieren. Die verschiedenen Klimata (tropisch, gemäßigt, arktisch) sind in sich grundverschieden, und doch gibt es Interdependenzen und Fernverbindungen. Das Weltklima ist die Summe der Interaktionen von Atmosphäre, Hydrosphäre und Lithosphäre. Die biogeochemischen Zyklen, z. B. die wichtigen Zyklen von Kohlenstoff und Stickstoff, spielen sich in den Medien Meer, Atmosphäre, Land und Lebewesen ab. Diese Zyklen sind der wissenschaftliche Schlüssel zum Verständnis der globalen ökologischen Vorgänge, der Ökologie des vom Menschen bewohnten Raumschiffes.

f) Bewahren, um zu überleben

Es ist im Interesse des Überlebens der Menschen, wenn das Gleichgewicht zwischen den eskalierenden Ansprüchen des Menschen und der Fähigkeit der Biosphäre, dafür die Grundlagen zu liefern, erhalten bleibt. Unbegrenzt lange wird das nicht möglich sein. Die *World Conservation Strategy* spricht von drei Bedingungen, die erfüllt sein müssen, damit das Gleichgewicht erhalten bleibt:

1. Die wesentlichen ökologischen Prozesse und lebensspendenden Systeme müssen erhalten bleiben.
2. Dasselbe gilt für die genetische Vielfalt.
3. Arten und Ökosysteme müssen auf Dauer verwertbar bleiben.

LITERATUR

1) »The World Environment«, ed. by M. Holdgate, M. Kassas and G. White. Tycooly Int. Publ. 1982
2) Mihailo Mesarović/Eduard Pestel: »Mankind at the Turning Point«; dt.: »Menschheit am Wendepunkt«. DVA, Stuttgart 1974

Grundlagen einer weltweiten Umweltpolitik

von Yoichi Kaya u. a.

Wie sehr sich die Umweltproblematik weltweit zugespitzt hat, wurde vielfach nachgewiesen, so z.B. 1972 in »The Limits to Growth«[1] und 1980 in »Global 2000«[2] und auf vielen internationalen Konferenzen.

Gleichwohl stellen wir fest: nur in Einzelfällen hat man Maßnahmen ergriffen, um der Situation abzuhelfen. Die Einrichtung des *Environmental Program* der Vereinten Nationen (UNEP) war zweifellos ein wichtiger Schritt, aber eben nur ein Schritt in die richtige Richtung. Die Umweltsituation hat sich weiter rapide verschlechtert: Die Dichte des Kohlendioxyds in der Luft nimmt genauso zu wie allenthalben die sauren Niederschläge, die Abholzung der Tropenwälder und die Erosion der Böden.

Daß es so lange dauert, bis etwas getan wird, um diese Entwicklungen aufzuhalten, hat verschiedene Ursachen, auf die wir später eingehen. Das heißt aber nicht, daß wir optimistisch sein und ruhig weiter tatenlos zusehen können. Im Gegenteil: um die Umweltbedingungen zu verbessern, muß so schnell wie möglich gehandelt werden.

Dieser Aufsatz soll untersuchen, mit welchen Maßnahmen wir die Umweltproblematik als weltweites Phänomen in den Griff bekommen können. Damit unsere Diskussion nicht zu allgemein wird, beschränken wir uns auf zwei Punkte: das Kohlendioxyd und die Abholzung der Wälder.

Die atomare Frage, vor allem das Problem des radioaktiven Mülls wird möglicherweise zu einem zentralen Umweltproblem werden. Es unterscheidet sich jedoch qualitativ von anderen Fragen und soll daher in diesem Papier nicht erörtert werden.

1. Wodurch zeichnen sich globale Umweltprobleme aus?

a) Ihr weltumspannender Charakter

Eigentlich klingt es selbstverständlich: eines der grundlegenden Merkmale der Umweltproblematik ist ihr weltumspannender Charakter; es bedarf der Zusammenarbeit der Staaten, um die Verhältnisse zu verbessern.

Das Kohlendioxyd ist ein typisches Beispiel dafür. Die Abholzungsproblematik unterscheidet sich davon insofern ein wenig, als lokal begrenzte Maßnahmen die Umweltsituation auch nur im lokalen Rahmen verbessern. Andererseits handelt es sich auch hier um eine globale Herausforderung, denn Regenwälder gibt es an vielen Stellen der Erde.

Da es sich um Weltprobleme handelt, müssen sich alle Staaten auf ein gemeinsames Vorgehen verständigen. Daß das nicht leicht zu erreichen ist, liegt angesichts der kulturellen, politischen und wirtschaftlichen Differenzen auf der Hand.

b) Vielschichtigkeit

Zahlreiche globale Probleme sind nicht losgelöst von anderen solchen Problemen zu betrachten. Maßnahmen, die sich ausschließlich auf einen Komplex konzentrieren, tragen unter Umständen dazu bei, daß sich die Situation auf anderen Gebieten verschlechtert oder daß sich negative Spätfolgen einstellen. Die Abholzung der Tropenwälder hängt eng zusammen mit der wirtschaftlichen Entwicklung der betreffenden Länder, vor allem im Bereich Landwirtschaft und auf dem Energiesektor. Wird das eine zu stark betrieben, leidet die Entwicklung der anderen Sektoren.

Die Wechselwirkung einzelner Faktoren muß daher von vornherein berücksichtigt werden.

c) Ungewißheiten

Bei vielen Umweltproblemen kann man über ihre Ursachen, Folgen, kausalen Strukturen, ja sogar über ihre Beschaffenheit und ihr Ausmaß in der momentanen Situation noch keine sicheren Aussagen treffen; das erschwert die Arbeit an Gegenmaßnahmen. Bekanntestes Beispiel: Bis heute gibt es keine verläßliche Theorie darüber, wie sich die Zunahme des Kohlendioxyds in der Luft auf das Klima auswirkt. Unter so unsicheren Umständen kann niemand garantieren, daß einzelne Maßnahmen sinnvoll sind; entsprechende Investitionen sind mit großem Risiko verbunden.

Ein anderes Beispiel: Wie weit ist die Abholzung der Tropenwälder tatsächlich fortgeschritten? Im neuesten UNEP-Bericht[3] war die Rede von 6 bis 11 Millionen Hektar, die FAO* schätzte 1981 7,3 Millionen, während in »Global 2000« von 18 Millionen die Rede ist, der Hälfte der Landmasse Japans. Wenn kein genaues Bild der Lage vorliegt, wird man mit Gegenmaßnahmen erst einmal zögern.

d) Massive unmittelbare Interessen

Sowohl das Kohlendioxyd als auch die Abholzung der Wälder stehen in engem Zusammenhang mit dem Alltag der Menschen. Kohlendioxyd entsteht bei der Verbrennung fossiler Brennstoffe, die Abholzung soll den Brennholzbedarf decken und der Landwirtschaft dienen. Die Tropenwälder werden teilweise abgeholzt, weil die Industriestaaten die Hölzer bestimmter Bäume haben wollen. Immerhin geht es in beiden Fällen um menschliche Grundbedürfnisse. Das mag illustrieren, wie schwierig und kostspielig es ist, Gegenmaßnahmen einzuleiten.

* FAO = Food and Agriculture Organization

Die genannten grundlegenden Merkmale lassen sich auf alle globalen Probleme anwenden; sie stehen der Umweltschutzpolitik im Wege. Es ist daher unsere Aufgabe, eine Politik vorzuschlagen, die diesen komplizierten Bedingungen Rechnung trägt.

2. Gegenmaßnahmen

Die Schritte, die zu einer globalen Umweltschutzpolitik führen, lassen sich auf drei Ebenen ansiedeln: Verhütung, Entwicklung von Ersatzstoffen und Anpassung. Wie diese Maßnahmen bei den Komplexen Kohlendioxyd und Abholzung im einzelnen aussehen, werden wir nun untersuchen.

Drei Handlungsebenen für eine globale Umweltpolitik

		Kohlendioxyd
Verhütung	die Ursache des Problems beseitigen	Verbot bzw. Einschränkung des Gebrauchs fossiler Brennstoffe
Technische Kompensation	technische Maßnahmen, um Umweltbelastung zu reduzieren	CO_2 an den Emissionsquellen bzw. aus der Luft abfangen
Anpassung	sich der Umwelt anpassen und an der CO_2-Emission nichts ändern	Empfindlichkeit von Landwirtschaft und Lebensgewohnheiten gegen klimatische Veränderungen abbauen

Unser Tafelbild veranschaulicht, wie dem Problem der Emission des Kohlendioxyds auf drei Ebenen entgegengetreten werden kann. Theoretisch bekommt die Maßnahme den Vorzug, die das beste Kosten-Nutzen-Verhältnis hat. Das ist allerdings deshalb problematisch, weil die Schätzung von Kosten und Nutzen von Ungewißheiten geprägt ist. Unsere Anmerkungen sollen bei der Auswahl geeigneter Schritte behilflich sein.

- Eine Politik der Verhütung scheint bis zu einem bestimmten Grad möglich zu sein. Die Energie aus Atomkraftwerken ist in Japan heute schon billiger als Kohle oder die Energie aus mit Öl beheizten Kraftwerken; es sieht so aus, als sei es unproblematisch, die Gesamtmenge des emittierten Kohlendioxyds zu reduzieren und die mit fossilen Brennstoffen betriebenen Kraftwerke durch Atomkraftwerke zu ersetzen.
  Könnte z. B. die Leistung der japanischen Atomkraftwerke um das Sechsfache gesteigert werden, könnten fast alle mit Öl und Kohle betriebenen Kraftwerke abgeschaltet und die Emission von Kohlendioxyd um 20 % reduziert werden.
  Dem stehen die folgenden Faktoren entgegen: Nicht die gesamten fossilen Brennstoffe lassen sich durch die Atomkraft ersetzen. Den größten Anteil an fossilen Brennstoffen verbrauchen in flüssiger Form die Verkehrsmittel und Privathaushalte sowie die Industrie; sie sind nur schwer durch Strom aus Atomkraft zu ersetzen. Außerdem leistet die Öffentlichkeit in vielen Ländern Widerstand gegen die Atomenergie, wodurch sich der Bau der Kraftwerke verzögert. Der Preis, der zur Überwindung dieser gesellschaftlichen Barriere zu bezahlen ist, ist unermeßlich hoch.

- »Technische Kompensation« bedeutet, daß das Kohlendioxyd beim Brennvorgang gebunden wird und daß Wälder wieder angepflanzt und geschützt werden. Das heißt: das Kohlendioxyd muß entweder an der Stelle, wo die fossilen Brennstoffe verbrannt werden, gesammelt und gebunden oder später aus der Luft abgezogen werden. Das Kohlendioxyd könnte man auch durch Kühlung verflüssigen und ins Meer abführen.
  Da das Kohlendioxyd ganz verschiedenen Quellen entstammt – angefangen vom Kerosinofen über die Autos bis zu den Großfeuerungsanlagen der Industrie –, kosten alle diese Maßnahmen viel Geld. Sogar wenn man die »technische Kompensation« auf die Kraftwerke beschränkt – das wäre noch die kostengünstigste Maßnahme –, würde sie mehr kosten als der gesamte Strom, den diese Kraftwerke hervorbringen.

- Welche Folgen die Zunahme des Kohlendioxyds in der Luft haben wird – genauer: welche klimatischen Veränderungen sie mit sich bringen wird, ist bis heute nicht geklärt. So viel läßt sich aber bereits jetzt sagen: das niedrige technische Niveau in der Landwirtschaft der Entwicklungsländer und die vergleichsweise große Bedeutung der Landwirtschaft bei der Industrialisierung dieser Länder wird die negativen Auswirkungen eines veränderten Klimas auf die Wirtschaft noch verstärken. Das sollte man auf jeden Fall bei sogenannten Adaptionsmaßnahmen im Auge behalten.

Wir ziehen daraus die folgenden vorläufigen Schlüsse: in bezug auf das Kohlendioxyd sollten sowohl Maßnahmen der Verhütung (Verminderung der Verbrennung fossiler Stoffe) als auch und in erster Linie Maßnahmen der Anpassung eingeleitet werden. Den Vorrang sollten die großzügige Förderung der Bewässerungstechnologie und der Ausbau einer Landwirtschaft haben, die sich gegenüber veränderten klimatischen Verhältnissen als anpassungsfähig erweisen kann. Die technische Kompensation dürfte außer bei der Wiederaufforstung keine realistische Möglichkeit sein.

b) Abholzung der Wälder

Da die Wälder Wasser speichern, erleidet durch die Abholzung die Landwirtschaft große Verluste. Auch die Lichtverhältnisse ändern sich (verändertes Rückstrahlungsvermögen der Oberflächen) und damit auch das Klima. Das Kohlendioxyd in der Luft nimmt zu, da es durch die Wälder nicht mehr absorbiert wird. Außerdem wird bald das Brennholz fehlen, was die privaten Haushalte in den Entwicklungsländern zu spüren bekommen werden.

Wir ziehen hier drei Arten von Gegenmaßnahmen in Erwägung:

- »Verhütung« meint hier das Verbot bzw. die Einschränkung der Rodung von Bäumen in den Tropenwäldern zum Zwecke der Landentwicklung und der Gewinnung von Brennholz.

  Um die Lebensqualität in den Entwicklungsländern – die auf das Brennholz angewiesen sind – nicht noch mehr zu beschneiden, müssen die Industrieländer ihre Nahrungsmittelhilfe drastisch erhöhen und alternative Energien (möglicherweise fossile Brennstoffe) und andere Hilfsgüter zur Verfügung stellen. Das bedeutet natürlich, daß erheblich mehr Gelder für die Entwicklungshilfe ausgegeben werden müssen, als im Augenblick vorgesehen sind.

- »Technische Kompensation« schließt Wiederanpflanzung ein, ebenso die Verbesserung der Produktivität des Bodens, der durch die Rodung gewonnen wurde, und den Aufbau einer Forstwirtschaft. Mit der wirtschaftlichen und technischen Hilfe der Industriestaaten ist dies alles realisierbar. Diese Hilfe sollte so angelegt sein, daß sich die Entwicklungsländer aus eigener Kraft weiterentwickeln können. Wir glauben daher, daß die technische Kompensation in diesem Fall die effektivste Methode ist.

- »Anpassung« ist im Falle der Abholzung kein geeignetes Mittel. Sind die Wälder einmal weg, ist eine vollständige Wiederherstellung unmöglich und viele ökologische Reichtümer sind für immer verloren. Man sollte also die obengenannten Maßnahmen durchführen. Wir können uns nur schwer vorstellen, daß die Menschen sich in einer ganz neuen Umwelt wohlfühlen würden, abgesehen davon, daß auch das Klima sich verändert, wenn die Wälder verschwunden sind.
  Von der Entwicklung der Technik hängt es also entscheidend ab, ob die Umweltprobleme Kohlendioxyd und Abholzung der Wälder zu lösen sind, auch wenn beide Komplexe etwas unterschiedlich gelagert sind.

3. Finanzielle und organisatorische Voraussetzungen

a) Die Finanzierung

Um neue Technologien zu entwickeln, um die weltweite Umweltsituation kontinuierlich überprüfen zu können und den Entwicklungsländern technisch und wirtschaftlich zu Hilfe zu kommen, müssen große Summen aufgebracht werden. Für die Probleme, bei denen wir noch ziemlich im dunkeln tappen (typisches Beispiel: Kohlendioxyd), müssen Sonderfonds gebildet werden, damit im Ernstfall Rücklagen vorhanden sind. Die Schwierigkeiten sind nur im globalen Rahmen zu bewältigen und niemals an die Interessen nur eines Landes geknüpft. Da effektive Umweltschutzpolitik riesige Summen erfordert, machen wir drei Vorschläge, wie sie aufzubringen sind.

- Umweltsteuer
  Grundsätzlich läßt sich das Verursacherprinzip auch auf die globalen Umweltprobleme anwenden. Wer also fossile Brennstoffe verwendet oder aus der Abholzung Nutzen zieht, sollte eine Verbrauchssteuer bezahlen müssen. Der Gedanke ist keineswegs neu, Nordhaus[4)] und Tinbergen[5)] haben Ähnliches vor uns vorgeschlagen. Sollten wir jetzt nicht allmählich prüfen, wie man diesen Gedanken in die Tat umsetzen kann? Was die Ausbeutung der Tropenwälder betrifft, so müßten in erster Linie die Industrieländer besteuert werden. Auf die Wirtschaft der Entwicklungsländer, die ihre eigenen Wälder nutzen, würde sich diese Steuer dagegen nachteilig auswirken.

- Internationaler ›Trust-Fonds‹ für Umweltschutz
  In Großbritannien und anderen Industrieländern hat man die Gründung eines sogenannten »Trust-Fonds« für Umweltschutz erwogen. Auf freiwilliger Basis erwerben Einzelpersonen oder Gruppen das Recht, sich in bestimmten Gebieten für den Schutz von Wäldern einzusetzen. Sollte dieser Gedanke weltweit Fuß fassen, würden gewiß viele Menschen die Bedeutung einer globalen Umweltpolitik erkennen und sich finanziell daran beteiligen.

- Eine globale Umweltlotterie
  In den seltensten Fällen sind die Menschen unmittelbar von einem globalen Problem betroffen. Da zudem in einigen Fällen große Ungewißheit herrscht, dürfte es schwerfallen, Maßnahmen des Umweltschutzes nur durch neue Gesetze und Sondersteuern zu finanzieren. Wenn sich Freiwillige melden, ist es gut, doch guter Wille allein genügt nicht. Es müssen auf organisatorischer

Ebene Möglichkeiten geschaffen werden, Freiwillige zu ermuntern, für den Umweltschutz zu spenden.

Zu diesem Zweck könnte man eine Lotterie ins Leben rufen. Jeder könnte sich nach freien Stücken Lose kaufen. Im Unterschied zu einer Steuerabgabe eröffnet die Lotterie jedem, der Geld einzahlt, die Chance auf einen Gewinn. Keiner hat das Gefühl, Opfer zu bringen. Daß damit auch noch die Sache des internationalen Umweltschutzes unterstützt wird, verschafft zusätzliche Befriedigung.

Lotterien können eine sehr einträgliche Sache sein. Die japanische Lotterie »Takarakugi« erwirtschaftet jährlich mehr als 2000 Milliarden Yen für gemeinnützige Zwecke. Andere Lotterien wie das Pferdelotto oder Wetten bei Radrennen bringen mehr als eine Trillion im Jahr ein.

Zu viele Lotterien können auf die Dauer die Moral einer Gesellschaft verderben, daher sollte man dieses Mittel sorgfältig einsetzen. Es bietet jedoch den großen Vorteil, daß auf freiwilliger Basis große Summen herbeigeschafft werden können.

b) Bildung eines »Future Generation Board«

Alle Fragen, die die Welt insgesamt betreffen, sind nur langfristig zu lösen, erfordern globales Denken und sind mit bornierter nationalistischer Politik unvereinbar. Daher brauchen wir neben sogenannten »wisemen«-Komitees (s. die UNO-Komitees) ein weiteres Gremium, dessen Vorschläge verbindlich sind und an dessen Beschlüsse sich alle Staaten halten müssen. Wir schlagen als ständige Einrichtung einen »Future Generation Board« vor.

Zum Vergleich möchten wir den japanischen Beamtenbund heranziehen. Er kann alle japanischen Beamten darauf verpflichten, auf das Mittel des Streiks zur Durchsetzung besserer Arbeitsbedingungen zu verzichten. Der Future Generation Board hätte die Funktion, im Namen zukünftiger Generationen, die ihr Recht auf eine bessere Welt nicht einklagen können, zu sprechen. Die UNEP und ihre Gremien müßten den Board über die globale Umweltsituation auf dem laufenden halten, damit er fundierte Empfehlungen machen kann.

4. Schlußfolgerung

Unser Referat behandelte die Möglichkeiten eines globalen Umweltschutzes. Die Forschung auf diesem Gebiet ist noch nicht sehr weit, es bleibt noch viel zu tun.

Die Autoren möchten sich beim japanischen Zweig des Club of Rome und der *Japan Techno-Economics Society* herzlich dafür bedanken, daß sie diese Studie ermöglicht haben.

LITERATUR

1) Meadows, Dennis u. a.: »The Limits to Growth«, Universe Books; dt.: »Die Grenzen des Wachstums«. DVA, Stuttgart 1972
2) »The Global 2000 Report to the President of the U.S.«; dt.: »Global 2000«. Zweitausendeins, Frankfurt 1980
3) »Environment in 1982 – Retrospect and Prospect«, UNEP, April 1982
4) Nordhaus, W.: »The Efficient Use of Energy Resources«. Yale University Press, 1979
5) Tinbergen, J.: »Reshaping the International Order«, Elsevier 1976

Organisches und dauerhaftes Wachstum

Von Mihailo Mesarović und Eduard Pestel

Einleitung

»In den vergangenen Jahren ist eine ganze Reihe von Untersuchungen zur langfristigen Weltentwicklung veröffentlicht worden, deren Ergebnisse zumeist in düstere Prognosen mündeten, die dann prompt in weiten Kreisen als unbegründete Kassandrarufe abgetan wurden. Doch die Krisen, welche die Welt gegenwärtig in rascher Folge bedrängen, sind unmißverständliche Zeichen dafür, daß die Menschheit an einem Wendepunkt in ihrer geschichtlichen Entwicklung angelangt ist. Um die düsteren Vorhersagen tatsächlich wahrzumachen, gibt es kein geeigneteres Mittel, als die Sturmzeichen der Zeit geflissentlich zu übersehen und so weiterzumachen wie bisher. Darauf weisen auch die wissenschaftlichen Untersuchungen, auf denen der hier vorgelegte Bericht beruht, deutlich hin.

Es ist höchst dringlich geworden, die Augen nicht länger vor möglichen Katastrophen zu verschließen, sondern diesen entschlossen entgegenzutreten und nach Alternativen für die zukünftige Entwicklung zu suchen. Das Konzept des »organischen Wachstums« für die Menschheit, dem wir in diesem Bericht das Wort reden, wird dementsprechend als unser Beitrag zur Suche nach einer dauerhaft gedeihlichen Entwicklung der Welt angeboten.

Das Konzept des organischen Wachstums des Weltsystems sollte nicht als einfältiges ›Einheits-Welt‹-Konzept der Menschheitsentwicklung aufgefaßt werden; ein solches Konzept würden wir als geradezu ungeeignet für einen globalen Ansatz zur Suche nach Wegen ablehnen, welche die Menschheit aus ihrer gefährdeten Lage herausführen könnten. Jeglicher für eine derartige Aufgabe brauchbare Ansatz muß von der regionalen Mannigfaltigkeit unserer Welt ausgehen. Alle Vorschläge für Wege zur weiteren Entwicklung müssen die Eigenarten und Möglichkeiten der unterschiedlichen Weltregionen berücksichtigen; sonst kann es zu keiner dauerhaften Ausgewogenheit zwischen ihnen, zu keiner Überwindung enger nationaler Interessen, zu keiner globalen Solidarität kommen. Es würde dann kein Hineinwachsen der Menschheit in eine organische Einheit aus ihrem gegenwärtig noch embryonalen Stadium geben.«

Mit diesen Bemerkungen zum Begriff des organischen Wachstums leiteten wir vor acht Jahren den Zweiten Bericht an den Club of Rome ein, der unter dem Titel »Menschheit am Wendepunkt« als Buch erschienen ist.[1] Wir begrüßen es sehr, daß wir hier erneut Gelegenheit erhalten, zum Thema »Organisches und dauerhaftes Wachstum« zu sprechen.

Für viele der nationalen und internationalen Krisen, die zum Teil die ganze Welt erfaßt haben, wurde vor allem seit der Veröffentlichung des Buches »Die Grenzen des Wachstums«[2] das anhaltend rasche Wirtschaftswachstum verantwortlich gemacht. Eine These lautete daher, dieses Wachstum müsse gestoppt, zumindest sein Tempo verlangsamt werden. Umgekehrt wurde argumentiert, daß die Weltkrisen allein durch fortgesetztes Wachstum zu lösen seien. Beide Standpunkte bedürfen der Erläuterung, bevor wir sie als unideologische und nicht emotionale Festlegungen akzeptieren können. Was verstehen wir eigentlich unter »Wachstum«, und in welcher Hinsicht ist dieses Wachstum zu begrüßen oder zu verwerfen? Wachstum ist schließlich ein Vorgang und kein Objekt wie ein Stuhl oder ein Tisch; man kann es nicht physikalisch erklären, muß es vielmehr als Begriff definieren.

Daß dies keine einfache Angelegenheit ist, zeigt die vorherrschende Begriffsverwirrung in der Debatte um

Wachstumsfragen selbst da, wo man allgemeines Einverständnis erwarten sollte. Niemand widerspricht zum Beispiel der Feststellung, daß die Bevölkerung auf dieser Erde nicht endlos weiterwachsen kann. Die Auffassung, das Bevölkerungswachstum müsse gebremst und schließlich ganz gestoppt werden, setzt sich immer mehr durch. Auf der anderen Seite wird niemand etwas dagegen haben, wenn es im Bereich der medizinischen Versorgung Wachstum gibt, damit die Lebenserwartung sich erhöht und die Kindersterblichkeit sinkt – womit wir wieder beim Wachstum der Weltbevölkerung wären. Auf dem Konsumsektor zeigt sich ebenfalls, wie vielschichtig wir das Thema Wachstum sehen müssen und wie gefährlich es wäre, sich in abstrakter Weise für oder gegen Wachstum auszusprechen. Wir alle wissen, daß der Konsum in den entwickelten industrialisierten Gebieten der Welt geradezu absurde Ausmaße angenommen hat. Mit bestimmten Rohstoffen muß in Zukunft unbedingt sparsamer umgegangen werden. Dagegen müssen wir für andere, weniger entwickelte Gebiete eine Politik des Wachstums verfolgen, da hier die nackte Existenz der Bevölkerung davon abhängt, ob mehr Nahrungsmittel und Industrieprodukte zur Verfügung stehen. Es wäre also naiv, sich unbesehen »für« oder »gegen« Wachstum auszusprechen; wachsen beziehungsweise nicht wachsen bleibt so lange ein schwammiger, uninteressanter Begriff, bis wir wissen, an welchem Ort wir sind und was Sinn und Inhalt des Wachstumsprozesses eigentlich ausmachen.

Wachstum in der Natur – eine Analogie

Um die vielfältigen Aspekte des Begriffs Wachstum richtig würdigen zu können, sollten wir uns an Wachstumsprozessen in der Natur orientieren. Man muß hier grundsätzlich zwischen zwei Arten von Wachstum unterscheiden: zwischen undifferenziertem und organischem Wachstum. Undifferenziertes Wachstum manifestiert sich in fortgesetzter Zellvermehrung; eine Zelle teilt sich in zwei, zwei in vier und so weiter. Bei einer Verdoppelungszeit von einer Stunde werden in 24 Stunden aus einer Zelle 17 Millionen, und nach 48 Stunden wären es bereits 280 Trillionen (280 000 000 000 00) Zellen. Bei diesem Wachstum sind alle Zellen einander gleich, es handelt sich um eine rein exponentielle Zunahme der Zellenzahl. Beim organischen Wachstum spielt dagegen der Differenzierungsprozeß eine entscheidende Rolle. Es bilden sich artverschiedene Zellgruppen, die organspezifische Eigenschaften entsprechend dem Entwicklungsprozeß des Organismus besitzen. Leberzellen unterscheiden sich von Gehirnzellen, diese wiederum haben andere Eigenschaften als Knochenzellen. Während und nach der Differenzierung können die Zellen immer noch an Zahl zunehmen, einige Organe wachsen vielleicht, während andere kleiner werden.

Das Gleichgewicht bei organischem Wachstum ist nicht statisch, sondern dynamisch; es bedeutet also nicht Stagnation, denn in einem wachsenden, lebenden Organismus findet ständig eine Erneuerung der beteiligten Zellen statt, wie beispielsweise im menschlichen Körper, in dem alle sieben Jahre sämtliche Zellen erneuert werden.

Der Vergleich des »organischen« Wachstums des Weltsystems mit dem eines Organismus sollte selbstverständlich nur als eine Analogie verstanden werden. Sie bezieht sich im wesentlichen auf die Differenzierung der verschiedenen Teile des Systems sowie auf deren gegenseitige funktionale Abhängigkeit. Kein Teil ruht in sich selbst, jeder spielt eine besondere, im Laufe der Geschichte ihm zugewachsene Rolle. Es existiert ein Gesamtplan, in dem Zweck und Ziel des Wachstums des ganzen Systems festgelegt sind. In aller Schärfe zeigt jedoch unsere Analogie, wie umfassend die Veränderungen sein müssen, die die Menschheit braucht, um ihren Kurs zu ändern und ihre eigene Entwicklung in den Griff zu bekommen.

In der Vergangenheit bestand die Weltgemeinschaft aus

einer Ansammlung voneinander völlig unabhängiger Teile. Jeder einzelne konnte sich in positiver wie negativer Hinsicht nach Belieben frei entwickeln. Unter den neuen Bedingungen, die uns in Form des globalen Krisensyndroms erscheinen, ist die Weltgemeinschaft zum Weltsystem geworden, das aus funktional voneinander abhängigen Teilen besteht. Jeder Teil – Staat oder Staatengruppe – hat nun seinen spezifischen Beitrag für die organische Entwicklung der Menschheit zu leisten: in Form von Rohstoffen, Technologie, Wirtschaftspotential, Kultur etc. Die einzelnen Wachstumsprozesse hängen voneinander ab; wenn also das Wachstum eines Teils negativ zu Buche schlägt, ist nicht nur dieser Teil, sondern das ganze System gefährdet. Wenn dagegen das Weltsystem auf den Weg des organischen Wachstums gebracht werden könnte, würden die organischen Wechselbeziehungen der Teile sich hemmend auf das undifferenzierte Wachstum eines Einzelteils auswirken.

Wenn unter Wachstum nur undifferenziertes Wachstum verstanden wird, dann besteht kein Zweifel darüber, daß der Wachstumsprozeß in jeder Hinsicht zum Stillstand gebracht werden muß. Eine einfache Rechnung genügt, um das zu beweisen: wenn die Wirtschaft zum Beispiel jährlich um 5 % wächst, so wird sie am Ende des nächsten Jahrhunderts einen Umfang erreichen, der 500mal größer als heute ist, also den gegenwärtigen um 50000 Prozent übersteigt. Selbst dann, wenn der Rohstoffverbrauch weniger als das Bruttosozialprodukt zunehmen sollte, würden die Probleme der Beschaffung, Verarbeitung und Abfallbeseitigung der Materialmengen in kaum vorstellbarem Maß anwachsen. Selbst in den wachstumsorientierten Großunternehmen wird dies erkannt. Es gibt kein Wachstum um des Wachstums willen in dem Sinne, daß immer größere Warenmengen produziert werden könnten.

Wäre es aufgrund dieser Diagnose nicht am einfachsten, man würde unverzüglich der Welt einen Wachstumsstop verordnen? Dieses Rezept würde bestimmt wahre Wunder wirken, wenn, ja, wenn die Welt eine homogene Einheit wäre, oder wenn damit zu rechnen wäre, daß sie sich hin zu einer einförmigen Einheitswelt entwickelt, was sie nicht kann und auch nicht sollte; oder wenn Wachstum und Entwicklung für die ganze Welt nach einem einzigen Maßstab gemessen werden könnten, was auch nicht möglich ist. Wachstum entfaltet sich in den verschiedenen Teilen der Welt in unterschiedlichen Bahnen und mit verschiedener Geschwindigkeit. Während in einigen Regionen das undifferenzierte Wachstum krebsartige Formen annimmt, sind in anderen Teilen die Menschen durch fehlendes Wachstum in ihrer Existenz bedroht.

Dieses unausgeglichene und undifferenzierte Wachstum ist die eigentliche Ursache der dringlichsten Probleme, vor denen die Menschheit steht – organisches Wachstum weist den Weg zu ihrer Lösung.

Wie erreicht man organisches Wachstum?

Das organische Wachstum in der Natur erfolgt nach einem »Generalplan«; die Größe und die Funktion der verschiedenen Organe werden durch die Spezialisierung innerhalb des Organismus als Ganzem bestimmt, und in diesem Rahmen spielt sich auch ihr Wachstum ab. Der Generalplan für das Wachstum eines Organismus ist jeweils durch Evolution, durch natürliche Auslese entstanden und in den Genen kodiert; er ist von Anfang an dem wachsenden Organismus mitgegeben: Plan und Organismus sind untrennbar verbunden.

Auch für die Menschheit wird es keine kontinuierliche, gesunde Entwicklung geben, ohne daß sie einen solchen »Generalplan« entwirft, sich klare Ziele steckt, die eine Reihe von Bedingungen erfüllen sollten. Erstens: die einzelnen Zielvorstellungen müssen miteinander vereinbar sein. Dann: sie müssen den tatsächlichen Bedürfnissen und Wünschen der betroffenen Menschen entsprechen, und: es muß gesichert sein, daß sie mit den vorhandenen menschlichen und materiellen Ressourcen auch erreicht werden können. Gerade was die Ressourcen betrifft, gibt es erhebliche regionale Unterschiede in der Welt; die organische Entwicklung wird sich daher ebenfalls in unterschiedlicher Weise durchsetzen. Außerdem: Bedürfnisse und Wünsche ändern sich im Laufe der Zeit ebenso wie die verfügbaren Mittel, weshalb die Ziele immer wieder neu definiert werden müssen.

Jede Generation steht vor der Aufgabe, die Ziele für die Lebensgestaltung der nachfolgenden Generation neu zu formulieren.

Unsere Politik muß langfristig angelegt sein, wir brauchen Pläne für die nächsten zehn, zwanzig, dreißig Jahre. Oft genug werden wir die Erfahrung machen, daß Maßnahmen, die zunächst optimal erscheinen, verworfen werden müssen, weil sich andere, die sich zunächst nur als zweite und dritte Wahl anboten, inzwischen als nützlich und hilfreich erwiesen haben. Für die Politiker in einer parlamentarischen Demokratie wirft das enorme Probleme auf; dasselbe gilt für diejenigen, die in der Wirtschaft das Sagen haben, und natürlich für jeden einzelnen Bürger.

Damit wir überhaupt einen Plan für organisches Wachstum über einen längeren Zeitraum aufstellen können, brauchen wir neue Verhaltensregeln, die allgemein respektiert werden.

Der kritische Leser könnte diese Überlegungen zum organischen Wachstum als Plädoyer für eine Superregierung deuten, für eine aufgeblähte Bürokratie nicht nur in Ministerien, sondern auch noch in Planungsabteilungen, die jede Initiative von unten abwürgen. Nichts liegt uns ferner. Wir gehen gerade umgekehrt davon aus, daß sich der Staat aus der Unternehmerpolitik heraushalten und den Markt sich selbst überlassen sollte.

Aufgabe des Staates ist es nach unserer Vorstellung, die politischen und gesellschaftlichen Rahmenbedingungen zu sichern, unter denen diejenigen Bürger der Segnungen anhaltender wirtschaftlicher und politischer Erfolge teilhaftig werden können, die sich im nationalen, regionalen und weltweiten Rahmen für das organische Wachstum einsetzen. Wir sind davon überzeugt, daß die Initiative des freien Unternehmertums den allgemeinen Wandel zugunsten einer langfristigen positiven Entwicklung einleiten wird, selbst wenn zu Beginn eine Reihe von Nachteilen in Kauf genommen werden müßte.

In dieser Weise von organischem und dauerhaftem Wachstum zu sprechen, klingt natürlich reichlich abstrakt. Die Politiker dieser Welt wollen wissen, was hier und heute zu tun ist, um entsprechend unserem langfristigen Konzept handeln und zugleich die Probleme lösen zu können, mit denen wir jetzt konfrontiert sind. Wer den Weg des organischen Wachstums einschlagen und daher zunächst einen Generalplan mit den Zielen für die nächsten 20 Jahre aufstellen möchte, sollte sich unbedingt mit nüchternen Augen die Welt ansehen und die nationalen und internationalen Rahmenbedingungen studieren, unter denen er politisch zu handeln beabsichtigt. Weder im Inland noch im Ausland, noch global gesehen gibt es die magische Autorität, die die Probleme lösen könnte. Wer glaubt, in den kommenden Jahrzehnten würden wir die Auflösung der Nationalstaaten erleben, macht sich Illusionen. Die nationalen Egoismen werden vielmehr weiterwirken und bestenfalls durch die Einsicht, daß wir alle in einem Boot sitzen, etwas gemildert. Wir möchten daher ausdrücklich betonen: die bloße Existenz der Nationalstaaten zwingt dazu, die meisten Probleme eines Staates selbständig und gestützt auf die Initiativen der Bürger im einzelstaatlichen Rahmen zu lösen.

Auf seiten der politischen Führung sollte sich eine wichtige Einsicht durchsetzen: die Entwicklung einer Gesellschaft wird nur dann erfolgreich sein, wenn die Staatsbürger vom Geist der Kooperation beseelt sind; wenn in Politik und Verwaltung die Verantwortlichkeiten demokratisch aufgeteilt sind; wenn die Wirtschaft von der konzertierten Aktion freier Unternehmer beherrscht wird. Das Beispiel Japans nach dem Zweiten Weltkrieg zeigt das sehr anschaulich. Wirtschaftliche Effektivität und organisches Wachstum sind keineswegs schon durch die Verfügbarkeit von Menschen und Material und durch günstige äußere Bedingungen garantiert. Alle drei Bereiche einer Gesellschaft – das Wertesystem, die Regierungsform und das Wirtschaftssystem – hängen eng zusammen und entscheiden darüber, wie effektiv eine Gesellschaft arbeitet. Andernfalls wäre die Sowjetunion wirtschaftlich um vieles stärker als Japan. Eine reiche Rohstoffbasis ist also keineswegs der Garant für wirtschaftliche Erfolge eines Landes. Die Menschen sind es, die letzlich über Erfolg oder Mißerfolg entscheiden. Am meisten zählt immer noch der Arbeitswille, das technische und organisatorische Know-how, eine ausgebaute Infrastruktur.

Eine Gesellschaftsordnung erfüllt dann ihren Zweck, wenn der Arbeitswille der Menschen immer wieder neu angespornt wird, wenn das Know-how auf dem neuesten Stand und überall und jedem zugänglich ist und wenn ausreichende Mittel bereitgestellt werden, um die Infrastruktur zu erhalten und auszubauen.

Auf allen diesen Gebieten gibt es sowohl in den Industriestaaten in Ost und West als auch in den Entwicklungsländern Fehlentwicklungen und einen großen Nachholbedarf. Je ausgeprägter die Widersprüche zwischen den einzelnen Komponenten einer Gesellschaft sind, desto weniger wird der Staat in der Lage sein, seine Möglichkeiten zu entfalten und zum Wohle der Menschen den Weg des organischen Wachstums zu beschreiten.

Zwei Fallstudien

Die westlichen Industrienationen

Die westlichen Industrienationen sehen sich heute einer ähnlich mißlichen Lage wie vor 50 Jahren gegenüber: Massenarbeitslosigkeit; eine umfassende Rezession, begleitet von Inflation; der Beginn einer neuen Stufe des Wettrüstens; zunehmende politische Polarisierung innerhalb der einzelnen Länder. Werden uns die achtziger Jahre den neuen Weltkrieg bringen, der im Unterschied zum letzten Krieg vor 50 Jahren die Vernichtung der Industriestaaten insgesamt, zumindest aber die Westeuropas bedeuten könnte? Ich halte es für unwahrscheinlich, daß ein Krieg von den Staaten der westlichen Welt begonnen wird. Die pluralistische Struktur der westlichen Gesellschaften erlaubt einen Wandel im Wertesystem, ohne daß es dabei zu verheerenden Umwälzungen kommt; sie wird auch in Zukunft die Durchsetzung aggressiver totalitärer Regime verhindern können.

Allerdings werden die westlichen Gesellschaften für die vielen Umstrukturierungsmaßnahmen im Regierungs- und Wirtschaftssystem länger brauchen. Denn eben ihre pluralistische Organisation steht einem geschlossenen Einsatz aller Kräfte zur rechtzeitigen und adäquaten Lösung drängender Probleme oft im Weg. Der Hang, sich irgendwie durchzuwursteln, wird sehr ausgeprägt sein; ein kurzatmiger Pragmatismus, durch kurze Legislaturperioden noch verstärkt, wird in den Köpfen der Politiker die bestimmende Denkrichtung sein, da sie mit dünnen parlamentarischen Mehrheiten regieren müssen. Der Blick für die Aufgaben der Zukunft, der Mut, sich langfristige Ziele zu stecken, wird fehlen, solange die Politiker sich wie mittelmäßige Tennisspieler verhalten, die jedes Risiko scheuen, um ja wiedergewählt zu werden. Nun, die Wirtschaft wird dafür sorgen, daß der Kampf um neue Technologien weitergeht und der Wille zur Innovation in den kommenden Jahrzehnten nicht erlahmt. Mikroelektronik und Biotechnologie einschließlich der Gentechnologie werden ihren Vormarsch fortsetzen.

Ich zweifle nicht, daß die Industriestaaten des Westens ihre Energie- und Rohstoffprobleme werden meistern können. Andererseits werden durch das Wettrüsten ungeheure Potentiale an schöpferischen Fähigkeiten des Menschen, an Rohstoffen und Geldern verschleudert, die für den dringend erforderlichen Ausbau der Infrastruktur, den Umweltschutz und für Entwicklungshilfe benötigt würden. Die Kluft zwischen dem Westen und den Entwicklungsländern wird wahrscheinlich noch größer werden, während sich gleichzeitig die Lebensqualität der Menschen in den westlichen Industrienationen trotz des Wirtschaftswachstums nicht verbessern wird.

Ich gehe davon aus, daß der Abwärtstrend vor allem der zweiten Hälfte der siebziger Jahre im kommenden Jahrzehnt aufgehalten wird und daß es in den neunziger Jahren voraussichtlich einen Aufschwung geben wird.

Meine Prognose für die Industrienationen ist aber nur haltbar, wenn die Zahl der Arbeitslosen, die in den 24 OECD-Ländern bald die 30-Millionen-Grenze erreicht hat (das sind 8% der arbeitsfähigen Bevölkerung), abnimmt und wenn die Produktivität auf »ehrlicher» Basis erhöht werden kann. Die Arbeitsproduktivität muß also an der Gesamtzahl der zur Verfügung stehenden Arbeitskräfte gemessen werden, und nicht an der Zahl derer, die tatsächlich im Arbeitsprozeß stehen. Ein Produktivitätszuwachs, der durch unfreiwillige Arbeitslosigkeit erkauft ist, kann nicht positiv gesehen werden; dasselbe gilt, wenn die Produktivität auf Kosten der Umwelt und der Gesundheit der Menschen, kurzum, der Lebensqualität, erhöht wird.

Ein vernünftiger Produktivitätszuwachs wird sich in Zukunft daran bemessen lassen, ob sich die Nachfrage nach Waren und Dienstleistungen im gleichen Maß erhöht wie das Niveau der wirtschaftlichen Tätigkeit, die durch den technischen Fortschritt immer produktiver organisiert werden kann.

Das tropische Afrika

Unsere nächste kurze Studie befaßt sich mit dem tropischen Afrika, das einen starken Kontrast zu den westlichen Industrienationen bildet.

Es besteht aus fast 40 Staaten unterschiedlicher Größe. Einige Staaten haben Rohstoffe: Nigeria Öl, Zaïre wertvolle Mineralien, Sambia Kupfer, um nur einige Beispiele zu nennen. Daneben aber gibt es vor allem in der Sahara und der Sahelzone Staaten, die praktisch keinerlei natürliche Reichtümer haben. Es ist schwierig, über die Gesellschaftsordnung dieser Staaten genaue Angaben zu machen. Das Wertesystem basiert auf einer langen Tradition stammesmäßiger Organisation. Unter einzelnen Stämmen herrscht extreme Intoleranz, die vor der gegenseitigen Vernichtung nicht haltmacht. Und die Regierungsform? Es überwiegen Militär- bzw. »sozialistische« Regierungen, die keinerlei Opposition dulden. Das Wirtschaftssystem schließlich, falls davon überhaupt gesprochen werden kann, wird vom Staat kontrolliert, in den kleinen Staaten vom »Führer« persönlich; wer die Macht hat, kontrolliert auch die Wirtschaft. Der Lebensstandard der Bevölkerung, bereits jetzt der niedrigste auf der Welt, wird sich weiter verschlechtern, da die Bevölkerung schneller wächst als das Sozialprodukt (von 1975 bis 2000 um etwa 200 Millionen). Die erhebliche wirtschaftliche Bedeutung einiger großer afrikanischer Staaten wie des Sudans, der Getreidekammer der arabischen Welt, dessen Bevölkerung sich in den kommenden 30 bis 40 Jahren ebenfalls verdoppeln wird, kann auch auf lange Sicht nicht von allen erreicht werden.

Die Bevölkerung der ärmsten Staaten, z.B. derjenigen,

die an die Sahara grenzen, ist gezwungen, immer weiter nach Süden zu ziehen (Überweidung, Getreidemangel, kein Brennholz). Sie wird wegen der zu erwartenden Hungersnöte nicht weiter zunehmen. Die etwa 40 Nationalstaaten Schwarzafrikas müßten sich zu einigen regionalen Gemeinschaften zusammenschließen und eine gemeinsame Wirtschaftspolitik entwickeln. Andernfalls werden vor allem die kleinen Länder schlimmen Zeiten entgegengehen, vor denen sie allein durch kontinuierliche Nahrungshilfe der Industriestaaten bewahrt werden könnten.

1974 haben wir in dem Buch »Menschheit am Wendepunkt« diese Problematik herausgestellt; im Sinne unseres Freundes Maurice Guernier schrieben wir damals: »...alle unsere Analysen des Weltsystems ergaben ganz eindeutig, daß die ›günstigsten Lösungen‹ stets ›Harmonie‹ oder ›Kompromisse‹ zwischen gleichberechtigten, ausgewogenen Partnern voraussetzen. Aber es gibt keine Ausgewogenheit zwischen Mächten wie den USA oder der Sowjetunion auf der einen und Dahomey und Singapur auf der anderen Seite. Für eine ausgewogene Entwicklung muß in den verschiedenen Teilen der Erde ein regionales, kohärentes Konzept gestaltet werden, das nicht auf Wunschdenken beruht und sich an fremden Vorbildern orientiert. Wir reden hier allerdings keiner Bevormundung der einzelnen Nationen durch ihre Region das Wort. Dies würde im Widerspruch zur geforderten Notwendigkeit von Veränderungen stehen und sie damit höchstwahrscheinlich unmöglich machen. Wir denken vielmehr an die Bildung eines regionalen Gemeinsinns, der seinen Ausdruck in der Formulierung der gemeinsamen regionalen Ziele und Konzepte findet. Diese sollten dann zu politischen, wirtschaftlichen und sozialen Organisationsformen führen, die dem regionalen wirtschaftlichen Entwicklungsstand und dem kulturellen Erbe Rechnung tragen. Nur so wird der Boden geebnet für gangbare neue Wege auf kulturellem und wirtschaftlichem Gebiet, besonders in den landwirtschaftlichen Bezirken der Entwicklungsländer. Die verschiedenen Entwicklungsländer würden dann nicht mehr – vergebens – versuchen, den Entwicklungsweg der Industrieländer in sehr viel kürzerer Zeit als diese zu durchlaufen. Vielmehr würden die Entwicklungsländer im Besitz eines eigenen Konzepts den unterstützungsbereiten Industrieländern den Weg zu einer wirkungsvollen Hilfe weisen, die sie dann zusammen mit ihren eigenen Mitteln und mit eigenen Methoden weit besser als bisher nutzen könnten.«[3]

Schlußfolgerungen

Diese und andere Fallstudien, die wir nicht vorlegen konnten, erlauben ein ganzes Bündel von Schlußfolgerungen, die in etwa die Umrisse eines Generalplans für das organische und dauerhafte Wachstum angeben.

Erstens: unsere Prämisse bestätigt sich, daß weder die Annahme, die Rohstoffvorräte der Welt seien unerschöpflich und mit Hilfe der Technik ließen sich alle Weltprobleme lösen, zutrifft, noch die Behauptung des Gegenteils einen relevanten Beitrag zur Lösung der Weltproblematik leistet. Es ist daher müßig, darüber zu spekulieren, wie sich Technik und Wissenschaft in Zukunft entwickeln werden. Ganz sicher wird der heftige Konkurrenzkampf der fortgeschrittenen Industriestaaten stimulierend auf die Entwicklung von Wissenschaft und Technik einwirken. Doch wird diese Art der Technologie nur den Reichtum der ohnehin reichen Nationen vermehren – und selbst dies nur geringfügig. Sollte ein Land versuchen, sich diesem Konkurrenzkampf zu entziehen, so würde es wirtschaftlich sehr darunter leiden müssen. Auf das Schicksal der Milliarden Menschen in den Entwicklungsländern wird sich diese neue Technik weder heute noch morgen segensreich auswirken.

Zweitens: mit unseren Fallstudien haben wir nachgewiesen, daß die Qualifizierung der Menschen eine Grundbedingung ist, um katastrophale Entwicklungen zu verhindern; das gilt für die reichen wie für die armen Länder. Wir meinen nicht allein die Ausbildung für gesellschaftlich nützliche Berufe und Jobs; viel wichtiger ist die Erziehung aller Menschen – gleich welcher Rasse, Nationalität oder sozialen Schicht – zu kooperativem Gruppenverhalten, damit jeder einzelne die ihm gemäße Rolle zu spielen und in der kooperativen Interaktion mit anderen seine Pflichten zu erfüllen lernt. Vielleicht klingt das altmodisch. Ich bin dennoch fest davon überzeugt, daß die moderne Konfliktpädagogik Gift für junge Menschen ist in einer Welt, die nur dann überleben wird, wenn alle freiwillig zusammenarbeiten. Nur auf der Basis gegenseitigen Vertrauens, sozialer Verantwortung und Loyalität und nicht auf der Basis von Profitdenken kann ein politisches und wirtschaftliches System entstehen, das dem einzelnen Staat die Chance gibt, seine sozialen und ökonomischen Möglichkeiten umfassend zu verwirklichen.

Drittens: obwohl die gegenseitige Abhängigkeit der Staaten und Regionen in jedem Land immer deutlichere Spuren hinterläßt, steht zweifelsfrei fest: über Erfolg oder Mißerfolg im Kampf für das organische Wachstum entscheidet die »Heimatfront«. Daraus den Schluß zu ziehen, Entwicklungshilfe sei überhaupt entbehrlich, ist völlig falsch und wäre politisch wie moralisch nicht zu vertreten. Wenn die Auslandshilfe so angelegt ist, daß das Empfängerland sich später einmal ohne fremde Hilfe weiterentwickeln kann, ist sie zu befürworten. Wie das zu schaffen ist, darüber muß gesprochen werden; das Ergebnis wird von Land zu Land verschieden sein. In Staaten, die selbst nach langfristiger, umfangreicher Auslandshilfe nicht fähig sein werden, in absehbarer Zeit auf eigenen Füßen zu stehen, kann auf Dauer nur die Bildung einer regionalen Union mit anderen Staaten die Situation verbessern. Der Zusammenschluß aller Staaten zu 10 bis 15 Weltregionen wäre sicherlich ein großer Gewinn für die Welt – aus wirtschaftlichen wie aus politischen Gründen. So mancher bewaffnete Konflikt, den die Welt in den letzten 30 Jahren erlebte, wäre uns erspart geblieben, wenn es solche Organisationsformen bereits gegeben hätte.

Viertens: in jedem Land und in allen Staatengemeinschaften müssen vorbeugende Maßnahmen und Formen der Regulierung gefunden werden, mit denen man drohende Krisen verhindern oder sofort bekämpfen kann. Wir haben in »Menschheit am Wendepunkt« nachgewiesen, daß sich solche Krisen in immer kürzeren Abständen ereignen werden. Das Konfliktpotential, das in den sozialen, politischen und wirtschaftlichen Strukturen unserer Gesellschaft angelegt ist, übertrifft an Sprengkraft bei weitem ein großes Atomkraftwerk. Hier hat man bereits seit langem Vorsorge getroffen und alle möglichen Fehlerquellen des Systems untersucht und von vornherein Gegenmaßnahmen und Risikobarrieren eingebaut, um einen möglichen Schaden in Grenzen zu halten.

Genau das brauchen wir nun auf politischem Gebiet – mögliche Krisen reifen unaufhaltsam heran, und sie nehmen schnell erschreckende Ausmaße an, schneller als wir es schaffen, politische, soziale und technische Abwehrmittel zu entwickeln. Maßnahmen, die wir heute gegen eine Krise vor unserer Haustür ergreifen, werden ihre Wirkung erst nach 10 oder 20 Jahren zeigen, und dann hat diese Krise möglicherweise qualitativ wie quantitativ eine völlig veränderte Gestalt angenommen. Was heute die Energiekrise einer einzelnen Region ist, könnte sich alsbald zu Hungerkatastrophen in anderen Teilen der Welt oder gar zum wirtschaftlichen Zusammenbruch und zu sozialen Umwälzungen auswachsen.

Die Menschheit kann es sich nicht leisten, darauf zu warten, daß sich spontan und zufällig etwas ändert. Es liegt an den Menschen selbst, rechtzeitig die erforderlichen und noch überschaubaren Veränderungen einzuleiten. Es könnte sonst passieren, daß Umwälzungen allergrößten Ausmaßes auf uns zukommen und das Ganze außer Kontrolle gerät. Wir halten es für unwahrscheinlich, daß unter solchen Umständen der Ausbruch eines dritten Weltkriegs zu verhindern wäre. Milliarden von Menschen, wenn nicht die Menschheit insgesamt, ihre Kulturen und Zivilisationen wären der Vernichtung preisgegeben.

LITERATUR

1) Mihailo Mesarović/Eduard Pestel: »Menschheit am Wendepunkt. 2. Bericht an den Club of Rome zur Weltlage«; Deutsche Verlags-Anstalt, Stuttgart 1974; S. 7
2) Dennis Meadows u.a.: »Die Grenzen des Wachstums. Bericht des Club of Rome zur Lage der Menschheit«; DVA, Stuttgart 1972
3) Mesarović/Pestel, a.a.O., S. 141 f

3

Wege zur Reform der Industriegesellschaft

Die Rolle des Staates bei der Reform der Industriegesellschaft

von Yukio Noguchi

1. Ein wichtiger Glaubenssatz wird revidiert

In den wirtschaftspolitischen Diskussionen der vergangenen Jahrzehnte war die vorherrschende Auffassung, daß der Staat sich aktiv ins Wirtschaftsgeschehen einschalten müsse. Aufgabe der Regierung sei es nicht nur, der Wirtschaft die allgemeinen Rahmenbedingungen zu sichern und öffentliche Dienstleistungen bereitzustellen, sie müsse auch in anderen Bereichen tätig werden. Einige Beispiele: die Umverteilung des Nationaleinkommens durch progressive Besteuerung und Sozialpolitik; Ankurbelung der Wirtschaft durch Investitionsanreize (auch durch direkte staatliche Investitionen); geld- und währungspolitische Maßnahmen gegen Fluktuationen in der Wirtschaft.

Grundlage dieser Politik war die Theorie, daß der Marktmechanismus nicht zufriedenstellend funktioniere und daß es die Aufgabe des Staates sei, die »Schwächen des Marktes« auszuräumen. Im einzelnen brachte man folgende Gedanken und Theorien ins Spiel: zum ersten die keynesianische Theorie, wonach jede Marktwirtschaft auf Dauer unter mangelnder Massennachfrage leidet und es Sache des Staates ist, selbst zu investieren oder die Steuern zu senken. Diese Theorie wurde zu ausgeklügelten makroökonometrischen Modellen ausgebaut. Es gab Ökonomen, die allen Ernstes glaubten, sie könnten die »Feinabstimmung« in der Wirtschaft vornehmen.

Zum zweiten war da der Glaube an den »Wohlfahrtsstaat«. Seine Befürworter argumentierten so: der Markt sei von sich aus nicht in der Lage, für die gerechte Verteilung von Volkseinkommen und Reichtum zu sorgen; es sei daher Sache des Staates, den Bürger von der Wiege bis ins Grab zu umsorgen. Was die Investitionspolitik betrifft, hieß es, die Gelder müßten geplant eingesetzt werden, das sei effektiver und gerechter, als dies dem Marktmechanismus zu überlassen. Obwohl es erhebliche Zweifel an der Funktionstüchtigkeit einer sozialistischen Planwirtschaft gab, plädierte man gleichwohl dafür, daß in den Entwicklungsländern der Staat in der Wirtschaft eine wichtige Initialfunktion haben müsse. Die Verstaatlichung der Schlüsselindustrien wurde daher bejubelt: endlich sei der Ausbeutung durch das profitorientierte Kapital ein Riegel vorgeschoben. Kurzum: der Staat war der deus ex machina, seine Möglichkeiten, die Wirtschaft über alle Schwierigkeiten hinweg zu steuern, schienen praktisch unbegrenzt.

Entstanden sind diese Auffassungen in den dreißiger Jahren, angewandt wurden sie in vielen Ländern nach dem Zweiten Weltkrieg. Bis in die sechziger Jahre blieben sie unangefochten; der erstaunliche Nachkriegsboom wurde eben diesen Theorien, vor allem der Keynes' zugeschrieben.[1)]

In den letzten Jahren aber ist die Stimmung umgeschlagen. Man argumentierte, die staatlichen Eingriffe würden mehr schaden als nützen; und die Parteien sind dazu übergegangen, »from a big government to a small government« – mehr Zurückhaltung des Staates gegenüber der Wirtschaft – zu fordern. Was sind die Ursachen dieses Meinungsumschwungs?

Der aufgeblähte Staats- und Behördenapparat verschlingt solche Unsummen, daß die Steuerlasten für den Bürger unerträglich werden. In vielen europäischen Staaten ist das Nationaleinkommen durch Steuern und Sozialabgaben um mehr als 50% besteuert, d. h. der Staat kassiert die Hälfte aller erwirtschafteten Gelder. Viele Steuerzahler weigern sich inzwischen, noch mehr Abgaben zu bezahlen; ein drastisches Beispiel ist der Steueraufstand in Kalifornien.

Seit der Ölkrise der siebziger Jahre ist die Weltwirtschaft nicht mehr aus der Flaute herausgekommen. Immer noch leiden viele Staaten unter chronischer Stagflation und unter geringen Zuwachsraten. Immer öfter werden dafür die exzessiven staatlichen Eingriffe in die Wirtschaft verantwortlich gemacht. Eine Reihe typischer »Fehler des Staates« werden ins Feld geführt. Da sind die nicht endenwollenden staatlichen Vorschriften und Erlasse. Nach einer Schätzung von M.L. Weidenbaum gab die Regierung der USA allein im Jahr 1980 6 Mrd. Dollar dafür aus, die Belastungen für die Industrie beliefen sich auf 120 Mrd. Dollar. Andere Autoren schätzen, daß es noch mehr, nämlich 10% des Bruttosozialprodukts sind.[2] In Japan gibt es für die Privatindustrie nicht weniger als 1515 Erlasse und Verordnungen. Gemessen an der Gesamtproduktion sind 41% aller Industriebetriebe von solchen Vorschriften erfaßt.

Als zweite Ursache für die wirtschaftliche Misere erkannte man die hohen Steuern und Sozialabgaben; sie drosselten die Investitionsbereitschaft und seien für den Rückgang der Produktivität verantwortlich. Man hatte festgestellt, daß sich die progressiven Steuern und die staatlich garantierte Einkommenssicherung nicht gerade stimulierend auf den Arbeitsprozeß auswirkten. Auch das Sparverhalten der Bürger und die Bereitschaft zu investieren wurden negativ davon beeinflußt.[3]

Schließlich tauchten »neue« Theorien auf, zum Beispiel die »natural rate hypothesis« oder die »rational expectation theories«, die der Auffassung waren, daß in erster Linie das Konzept Keynes' die Stagflation anheize, daß eine expansive Politik zwangsläufig die Inflation hochtreiben müsse. Da bei Keynes einer kurzfristigen Regelung der

Nachfrage das Wort geredet werde, seien darüber die langfristigen Investitionen im Versorgungsbereich vernachlässigt worden.

Und viertens hat die Verstaatlichung der Schlüsselindustrien die Erwartungen nicht erfüllt, denn gerade die staatlichen Betriebe arbeiten unwirtschaftlich.

Es wäre natürlich übertrieben zu sagen, an sämtlichen wirtschaftlichen Problemen unserer Tage sei der Staat schuld. Schließlich geht es ohne staatliche Eingriffe auch nicht; bestimmte Dienstleistungen sind nicht durch private Initiativen abzudecken. Dennoch bleibt als Fazit, daß wir ein Stadium erreicht haben, in dem die Rolle des Staates im Bereich der Wirtschaft ernsthaft überprüft werden sollte. Offensichtlich müssen die staatlichen Aktivitäten tendenziell ab- und nicht ausgebaut werden. Wir stehen vor der Aufgabe, die Funktion des Staates neu zu bestimmen, sie zu reduzieren, um die Wirtschaft wieder zu beleben. Erlasse und Auflagen müssen fallen, Staatsunternehmen sollten aufgelöst, das Netz der Sozialleistung neu strukturiert werden. An zwei Bereichen wollen wir zeigen, wie eine solche Neubestimmung aussehen könnte.

2. In der Industrie sollten wieder die Gesetze des Marktes gelten

Jede Gesellschaft, die mit veränderten Rahmenbedingungen und neuen gesellschaftlichen Bedürfnissen konfrontiert wird, muß in erster Linie ihre Produktionsbasis neu strukturieren. Im Prinzip sind es die Mechanismen des Marktes, die den Anpassungsprozeß einleiten. Wo immer eine Veränderung eintritt oder sich ankündigt – in den Preisen spiegelt sie sich wider. Die Preise setzen dann komplizierte und feine Anpassungsprozesse des wirtschaftlichen Systems in Gang. Nehmen wir das Beispiel Öl: ist mit einer gedrosselten Ölproduktion zu rechnen, steigen die Ölpreise und die Preise der ölabhängigen Produkte mit dem Erfolg, daß der direkte und indirekte Ölverbrauch zurückgeht. Investitionen in die Entwicklung alternativer Energien werden eine lohnende Sache. All dies spielt sich ganz ohne staatliche Eingriffe ab. Sollte jedoch der Staat intervenieren und das Preisniveau dadurch verzerren, würde die erforderliche Anpassung wahrscheinlich hinausgezögert oder gar ganz ausbleiben. Das läßt sich sehr gut an der japanischen und der amerikanischen Reaktion auf den Ölschock verdeutlichen.

In den USA setzte sich die Meinung durch, ein Anstieg der Ölpreise sei keinesfalls hinzunehmen, da die Ölindustrie Riesenprofite einstreichen werde. Folglich hielt man bis 1981 die Ölpreise künstlich auf einem Niveau, das weit unterhalb des internationalen Preisniveaus lag. In Japan dagegen verfolgte man die Politik der »Anpassung« und überließ es dem Markt, die Preise neu zu gestalten.

Aufgrund der unterschiedlichen Politik beider Länder hat sich auch der Ölverbrauch anders entwickelt. In Japan sank der Ölverbrauch von 1973 bis 1979 um 20%, während er in den USA im gleichen Zeitraum nur um 10% zurückging. In der Zeit vor der zweiten Ölkrise blieb er in den USA fast auf dem gleichen Niveau. Bei den Einfuhren ist der Unterschied zwischen beiden Ländern noch gravierender. Der Ölimport der USA verdoppelte sich zwischen 1973 und 1979, Japans Ölimport ging in derselben Zeit um 6% zurück.

Man konnte in Japan deswegen am Öl sparen, weil Fortschritte der Technik dies ermöglichten und die Betriebe sich der neuen Situation anpaßten. Ganze Industriezweige stellten sich von Öl auf Kohle um, vor allem die Betriebe der Druck- und Papier-, der Chemie- und der Keramikindustrie.

Auch auf dem Arbeitsmarkt kam es in Japan zu einschneidenden Veränderungen. Von 1974 bis 1979 ging die Zahl der in der verarbeitenden Industrie Beschäftigten um eine Million zurück, während im Dienstleistungssektor 1,5 Millionen neue Arbeitsplätze entstanden. Der Anteil der

Industriearbeiter sank von 27,2% (1974) auf 24,3% (1979); der Dienstleistungssektor erhöhte seinen Anteil von 15,8 auf 17,9%.

Die energieintensiven Sektoren der Industrie haben ihre Produktion stark gedrosselt. Die Rohstahlproduktion fiel zum Beispiel von 117 Millionen Tonnen im Jahr 1974 auf weniger als 100 Millionen Tonnen im Jahre 1982. Die Aluminiumproduktion fiel von 1,1 auf 0,9 Millionen Tonnen. Im Maschinenbau und in der Elektroindustrie stieg die Produktion dagegen beträchtlich an. In den Jahren 1974 bis 1978 wurde die PKW-Produktion von 3,9 Millionen auf 6,0 Millionen gesteigert.

Wie man sieht, sind es die Mechanismen des Marktes gewesen, die beim Energieverbrauch entscheidende Veränderungen hervorgerufen haben. Die wirtschaftlichen Erfolge Japans sind nicht zuletzt darauf zurückzuführen.

Natürlich gehen solche Prozesse nicht reibungslos über die Bühne. Wir denken vor allem an die vielen Beschäftigten, die zunächst ihren Arbeitsplatz verlieren. In Zeiten des wirtschaftlichen Aufschwungs läuft die Anpassung noch relativ problemlos ab, denn die freigesetzten Arbeitskräfte finden leicht in den Wachstumsbranchen wieder eine Beschäftigung, wie das bei den japanischen Bergarbeitern der Fall war. 1950 waren noch 400000 Menschen im Bergbau beschäftigt. Anfang der siebziger Jahre waren es nur noch knapp 50000. In einigen Fällen war die Umstellung auf neue Berufe sehr schwierig, schließlich gelang es jedoch, für alle ehemaligen Bergleute neue Arbeitsplätze zu finden; die meisten kamen in der verarbeitenden Industrie unter.

Eine solche Lösung der Probleme durch Expansion bleibt allerdings illusorisch, wenn die Wachstumsraten sinken, wie wir das in diesen Jahren erleben. Der Transformationsprozeß der Wirtschaft gerät ins Stocken, wenn das Wachstum gleich Null ist. Die Forderung nach Eingriffen des Staates wird laut, um den Anpassungsprozeß zu erleichtern. Es sind durchaus Fälle denkbar, in denen die staatliche Intervention gerechtfertigt ist, doch sollte dabei folgendes beachtet werden:

Erstens kann die Transformation nicht endlos hinausgezögert werden. Früher oder später muß sich der Arbeitsmarkt den veränderten Rahmenbedingungen anpassen. Der Staat sollte sich also nur kurzfristig einschalten. Ob das überhaupt geht, ist sehr fraglich. Die staatlichen Hilfsmaßnahmen für bedrohte Industriezweige werden allzu schnell als selbstverständliche, unabdingbare Leistungen angesehen; der Staat ist daher gezwungen, immer wieder helfend einzuspringen. Außerdem verlassen sich gewisse Leute recht gern auf die staatliche Hilfe, strengen sich nur wenig an und behindern die erforderlichen Anpassungsprozesse. Man nennt dieses Phänomen »moralisches Risiko«; seine Folgen lassen sich an der Landwirtschaft Japans ablesen.

Auch im Welthandel wirkt sich die staatliche Schutzpolitik aus. Um kränkelnde Industriezweige zu stützen, greift der Staat im allgemeinen zum Mittel Importbeschränkung. Dadurch werden die exportabhängigen Länder getroffen, die nun ihrerseits Schutzmaßnahmen ergreifen, und so weiter; ein Teufelskreis, der sich nicht mehr auflöst. Weltweit ist eine Zunahme protektionistischer Maßnahmen zu beobachten. Unterstreicht das nicht, wie wichtig es ist, darauf zu vertrauen, daß über den Markt die erforderlichen Anpassungsschritte durchgesetzt werden?

Allerdings wirft auch die Funktionsweise des Marktmechanismus ein Problem auf; es betrifft die Beziehungen zwischen kurz- und langfristigen Bedingungen. Gibt es hier Widersprüche, dann reicht der Markt als Regulativ nicht immer aus, denn die meisten Waren haben nur einen Preis, nämlich den gerade gültigen Marktpreis.

Der Ölpreis ist zum Beispiel aufgrund eines gewaltigen Überangebots kurzfristig gesunken. Angeblich haben dadurch die Anstrengungen bei der Suche nach alternativen Energiequellen bereits nachgelassen. Die Ölvorräte werden aber langfristig mit Sicherheit abnehmen, weshalb unbedingt neue Energiequellen erschlossen werden müssen. Ganz ohne staatliche Eingriffe dürfte es also nicht gehen. Die Formen und der Umfang einer staatlichen Beteiligung müssen jedoch sorgfältig erwogen werden. Wir hören oft das Argument, die Privatunternehmer verhielten sich kurzsichtig, da sie zum unmittelbaren Erfolg verurteilt seien. Was liegt da näher, als in den Fällen, wo eine Diskrepanz zwischen kurz- und langfristigen Zielen besteht – wie im Falle neuer Energiequellen – entweder nach dem Staat zu rufen oder zumindest erhebliche staatliche Subventionen zu fordern, da die Privatwirtschaft Investitionen in die Zukunft vernachlässige.

Diese Argumente sind nicht einfach von der Hand zu weisen, sollten aber auch nicht unbesehen übernommen werden. Zunächst einmal führen staatliche Beteiligungen meistens nicht zum Erfolg, und wenn die fraglichen Betriebe in privater Hand bleiben, entstehen durch Subventionen lediglich die erwähnten Verzerrungen.

Noch wichtiger erscheint uns, daß nicht nur das private Kapital, sondern auch der Staat sich dem Zwang kurzfristigen Erfolgsdenkens nicht entziehen kann. Staaten mit demokratischer Verfassung haben es da noch schwerer, da durch die periodisch abgehaltenen Wahlen Druck entsteht. Das eigentliche Problem sind nicht so sehr die Verhaltenszwänge, sondern die unzureichende Information der Öffentlichkeit, besonders bei langfristigen Zielsetzungen. Und das trifft vor allem Gesellschaften, die einem Transformationsprozeß ausgesetzt sind, denn zukünftige Entwicklungen sind sehr schwer absehbar.

Dem Staat kommt die wichtige Aufgabe zu, durch gute Informationspolitik den Transformationsprozeß zu begleiten. Was aber heute an Erkenntnissen erarbeitet und öffentlich verbreitet wird, bleibt weit hinter dem zurück, was gesellschaftlich machbar wäre, vor allem, was die Information über langfristige Ziele und Maßnahmen betrifft, wie z. B. die Prognose über den Bedarf an Öl und die Bedarfsdeckung in der nahen Zukunft.

Die Bereitstellung exakter Informationen erfordert eine ganze Reihe schwieriger Forschungsarbeiten, die die Möglichkeiten eines Privatunternehmens bei weitem übersteigen. Das spricht dafür, daß der Staat auf diesem Gebiet in Aktion treten muß.

3. Das Problem einer überalterten Bevölkerung

Die Überalterung der Bevölkerung ist ein allen Industriestaaten gemeinsames Problem. Nur Japan war bislang davon verschont; das wird sich jedoch bald drastisch ändern, wie die folgenden Zahlen belegen: 9% der Japaner sind gegenwärtig über 65 Jahre alt, während es in Europa 15% sind. Bis zum Jahr 2000 aber wird in Japan das Durchschnittsalter so rasch ansteigen, daß man Europa ein- und überholen wird. Je älter die Menschen werden, desto geringer wird die Produktivität der Wirtschaft. Um damit fertig zu werden, muß die Kapitalakkumulation gesteigert werden, damit durch Rationalisierung Arbeitskräfte eingespart werden können. Also muß mehr gespart und eventuell sogar ein höheres Rentenalter angestrebt werden.

Entscheidend wird in diesem Prozeß die Rolle der staatlichen Rentenversicherung sein, die gegenwärtig durch nichts zu ersetzen ist. Wie anders sollten die Menschen im Alter versorgt werden, da doch die Ersparnisse des einzelnen über einen längeren Zeitraum ständig an Wert verlieren. Außerdem ist es nicht jedermanns Sache, fürs Alter ausreichend Vorsorge zu treffen. Wir sehen aber andererseits die Gefahr, daß das staatliche System der Altersversorgung mittelfristig enorme Gelder bindet, was sich auf die hier erörterten politischen Schritte negativ auswirkt. Wie das in Japan im einzelnen aussieht, soll im folgenden erläutert werden.

1982 betrug die Durchschnittsrente in Japan rund

150000 Yen (monatlich rund 600 Dollar). Ein Rentner erhält insgesamt durchschnittlich 35 Millionen Yen ausbezahlt. Seine Beitragszahlungen belaufen sich einschließlich der Abgaben des Arbeitsgebers auf etwa 10 Millionen Yen. Pro Rentenempfänger klafft also zwischen Eigenleistung und ausbezahlter Summe eine Lücke von 25 Millionen Yen. Vom Standpunkt des einzelnen Rentners könnte der Unterschied als staatlich gewährtes Nettovermögen betrachtet werden. Was die Gesellschaft als Ganze betrifft, so müssen die anderen Bürger dafür aufkommen. Im Moment werden 20 % der Rentenbeiträge aus dem Staatshaushalt bestritten. 7 Millionen Yen tragen also die Steuerzahler bei. Das Loch der verbleibenden 18 Millionen Yen pro Rentner müssen die Beitragszahler stopfen.

Im Gegensatz zu der gängigen Vorstellung, der Hauptanteil der Rente werde aus den Beiträgen der Empfänger bestritten, zahlt das meiste der Steuerzahler und die anderen Beitragszahler. Das System funktioniert gegenwärtig gut, da die Zahl der Beitragszahler wesentlich größer ist als die der Rentenempfänger. 1982 war das Verhältnis 25 zu 2. Da sich jedoch wie erwähnt die Altersstruktur der Bevölkerung verschieben wird, kommt es bald zu dramatischen Veränderungen. Das Sozialministerium schätzt, daß sich die Zahl der Rentenempfänger im Jahre 2010 auf 10 Millionen erhöhen, die der beitragszahlenden Werktätigen jedoch lediglich auf 31 Millionen anwachsen wird.

Die kommenden Generationen haben also wesentlich höhere Lasten zu tragen. Das Ministerium geht in seiner Prognose von drastischen Beitragserhöhungen aus: die Beiträge zur Rentenversicherung müßten von jetzt 10,6 % auf 30,6 % im Jahre 2010 und auf 34,9 % im Jahr 2025 erhöht werden.

Dieses enorme Anwachsen der Beitragsraten ist also das eigentliche Problem. Es übersteigt jedes erträgliche Maß und zwingt dazu, das jetzige Auszahlungssystem grundlegend zu reformieren. Es wäre ein großer Irrtum zu glauben, die bloße Kürzung der Rentenzahlungen sei der

Ausweg. Wir müssen klar sehen, daß in jedem Fall die kommenden Generationen die Lasten zu tragen haben. Wenn die Renten gekürzt werden, müssen die Jungen die Alten bei sich aufnehmen, oder aber die staatlichen Sozialprogramme müssen ausgeweitet werden. Es wird auf jeden Fall unumgänglich sein, daß die kommenden Generationen in der einen oder anderen Weise mehr zur Kasse gebeten werden, weil die veränderte Altersstruktur keinen anderen Ausweg bietet.

Ein gravierendes Problem sind die zurückgehenden Spareinlagen. Menschen, die davon ausgehen, daß ihr Auskommen im Rentenalter gesichert ist, werden wenig Sinn darin sehen, Geld fürs Alter zu sparen.[4)] Nur wenn die Rentenversicherung allein aus den Beiträgen finanziert werden kann, bleiben die staatlichen Ersparnisse von der Verringerung der privaten Spareinlagen unberührt, da diese ersetzt werden können durch das akkumulierte Vermögen der Rentenversicherung. Wie wir jedoch gesehen haben, sind wir momentan weit von der Selbstfinanzierung entfernt.

Die staatliche Rentenversicherung sorgt also für eine enorme Umverteilung von Geldern. Das folgende Beispiel mag illustrieren, um welche Summen es sich dabei handelt. Allein wenn wir die Summe von 25 Millionen Yen mit der Zahl der Versicherten multiplizieren, kommen wir auf 600 Trillionen Yen. In Japan gibt es aber auch noch andere Systeme der Altersversorgung, zum Beispiel die Volksrente und die Rentenversicherung der Beamten, deren Nettovermögen sich auf etwa 900 Trillionen beläuft. Das ist mehr als die anderen Aktivposten des Haushalts, die Ende 1980 850 Trillionen ausmachten.[5)]

Wir haben schon gesagt: die wichtigste Maßnahme gegen einen Rückgang der Produktivität durch Überalterung der Bevölkerung ist Kapitalbildung durch höhere Spareinlagen. Der Staat handelt jedoch genau entgegengesetzt und gibt damit der Öffentlichkeit ein schlechtes Beispiel.

Der Rückgang der privaten Spareinlagen ist zum Glück in Japan noch kein entscheidendes Problem geworden. Das heißt noch lange nicht, daß Japan sich den negativen Konsequenzen unzureichender Spareinlagen in Zukunft entziehen kann. Wir erleben gerade eine neue Sparwelle, die wohl darauf zurückzuführen ist, daß die Menschen nicht genau wissen, was für eine Rente sie einmal erwarten können; außerdem wurde das Rentensystem erst vor zehn Jahren auf den heutigen Stand gebracht. Es ist daher nicht auszuschließen, daß sich das Sparverhalten in Zukunft wieder verändert, wenn mehr Klarheit über die zu erwartenden Leistungen der Rentenversicherung besteht.

Einige gewichtige Tatsachen sprechen für diese Annahme.[6] Japan hat, wie erwähnt, mehrere Systeme der Altersversorgung, deren Leistungen unterschiedlich ausfallen. Die Pension der Beamten liegt an der Spitze; es folgen die Angestellten, die nicht beim Staat beschäftigt sind. Die Leistungen der Volkspension für die selbständigen Berufe und die Bauern sind am geringsten. Setzen wir nun aber das Nettovermögen der Einzelhaushalte in Bezug zur Höhe der Rente, so ist das Verhältnis genau umgekehrt. 1980 betrug es bei Beamtenhaushalten 0,60, bei den Angestellten 0,72 und bei den Selbständigen 1,13.

Aufgrund dieser Zahlen ist zu erwarten, daß die Spareinlagen in naher Zukunft stark zurückgehen werden, wenn das Rentenversicherungssystem nicht reformiert wird. Das Finanzierungssystem müßte so weit verändert werden, daß sich die Rentenversicherung selbst trägt. Die Beiträge sind demnach so zu erhöhen, daß auf lange Sicht die Zahlungen davon abgedeckt sind. Selbst wenn die Eigenfinanzierung nicht voll durchgesetzt werden könnte, würde sich die Gesamtsituation verbessern, da die staatlichen Spareinlagen zunehmen würden.

Man könnte gegen diesen Vorschlag einwenden, er sei mit unerträglich hohen Belastungen verknüpft. Dazu muß leider gesagt werden, daß Beitragserhöhungen absolut unumgänglich sind und bislang einfach hinausgezögert wurden.

Nun noch einige Anmerkungen zu den wirtschaftspolitischen Konsequenzen unserer Überlegungen. Nach Keynes müssen die Spareinlagen abgebaut werden, denn die zu rigorose Sparpolitik sieht er als wichtigste Ursache wirtschaftlicher Probleme an. Wir haben nachgewiesen, daß Keynes' Politik sich langfristig auf jeden Fall nachteilig auswirkt. Deshalb müssen, falls es unabdingbar erscheint, die Nachfrage anzukurbeln, Mittel und Wege gefunden werden, nicht den privaten Konsum, sondern die Investitionen zu steigern. Für Japan würde das heißen, daß Investitionen im Bereich der Infrastruktur, vor allem in den Städten, Vorrang hätten. Bevor das in der aktuellen politischen Situation durchgesetzt werden kann, müssen jedoch noch viele Hindernisse beseitigt werden. Abgesehen davon, daß die japanische Regierung zur Zeit kein Geld hat, denken wir unter anderem an das Problem des Landankaufs. Der Staat muß hier eine entschlossene Politik verfolgen, damit die Transformation der Gesellschaft gelingt.

ANMERKUNGEN

1) Ob das tatsächlich zutrifft, ist zumindest fraglich. Ich denke, die Volkswirtschaften hatten nach dem Zweiten Weltkrieg keineswegs unter mangelnder Nachfrage zu leiden. Der wirtschaftliche Aufschwung dürfte seine Ursache hauptsächlich in Faktoren der Angebotsseite gehabt haben, vor allem in den technischen Innovationen. Dies gilt besonders für die japanische Wirtschaft.
2) M.L. Weidenbaum: »The Reindustrialization of America«, New York, McGraw-Hill 1982
3) Wie sich die staatliche Rentenversicherung auf die Sparguthaben der privaten Haushalte auswirkt, wird in Abschnitt 3 dieses Papiers ausgeführt.

4) Feldstein, M.S.: »Social Security, Induced Retirement and Aggregate Capital Accumulation«, Journal of Political Economy, Sept./Oct. 1974, S. 905-926. Feldstein hat diesen Gedanken zum erstenmal entwickelt und empirisch belegt.

5) Von dem Gesamtvermögen von 980 Trillionen Yen entfielen auf Landbesitz 467 und auf Vermögenswerte 318 Trillionen.

6) Wir kommen nicht umhin, diese Entwicklungstendenzen durch genaue ökonometrische Modelle auszuloten. Der Verfasser hat sich dazu die japanischen Daten vorgenommen. Seine vorläufige Schlußfolgerung lautet: die Spareinlagen nehmen in dem Maße ab, wie die Pensionsleistungen steigen. Beiträge für die Rentenversicherung werden nämlich weit eher als vermögensbildende Maßnahme verstanden, denn als Gelder, die vom Einkommen abgezweigt werden; jedoch stellen die Privathaushalte den Vermögensgewinn, den ihnen das System gewährt, nicht in Rechnung.

Die Rolle der Wirtschaft: Die multinationalen Gesellschaften

von Hugo Thiemann

1. Die Problematik multinationaler Gesellschaften

Alle industriellen Unternehmen sind durch eine grundlegende Funktion charakterisiert: Herstellung und Vertrieb von Waren, die der Kunde haben möchte und die seine Bedürfnisse befriedigen. Das ausgeprägte Konkurrenzdenken, das die westliche Zivilisation kennzeichnet, überläßt im wesentlichen dem Unternehmer die Initiative. Sein Erfolg bemißt sich daran, daß seine Ware auf dem Markt Abnehmer findet und ihr Preis dem Gebrauchswert entspricht.

Lange Zeit galt es als völlig natürlich und unumstritten, daß die Warenproduktion in dieser Weise funktioniert. Ein Unternehmen, das schlechter produzierte als die Konkurrenz, verschwand von der Bildfläche. Die negativen sozialen Folgen dieses Vorgangs hielten sich in Grenzen, solange es sich um kleine Betriebe handelte und die Konkurrenz den Marktanteil übernehmen konnte.

Ganz anders sieht es aus, wenn es sich um Großbetriebe handelt. Dann nämlich können die Fehler der Unternehmensleitung, ja selbst eine einzelne Fehlentscheidung, sehr einschneidende soziale und wirtschaftliche Konsequenzen für eine Region oder gar für ein ganzes Land haben. Je größer ein Unternehmen wird, desto mehr drängt es über die Grenzen seines Mutterlandes hinaus auf den

Auslandsmarkt. Warum sollten seine Waren nicht auch in anderen Ländern Abnehmer finden? Die meisten Großbetriebe entwickeln sich also zu multinationalen Gesellschaften. Das läßt sich vor allem in den kleinen Industriestaaten beobachten. Die Zahl der multinationalen Gesellschaften nimmt weltweit zu; daneben sind seit dem Zweiten Weltkrieg viele Nationalstaaten entstanden. Aufgrund der unterschiedlichen Interessen von Nationalstaat und internationalen Großbetrieben entsteht ein großes Konfliktpotential. Viele Probleme spielen dabei eine Rolle: Menschenrechte und Politik, Investitionen, Transfer von Geldern, Marktpolitik, Gewerkschaftsfragen, Technologie, volkswirtschaftliche Entscheidungen und selbst der Terrorismus.

Am schwierigsten gestaltet sich das Verhältnis von Politik und Wirtschaft. Da die Weltwirtschaft sich immer mehr zu einem einzigen, weltumspannenden System entwickelt, wird die nationale Souveränität der Einzelstaaten in vieler Hinsicht problematisch. Es herrscht zwar generell Einigkeit darüber, daß der freie Zugang zum Weltmarkt letztlich allen Staaten Vorteile bringt. Dennoch hält man vielfach noch an stark protektionistischen Maßnahmen fest; vor allem dann, wenn die einheimischen Industrien dem internationalen Wettbewerb nicht standhalten können. Während die multinationalen Gesellschaften gezielt darauf hinarbeiten, daß ihre Auslandstöchter so profitabel wie möglich wirtschaften, versuchen die Einzelstaaten, möglichst großen Gewinn für ihre Volkswirtschaften herauszuschlagen.

Kontrovers diskutiert werden auch die Folgen einer raschen Industrialisierung: Einerseits profitieren die Menschen von den enormen Errungenschaften der industriellen Großproduktion, andererseits wächst das Bewußtsein ihrer negativen Nebeneffekte: Zerstörung der Biosphäre, Raubbau an der Natur, das unkontrollierte Wachstum großstädtischer Ballungszentren, um nur einige Beispiele zu nennen. Viele Menschen, vor allem in den Industriestaaten, haben gegen diese Entwicklungen lautstark protestiert. Sie glauben, daß in erster Linie die multinationalen Konzerne durch ihre hemmungslose Expansionspolitik Konflikte erzeugen und für viele soziale und wirtschaftliche Probleme der heutigen Zeit verantwortlich gemacht werden müssen. Die kleinen Industriebetriebe bleiben von solcher Kritik ausgenommen. Die bloße Existenz dieser Kritik offenbart eine Legitimitätskrise der großen multinationalen Gesellschaften. Wir möchten einen Ausweg aus dieser Krise zu zeigen versuchen, wobei wir das von Prof. Perlmutter ausgearbeitete Konzept eines »Symbiotic Societal Enterprise« (SSE) zugrundlegen. Das schwierigste Problem dabei dürfte der Nachweis sein, daß die Einstellung und das konkrete Verhalten der Unternehmensleitung sich ändern muß, daß dabei aber die Funktionsfähigkeit des Betriebs, ohne die es langfristig gesehen keine Erfolge geben wird, nicht darunter leidet. Wir sind uns darüber im klaren, daß ein verändertes Verhalten von seiten der Wirtschaft allein nicht ausreicht, sondern daß sich auch in weiten Teilen der Öffentlichkeit etwas ändern muß. Der Gedanke, daß es neben dem industriellen Produktionsbetrieb keine andere Institution gibt, mit der sich durch die Mobilisierung von Arbeitskraft Werte schaffen lassen, müßte sich im öffentlichen Bewußtsein durchsetzen. Unter Werten kann man den Besitz, das Vermögen eines Unternehmens verstehen, aber auch die Fähigkeit, bestimmte Dienstleistungen zu erbringen, wie das bei einer Reihe von Staatsbetrieben der Fall ist (Eisenbahnen, Telefon usw.). Viel größeres Gewicht muß auf den Prozeß der Wertschöpfung gelegt werden als auf die Probleme der Verteilung, die viele Parteien und Gewerkschaften als vorrangig ansehen.

Zweifellos sind in der Vergangenheit Fehler gemacht worden, wenn Industrielle schlichtweg erklärten, sie handelten allein nach dem Profitprinzip. Dadurch mußte ein falsches Bild entstehen. Es wird oft übersehen, daß ein hoher Gewinn der gerechte Lohn für gute Arbeit ist.

2. Notwendigkeit von Veränderungen

Von den vielen komplexen Problemen, mit denen die multinationalen Unternehmen konfrontiert sind, können hier nur einige genannt werden:

- Die multinationalen Gesellschaften werden durch Schranken, die ihnen von staatlicher Seite auferlegt werden, in vielfacher Weise an ihrer freien Entfaltung gehindert. Die Gesetze der Einzelstaaten stehen im Widerspruch zur Funktionsweise multinationaler Unternehmen. Im einzelnen geht es um die Rückführung von Gewinnen, die Zahlungen für technische Hilfe und Lizenzen, die Anerkennung von Patentrechten, Investitionsentscheidungen, die Versetzung von Personal usw. In vielen Staaten müssen die multinationalen Gesellschaften eine positive Zahlungsbilanz aufweisen und ihre Exporte künstlich in die Höhe treiben.
- Die einheimischen Industriebetriebe, denen es schwerfällt, in der Konkurrenz mit den Töchtern der multinationalen Gesellschaften zu bestehen, verlangen von ihrer Regierung eine wirksame Schutzpolitik.
- Die Kunden werden von Kampagnen beeinflußt, sogar Boykottmaßnahmen werden organisiert, um die ausländischen Betriebe geschäftlich zu schädigen. Die Legitimität dieser Betriebe wird bestritten. Unternehmen, die es sich viel Geld kosten lassen, diese Angriffe abzuwehren, machen die Sache nur noch schlimmer.
- Der Legitimitätsverlust kann die Verstaatlichung privater Unternehmen zur Folge haben, sie zumindest erleichtern.
- Dem Unternehmen wird mit offenen oder versteckten protektionistischen Maßnahmen der freie Zugang zum Markt verwehrt, obwohl es einwandfreie und konkurrenzfähige Waren anzubieten hat.

- Selbstkritisch sollten die Betriebe aus früheren Fehlern lernen und in Zukunft den Geboten des Umweltschutzes Rechnung tragen.

3. Widerstand gegen jede Veränderung

Da sie mit ihrer früheren Politik Erfolg hatten, fällt es den multinationalen Konzernen schwer, angestammte Überzeugungen zu revidieren. Allerdings ist es problematisch, die Kritik ausschließlich auf die großen Betriebe zu konzentrieren und die kleinen ungeschoren zu lassen. Wenn die Größe tatsächlich eine wichtige Rolle spielt, dann müssen Kriterien gefunden werden für die Definition, ob ein Betrieb groß ist oder klein.

In den meisten Fällen geht man in defensiver Weise an Konflikte heran. Aus Mangel an Alternativen widersetzt man sich massiv den Gegnern der Industrialisierungs- und Wachstumspolitik. Die Betriebe verstärken meist ihre Presse- und Public Relations-Arbeit. Man glaubt die Konflikte mit einer besseren Informationspolitik bewältigen zu können; die herrschende Unternehmerphilosophie wird dagegen nicht in Zweifel gezogen. Bleiben diese Maßnahmen erfolglos, gibt man die Schuld häufig ungerechtfertigt den Aktivisten der Gegenseite.

Die Form der Entscheidungsprozesse im Management vieler Betriebe entspricht der hierarchischen, vertikalen Organisation der Unternehmen. Der kollektive, partnerschaftliche Arbeitsstil des »symbiotischen« Gesellschaftsunternehmens gilt dagegen als Zeitverschwendung. Die Auffassung, nur eine Seite sollte entscheidungsberechtigt sein, ständiges Diskutieren fördere die Inaktivität, ist weit verbreitet. Das symbiotische, partnerschaftliche Unternehmen wird entweder als utopisch abgetan oder aber als impraktikabel in einer Wettbewerbswirtschaft, wo jeder des andern Feind ist. Eine solche Haltung bestärkt die resignativen Tendenzen, was die Möglichkeiten betrifft, die angesprochenen Probleme zu lösen.

Jedem Angriff auf die Wirtschaft werden ideologische Motive unterstellt, weshalb man aus eigener Kraft ohnehin nichts dagegen unternehmen könne. Ideologie ist Sache der persönlichen Überzeugung. Sogar innerhalb eines Unternehmens taucht das Problem auf, daß ein Angestellter zwischen zwei ideologischen Positionen hin- und hergerissen ist. Als Staatsbürger ist es ihm freigestellt, zu denken und zu tun, was ihm beliebt; während der Arbeitszeit hat er jedoch die Anordnungen seiner Vorgesetzten auszuführen. Vor allem bei Beschäftigten von Großbetrieben kann das zu einer Art von Schizophrenie führen.

4. Gesellschaftlicher Auftrag und Legitimität des Unternehmens

Hauptziel eines Unternehmens ist die Wertschöpfung durch Arbeit; sie ist die Grundlage des hohen Lebensstandards in den Industriestaaten. Die Wertschöpfung ist jedoch an Inhalte gebunden, das Unternehmen hat einen von der Gesellschaft anerkannten Auftrag zu erfüllen. An der Art dieses Auftrages bemißt sich der Grad der Legitimität eines Unternehmens. Je besser ein Auftrag real vorhandenen Bedürfnissen gerecht wird, desto größer ist die Legitimität des Unternehmens.

Der Fortschritt in Wissenschaft und Technik, den wir in den vergangenen Jahrzehnten erlebten, hat die Industrialisierung sehr beschleunigt und die Produktivität so weit gesteigert, daß wir jetzt mit einem neuen, schwierigen Problem konfrontiert sind: einer Massenarbeitslosigkeit bisher ungekannten Ausmaßes. Früher wäre es unvorstellbar erschienen, daß eine Volkswirtschaft unter solchen Bedingungen überleben kann. Da das Unternehmen der Ort ist, an dem durch Arbeit Werte geschaffen werden, wäre es eigentlich natürlich, daß ihm die Aufgabe zufällt, Arbeitslose in den Produktionsprozeß einzugliedern. Ein einzelner Betrieb ist jedoch meist überfordert, daher erweist sich das klassische Vorgehen (s. Perlmutter, Paradigma A) selbst bei Einführung von Neuerungen als unrealistisch. Der öffentliche Auftrag des Unternehmens wird aber dann erfüllbar, wenn man nach dem neuen Modell des symbiotischen Gesellschaftsunternehmens vorgeht. Es basiert auf der Kooperation verschiedener Gruppen, bei der jeder, der sich an der Lösung beteiligt, mehr gewinnt als er dabei verliert.

Selbstverständlich werden in einem solchen Fall die Aktivitäten eines Unternehmens als legitim anerkannt.

Eine andere Situation haben wir, wenn der Auftrag des Unternehmens lautet, Waren oder Dienstleistungen bereitzustellen. Welche Ware ist als legitim anzusehen, welche nicht? Oberflächlich betrachtet ist jede Ware, die auf dem Markt Abnehmer findet, als legitim anzusehen. Es ist jedoch nicht korrekt, dem potentiellen Käufer als einzigem das Urteil zu überlassen. Er handelt in erster Linie danach, welchen Gegenwert er für sein Geld bekommt und denkt beim Kauf nicht an mögliche negative Nebenwirkungen, die diese Ware, wenn sie massenhaft gekauft wird, haben kann. Ein Beispiel: der Bäcker, der sein Brot verkauft, gilt unbestritten als legitim, solange er Brot anbietet, das den Vergleich mit der Konkurrenz aushält. Eine Bäckerei jedoch, die große Mengen Brot verkauft, das in schwer zu beseitigendem Material verpackt ist, kann nicht als legitim gelten. Die Beseitigung des Abfalls verursacht unter Umständen Umweltprobleme und hohe Kosten.

Für den Verbraucher zählt zunächst allein sein ganz persönliches Interesse an einer Ware; erst wenn der massenhafte Gebrauch dieser Ware ihn stört, wird er reagieren; Legitimität ist daher eine schwer meßbare Größe. Die Begriffe von Legitimität sind größtenteils emotional gefärbt und nach Zeit und Umständen verschieden. In vielen Fällen verfügen wir jedoch über ausreichendes empirisches Material, denken wir zum Beispiel an die Luftverschmutzung, deren kritische Obergrenze meßbar und deren Gefährlichkeit vorhersehbar ist. Und trotzdem: vom Engagement des einzelnen hängt es ab, wie ernst er die Sache nimmt.

Es gibt viele, die sich um die Luftverschmutzung große Sorgen machen; wenn sie jedoch an ihrem Arbeitsplatz direkt damit konfrontiert sind, ändert sich ihre Haltung. Was man ursprünglich keinesfalls hingenommen hätte, wird plötzlich legitim. Andererseits können legitime Produkte wie Pharmazeutika, Autos, Atomenergie, chemisch behandelte Lebensmittel auch als nicht legitim angesehen werden.

Ob die Aktivitäten eines Unternehmens legitim sind, ist nur zum Teil meßbar. Die Legitimität ist weitgehend von der Sichtweise des einzelnen abhängig. Daher ist es sehr wichtig, wie das Unternehmen sich und seinen Auftrag der Öffentlichkeit insgesamt darstellt. Ob dieser Auftrag dann als legitim angesehen wird oder nicht, hängt gar nicht so sehr von seinem Endzweck ab, sondern davon, wie ein Unternehmen seinen Auftrag begreift, ihn erklärt und der Öffentlichkeit vermitteln kann.

5. Praktische Schritte für die Übergangsphase

Unsere Überlegungen gelten bereits bestehenden und gut eingeführten multinationalen Gesellschaften in Privatbesitz. Sie stehen vor dem Problem, wie in einer veränderten politischen und sozioökonomischen Umwelt eine Konsolidierung oder weiteres Wachstum zu erreichen ist.

Ein im klassischen Stil geführtes Unternehmen geht dabei wie folgt vor:

- Entdeckung eines Bedarfs für ein neues Produkt
- Entwicklung des neuen Produktes

- Bereitstellung von Fertigungstechniken
- Finanzierung der erforderlichen Maschinen
- Ausbildung des Personals
- Beschaffung des Rohmaterials
- Preiskalkulation
- Werbung, Vertrieb und Verkauf des Produktes

Ob das Unterfangen Erfolg hat, hängt letztlich vom Verbraucher ab. Um nicht ganz im dunkeln zu tappen, finden vorher exemplarische Untersuchungen des Marktes statt.

Das Konzept des »Symbiotic Societal Enterprise« als Konzept für das Unternehmen der Zukunft erfordert andere Verhaltensweisen. Man sollte

a) wichtige Fragen klären, indem man mit verschiedenen Ebenen partnerschaftlich zusammenarbeitet;
b) zwar seine Selbständigkeit bewahren, jedoch nicht nur Wettbewerb, sondern auch Kooperation praktizieren;
c) durch geeignete Beschlüsse die Legitimität erwerben.

Im einzelnen würde das Vorgehen des SSE-Unternehmenstyps wie folgt aussehen:

- Das multinationale Unternehmen definiert, welchen *Auftrag* es sich gestellt hat und gibt dies allen Beteiligten bekannt. Am Auftrag des Unternehmens läßt sich ablesen, welche Art von Problemen es lösen kann.

- Das Unternehmen beschreibt detailliert das *Problem,* das es zu lösen gilt, und zwar von allen interessierten Gruppen gemeinsam, die zusammengerufen werden müssen. Es sind dies Parteien, Institutionen oder Gruppen, die sich mit industrieller Produktion bzw. speziell mit dem ins Auge gefaßten Produkt befassen. Auch andere Industriebetriebe, selbst Marktkonkurrenten, können zu diesem Kreis gehören. Da sie ja ebenfalls teilhaben an der Industrialisierung und ihren Problemen, sollten sie auch an der Lösung dieser Probleme teilnehmen und mit dem Unternehmen ein symbiotisches Team bilden. Alle Beteiligten setzen ihre Erwartungen in die Kooperation und können ihre Fähigkeiten einbringen.

- Das Unternehmen erarbeitet *Lösungen* für die erkannten Probleme, wobei es sich auf seine eigenen Möglichkeiten stützt (Forschung, technische Entwicklung, Fertigungstechnik, Vertriebssystem usw.). Je nachdem, wie das Problem gelagert ist, sollten mehrere Unternehmen zusammenarbeiten – deshalb sollten auch Konkurrenten nicht ausgeschlossen werden.

- In der Vorbereitungsphase legt das Unternehmen verschiedene *Vorschläge* für die Lösung der erkannten Probleme vor.

- Das Unternehmen präsentiert diese Vorschläge allen oder einigen am Projekt beteiligten Gruppen. Es sollte dabei festgestellt werden, welche negativen Auswirkungen entstehen können, wenn das neue Produkt auf den Markt kommt, und in welcher Weise davon die Interessen der einzelnen Gruppen berührt wären.

- Das Unternehmen entscheidet sich für einen der Lösungsvorschläge.

- Das Unternehmen trifft die Entscheidung, das Produkt *auf den Markt* zu bringen und geht dann im Prinzip genauso vor wie das Unternehmen des klassischen Typs (s. Perlmutter, Paradigma A).

- Das Unternehmen bleibt mit den interessierten Gruppen weiter in Kontakt; sie können sich an der Verbesserung des Produkts, seiner Vermarktung beteiligen und die Öffentlichkeit über die Ergebnisse der Zusammenarbeit mit dem Unternehmen informieren. Sinn der Öffentlichkeitsarbeit ist es vor allem, den Verbraucher über die partnerschaftliche Zusammenarbeit in Kenntnis zu setzen, nicht so sehr dagegen die Reaktion auf »Ansprüche«, wie das im Paradigma A der Fall ist.

Der Aufbau einer symbiotischen Weltwirtschaft – Ein sozioökonomisches Konzept für die Zukunft

von Howard V. Perlmutter

1. Probleme bei der Suche nach pragmatischen Lösungen

Wir leben in einem Jahrzehnt voller Gefahren, in dem der Staat allein der zahlreichen gesellschaftlichen Probleme, die sich in allen Teilen der Welt aufgetürmt haben, nicht mehr Herr werden kann. Wir stecken mitten in einer schmerzhaften und von großer Unsicherheit geprägten Übergangsphase; eine neue, weltumspannende Zivilisation entsteht, deren Umrisse sich erst abzuzeichnen beginnen.

Die Wirtschaft gilt dabei weit eher als satanischer Unruheherd denn als Partner im Kampf um die Lösung der Probleme. Auf den Staat vielmehr richten sich die hochgesteckten Erwartungen der Gesellschaft. Einen klaren Begriff davon, wie die Wirtschaft in die Reform der Industriegesellschaft miteinzubeziehen wäre, gibt es nicht.

Angesichts wachsender politischer Unruhe im multipolaren System von Nationalstaaten, die sich um ihre Sicherheit sorgen, spielt die Wirtschaft offensichtlich keine politisch führende Rolle. Oft genug fällt ihr nur die Aufgabe zu, neue konventionelle und atomare Waffen mit noch größerer Zerstörungskraft hervorzubringen. Und der Welthandel ist beileibe noch keine Kraft, die im internationalen politischen System ausgleichend wirken könnte.

Auch auf wirtschaftlichem Gebiet droht die Welt immer mehr aus den Fugen zu geraten, hier allerdings rücken die Unternehmen ins Zentrum des Geschehens. Denn die Staaten sind außerstande, selbst alle nötigen Waren und Dienstleistungen zu produzieren, auch wenn sie in einzelnen Unternehmen Entscheidungs- und Kontrollbefugnisse haben. Es ist die Wirtschaft, die die wissenschaftlichen und technischen Kapazitäten besitzt, die für bestimmte Dienstleistungen und Produktionsprozesse benötigt werden. Die momentane Stagnation der Volkswirtschaften, die Instabilität der Währungen und die galoppierende Inflation betreffen selbstverständlich auch die Unternehmen. An wirtschaftlichen Problemen fehlt es wahrlich nicht: die Auslandsschulden vieler Staaten wachsen und wachsen, und in den folgenden Jahren wird es noch schlimmer kommen, wenn aufgrund von Exportrestriktionen die Schuldenabtragung erschwert sein wird. Dann: die riesigen Zahlungsbilanzdefizite sowie die Zahlungsunfähigkeit mancher Staaten – hängen sie nicht auch in bestimmter Weise mit der Politik der Industrie zusammen?

Die multinationalen Unternehmen stehen vor ganz neuen Problemen: sind sie noch wettbewerbsfähig in überentwickelten bzw. krisengeschüttelten Sektoren, wie z. B. den Produktionsbereichen Haushaltsgeräte, Autoindustrie, einfache Elektrogeräte, synthetische Stoffe, Chemie, Maschinenbau, Stahl, Textil und Schiffbau?

Auch in den Wachstumsbranchen geht es um Leben und Tod: bei hochwertigen Verbrauchsgütern, in der Elektro- und Elektronikindustrie, bei Computern und in der Telekommunikation, bei Feinchemikalien, Spezialstählen, bei kapitalintensiven Waren und Technologien (besonders den Robotern), in der Biotechnologie, bei Dienstleistungen und im Tourismus. Immer fieberhafter wird nach Marktlücken Ausschau gehalten, und so manches Unternehmen sucht sich mit Billigpreisen irgendwo einzunisten.

Diese Suche ist dem Zug der Lemminge vergleichbar, die in rätselhafter Weise den kollektiven Tod suchen. In den meisten Wachstumsbranchen haben wir Überkapazitäten, das Angebot übersteigt bei weitem die Nachfrage, weshalb der nationale Protektionismus immer mehr um sich greift. Es wird allgemeiner Brauch unter den Staaten, die eigenen Schlüsselindustrien zu schützen, ohne Rücksicht auf die internationale Situation zu nehmen.

Die verbreitete Unlust zu investieren und zu konsumieren führt viele zu dem Schluß, daß wir in einer ausgedehnten Phase des wirtschaftlichen Niedergangs stecken. Wenn jemand sich mit Neuerungen zurückhält, weil er wartet, bis die Verbraucher wieder kauflustiger werden, gilt er schon als hoffnungsloser Optimist.

Der Kampf um Marktlücken wird immer heftiger, und die Wahrscheinlichkeit, daß die Arbeitslosigkeit weiter zunehmen wird, wächst. Arbeitslosigkeit ist jedoch nur ein Faktor unter vielen, die darauf hindeuten, daß sich die sozialen Widersprüche verschärfen. Der Druck egalitärer Forderungen – gleiche Rechte für alle, Mann und Frau, Behinderte, Minderheiten; in unterentwickelten Gebieten die Forderungen nach ausreichender medizinischer Versorgung, Ernährung, Ausbildung und Wohnraum – führt zu immer größerer gesellschaftlicher Uneinigkeit. Viele Regierungen sind außerstande, den steigenden Erwartungen Rechnung zu tragen.

Technologien, die Arbeitskraft ersetzen, können zwar auf lange Sicht die Produktivität steigern, mit der Verwirklichung des Rechts auf Arbeit in diesem Jahrzehnt sind sie jedoch weder in den Industriestaaten noch in den im Aufbau befindlichen Ländern vereinbar.

Auch wenn der Trend zum Nach-Industrialismus anhält und im Dienstleistungssektor Arbeitsplätze geschaffen werden, dürfte es mindestens zwanzig Jahre dauern, bis für alle Menschen, die beschäftigt werden wollen, ein Arbeitsplatz zur Verfügung steht. Die Unternehmen stecken eher zurück, konzentrieren sich auf gesunde und gewinnträchtige Bereiche, erhöhen ihre Effektivität, sparen, wo es nur geht, denken an höhere Produktivität und die Produktion langlebiger Qualitätswaren, an die Eroberung von Nischen im Weltmarkt und an die Einsparung von Arbeitsplätzen. Man muß kein Prophet sein, um nicht für markt- wie planwirtschaftlich organisierte Länder soziale Unruhen vorauszusagen.

Auch was die Störung des ökologischen Gleichgewichts und die steigenden Kosten und unabsehbaren Konsequenzen entwickelter Technologien angeht, trägt die Industrie eine große Verantwortung. Zum Beispiel entstehen aus chemischen Stoffen, die für Leuchtstofflampen verwendet werden, karzinogene Gase, die nicht nur unsere Gesundheit gefährden, sondern auch langfristig biologische Funktionen verändern. Wie sie sich auf die Gesundheit zukünftiger Generationen im einzelnen auswirken werden, entzieht sich noch weitgehend unserer Kenntnis.

Die Gefahr, daß es zu unbeabsichtigten großen Unfällen und Katastrophen kommt, wird ebenfalls immer größer; ob zu Erde, zu Wasser oder in der Luft, stets ist die Industrie beteiligt. Was muß getan werden, um diese Probleme zu lösen – und zwar von seiten der Wirtschaft?

Alle Versuche, die Industriegesellschaft zu reformieren, müssen von diesen düsteren Szenarios ausgehen: kann ein an Gewinnmaximierung orientiertes Unternehmen seine Aufgabenstellung und Entscheidungsstrukturen so weit verändern, daß es in den kommenden Jahrzehnten einen positiven Beitrag für die menschliche Gemeinschaft leistet? Oder aber ist das industrielle Unternehmen an sich mit einem tödlichen genetischen Fehler behaftet, der sich in den wachsenden gesellschaftlichen Turbulenzen niederschlägt? Kann die Industrie, die an vorderster Front politisch, wirtschaftlich, sozial und ökologisch in die bestehende Problematik verwickelt ist, auch bei deren positiver Bewältigung die führende Rolle spielen und so konstruktiv und direkt intervenieren, daß zukünftigen sozialen Unruhen vorgebeugt wird?

Für welche Alternativen können wir uns entscheiden? Bevor wir uns darüber klarwerden können, sollten wir uns mit den Prämissen, Wertsetzungen und Überzeugungen auseinandersetzen, die der Sozialstruktur eines Unternehmens zugrundeliegen: seinen Aufgaben und Zielen, der Leitungsstruktur, seinen Strategien, dem Wesen seines organisatorischen Aufbaus. Wir werden drei Paradigmen für ein Unternehmen vorschlagen und prüfen, welche Rolle sie in der Gesellschaft spielen können.

2. Das Paradigma A-Unternehmen

Wenn wir untersuchen, wie sich der Bergbau, die verarbeitende Industrie, der Dienstleistungssektor und die Landwirtschaft allmählich entwickelten, können wir feststellen, daß ihrer Organisation in allen Teilen der Welt ein ähnliches geistiges Konzept zugrundeliegt. Das gilt für den nordwestlichen Quadranten der Erde (USA und Westeuropa), den nordöstlichen Quadranten (UdSSR und Osteuropa), den Südwest-Quadranten (Lateinamerika, Afrika und Naher Osten), den Südost-Quadranten des Globus (Japan, China und die Staaten Südostasien) gleichermaßen. Was die Leistungen der einzelnen Industriezweige betrifft, so bestehen zwischen den Staatsbetrieben Osteuropas und Westeuropas erhebliche Unterschiede, ebenso zwischen der Privatindustrie in den USA und in Japan. Daneben gibt es jedoch genügend Ähnlichkeiten, um die These von einem einzigen geistigen Grundmodell zu erhärten, nach dem die meisten erfolgreichen Unternehmenstypen gesteuert sind.*

Wir nennen dieses Modell das Industrie-Paradigma A; dessen wichtigste Wertsetzungen sind:

a) der Primat von Produktivität, Effektivität und harter Arbeit; b) (gilt für Privatunternehmen) der Glaube an die Profitmaximierung oder wenigstens ›zufriedenstellende‹ Profite; c) die Überzeugung, daß die Ressourcen der Welt

* Dieser Gedanke wurde von Johan Galtung entwickelt.

unerschöpflich seien; d) daß beständiges Wachstum nötig sei; e) daß Umweltschutz zweitrangig ist; g) daß die neuesten Technologien immer den Vorzug haben sollten, auch wenn dadurch Menschen ihre Arbeit verlieren; h) daß materielle Bedürfnisse beim Verbraucher erzeugt und zufriedengestellt werden können; i) daß nationaler wie internationaler Wettbewerb besser sei als Kooperation und das Überleben allein garantiere; und j) daß irgendwann die ökonomischen Segnungen des industriellen Wachstums auch zu denen durchsickern werden, die weniger vom Glück verfolgt sind, auf nationaler und internationaler Ebene.

Auf die Betriebe in Staatsbesitz dürfte das Modell nicht ganz zutreffen, da sie nicht dem Gesetz der Profitmaximierung unterliegen. Andererseits stehen auch diese stark subventionierten und arbeitsintensiv produzierenden staatlichen Unternehmen im internationalen Wettbewerb und damit vor dem Problem, daß sie nicht effektiv genug wirtschaften und der Staat unmöglich alle Schlüsselsektoren der Wirtschaft subventionieren kann. Denn erst wenn Vermögen erwirtschaftet ist, kann es auch umverteilt werden.

Das Paradigma A-Unternehmen hat sich immer mehr durchgesetzt, angefangen vom landwirtschaftlichen Betrieb über das Handwerk bis hin zur Fabrik, zur Aktiengesellschaft und den multinationalen Konzernen.

Das Paradigma A war und ist bemerkenswert erfolgreich, vor allem wenn es in der Sozialstruktur des Unternehmens Anwendung findet. Von der alten bis zur neuen Steinzeit, zur Bronze- und Eisenzeit bis hin zum Mittelalter und dann zur Neuzeit können wir feststellen: die große Bevölkerungsexplosion seit dem 16. Jahrhundert (damals lebten ein paar Millionen, heute 4 Milliarden Menschen) ist nur damit zu erklären, daß wir Infektionskrankheiten und das Nahrungsproblem meistern konnten. Sanitäre Einrichtungen wurden geschaffen, die Ernährungslage besserte sich, weil es Unternehmen gab, die die menschlichen Bedürfnisse zu befriedigen wußten. Bis vor nicht allzulanger Zeit ging man denn auch davon aus, daß das Paradigma A-Unternehmen dem Menschen mehr Nutzen als Schaden bringe.

In den letzten zwanzig Jahren aber sind die sozialen Kosten, die das Paradigma A-Unternehmen verursacht, mehr in den Blickpunkt gerückt. Mit umfassenden Reformen versuchte man regulierend einzugreifen; weder Forschung und Entwicklung noch die Produktion selbst, die Marktpolitik, die Beziehungen der Betriebe untereinander und das Finanzwesen blieben davon unberührt. Je mehr aber einige der Grundprämissen des A-Unternehmens in Frage gestellt waren, desto interessanter schien ein anderes Modell zu werden, das wir im folgenden beschreiben wollen.

3. Das Paradigma B-Unternehmen

Ungerechtigkeiten und Gefahren im Modell A haben Gegenbewegungen ausgelöst; neue Gesetze wurden geschaffen, soziale Experimente durchgeführt, eine breite Welle des Protests erhob sich.

Diese Gegenbewegungen lassen sich wie folgt charakterisieren: es gibt

a) eine »grüne« Bewegung zum Schutz der Umwelt, die die Grenzen des Wachstums aufzeigt und an die weitgehend nicht regenerierbaren Ressourcen der Erde erinnert.

b) eine Bewegung gegen Großproduktion und Zentralisierung sowohl in den kapitalistischen als auch den sozialistischen Ländern.

c) Gruppen, die sich für Entwicklungsmodelle einsetzen, die von der Basis bestimmt sind, für eine Politik der Vertrauens in die eigenen Kräfte, und zwar im nationalen wie im internationalen Bereich.

d) Gruppen, die im Modell A einen geistig korrumpierenden Einfluß entdecken und für einen Rückkehr zum religiösen Fundamentalismus und ökumenischen Humanismus eintreten.
Dieses Modell, unser Paradigma B, scheint im Kern die Demontage der angeblich inhumanen Industriegesellschaft zu fordern. Die Wertvorstellungen derer, die die Bewegung tragen, lassen sich wie folgt charakterisieren: a) an erster Stelle steht die Sorge um den Menschen und nicht die Produktivität und Effektivität; b) Profit an sich ist unmoralisch; c) die soziale Entwicklung ist wichtiger als die wirtschaftliche; d) private Großunternehmen ebenso wie Staatsbetriebe sind allein wegen ihrer Größe ausbeuterisch und unmenschlich; sie führen zur Entfremdung zwischen Management und den im Arbeitsprozeß stehenden Menschen; e) klein ist schön; f) die Technik erzeugt mehr Probleme als sie löst; g) ein auf materiellen Gewinn ausgerichtetes Unternehmen zerstört menschliche Werte und den Willen, nach dem wahren Sinn des Lebens zu suchen; h) die Industrie erzeugt mehr soziale Kosten als soziale Wohltaten, wie das Beispiel Luftverschmutzung beweist; und i) die Umwelt ist nicht regenerierbar und muß daher geschützt werden; schließlich j) Kooperation ist notwendiger und wertvoller als zerstörerischer Wettbewerb.

Die Befürworter des Modells B stellen die Lebensqualität über das quantitative Denken, sie befürworten materielle Einschränkungen und einen einfachen Lebensstil sowie die Selbstverantwortlichkeit des einzelnen und plädieren dafür, dem unkontrollierten Wachstum ein Ende zu setzen. Im Grunde genommen ist dieses Modell das Gegenstück zu Modell A.

Das Paradigma B findet Befürworter in staatlichen wie nichtstaatlichen Organisationen: in der UNO, der Weltgesundheitsorganisation, dem Weltkirchenrat, in den Massenmedien, in Akademien, lokalen Behörden, Verbraucherorganisationen, bei Frauengruppen und Bürgerinitiativen des Umweltschutzes. Auch in der Gesetzgebung schlagen sich zunehmend Vorstellungen des Modells B nieder. Sollte die Weltwirtschaft weiter stagnieren und sich die gemischte Wirtschaftsform ebenso wie die kapitalistische und sozialistische als unlenkbar erweisen, wird das Paradigma B weitere Anhänger bekommen. Denn sein Ausgangspunkt ist der Wunsch, daß den wahren Bedürfnissen der Menschen Rechnung getragen werden muß.

Auch wer noch eisern am Modell A festhält, kann die Wertsetzungen und Prämissen des Modells B nicht einfach abtun. Tatsache ist nämlich: a) obwohl von seiten der Industrie als auch von offizieller staatlicher Seite diese Vorstellungen zurückgewiesen wurden, konnten sie ihren Einfluß erweitern; b) ein Mißtrauen gegenüber der Großindustrie besteht weiterhin und wird eher noch verstärkt; c) die Unternehmerseite verfügt nicht mehr über eine glaubwürdige, in sich stimmige Ideologie, die Punkt für Punkt dem Modell B entgegengesetzt werden könnte.

Die Anhänger des Paradigmas B treten für die Rückkehr zu kleineren Einheiten ein, zum dörflichen, nachbarschaftlichen Zusammenleben, für kleinere Wirtschaftsbetriebe, den Aufbau von Kooperativen in allen Bereichen wirtschaftlicher Tätigkeit, für arbeitsintensive Fertigungsmethoden, für einen sorgfältigen Umgang mit der Natur (natürliche Ernährung, umfassender Tierschutz), für eine ganzheitliche medizinische Versorgung.

Auf internationaler Ebene ist es im Sinne des Modells B, daß sich Staaten herausbilden, die sich selbst versorgen können und nicht von anderen Staaten abhängig sind. Jeder Staat sollte souverän entscheiden können. Daher werden auch protektionistische Maßnahmen unterstützt, kurzum, eine Politik der Autarkie. Man möchte die multinationalen Konzerne nach und nach verdrängen, weil sie die Länder ausbeuteten und hohe soziale Kosten verursachten. Auch soziokulturell gehe ein negativer Einfluß von ihnen aus, sie zerstörten die traditionellen Werte einer Gesellschaft.

China und Sri Lanka haben mit dem Modell B experimentiert. Es stellt in jeder Hinsicht eine Alternative dar: Die Wirtschaft soll sich auf kleine Einheiten, einfache Technologien und regenerierbare Stoffe stützen; die Landwirtschaft soll die Selbstversorgung anstreben; ein Entwicklungsland sollte nicht länger irgendwelche vom Osten oder vom Westen übernommene Industrialisierungsmodelle nachmachen.

Die Möglichkeiten, das Paradigma B in die Praxis umzusetzen, sind eng begrenzt: daß ein ganzes Volk auf einem Planeten mit offenen Grenzen zum idyllischen Leben zurückkehrt, muß Utopie bleiben. Außerdem: auf eine entwickelte Technologie läßt sich nicht mehr verzichten, denkt man allein an die medizinische Versorgung und die Lebensmittelproduktion; den Zustand voneinander isoliert existierender Nationalstaaten wiederherzustellen, ist problematisch. In einer Welt immer agressiverer Nationalstaaten, die mit den modernsten Waffen ausgerüstet sind, wäre ein Staat, der nur die einfachen Technologien des Modells B hat, sehr leicht verwundbar.

Schließlich versucht dieses Paradigma die irreversible gegenseitige Abhängigkeit der Staaten und die hochentwickelten Techniken weltweiter Kommunikation zu leugnen.

Nach unserer Einschätzung werden national wie international die sozialen Probleme der Gegenwart als Kampf zwischen diesen beiden Modellen ausgetragen. Was dabei herauskommt, ist im besten Fall gesellschaftliche Stagnation und wenig Fortschritt, im schlechtesten Fall aber Katastrophen apokalyptischen Ausmaßes: der atomare Holocaust, eine weltweite Depression, Hungersnöte von globalem Ausmaß und große ökologische Katastrophen. Am wahrscheinlichsten ist es, daß uns gefährliche und lähmende Konfrontationen bevorstehen, die zwischen verschiedenen Gruppen innerhalb der Staaten als auch zwischen den Staaten selbst ausgetragen werden.

4. Das symbiotische Unternehmen

Wir sehen als dritte Möglichkeit das Paradigma C-Unternehmen. Es gründet sich weder auf die Konkurrenzmechanismen, die im Modell A zwischen einzelnen Betrieben und Staaten bestehen, noch auf die Rückzugsmentalität des Modells B; wir meinen das Konzept einer symbiotischen Wirtschaft. Was ist das? Der Begriff Symbiose stammt aus der Biologie und kennzeichnet die Wechselbeziehungen von Organismen verwandter und unterschiedlicher Arten, die in enger Nachbarschaft leben. Ihre Beziehungen untereinander bringen jedem Vorteile und sind Voraussetzung ihres Überlebens.

Das Paradigma C-Unternehmen ist imstande, gestützt auf ein neuartiges, symbiotisches Zusammenleben der gesellschaftlichen Gruppen, eine konstruktive Rolle in der Gesellschaft zu spielen. Die Effektivität eines Unternehmens bemißt sich sowohl an seiner Funktionstüchtigkeit als auch an seiner gesellschaftlichen Legitimität.

Die neuen Prämissen, Wertsetzungen und Überzeugungen, die für die Sozialstruktur des Paradigmas C gelten, basieren auf Untersuchungen über Organisationsmodelle, die sich in »turbulenten« Situationen in der Physik, Biologie und dem Sozialbereich bewähren können. Perlmutter und Trist haben diese Organisationsmodelle auf die Sozialstruktur der Industrie übertragen. Das Paradigma C basiert auf folgenden Werten:

a) Effektivität und Wettbewerbsfähigkeit eines Unternehmens sind mit der Sorge um das Wohl des einzelnen Menschen in Einklang zu bringen;

b) das Streben nach Funktionstüchtigkeit (Mehrwertproduktion, Profitabilität) muß nicht im Widerspruch stehen zum Ziel der Legitimität, nämlich der Erfüllung eines gesellschaftlichen Bedürfnisses;

c) kleine und große Unternehmen können nebeneinander existieren, wobei jedes besondere Fähigkeiten hat; die Kleinindustrie ist neben der Großindustrie lebensfähig;

d) das Problem der Umweltbelastung und der nicht regenerierbaren Rohstoffe kann mit selektivem Wachstum und der Erschließung neuer, regenerierbarer Quellen reguliert werden.
e) an der Peripherie einer Gesellschaft können vielschichtige Initiativen und innovative unternehmerische Tätigkeit den zentralistischen und bürokratischen Tendenzen entgegenwirken.
f) Eigenständigkeit auf individueller, örtlicher und staatlicher Ebene muß nicht im Widerspruch stehen zu partnerschaftlicher Zusammenarbeit als Alternative zur alten patriarchalischen Struktur.
g) Lebensdauer wie Lebensqualität können gesichert werden, selbst wenn die Weltbevölkerung weiter zunimmt.
h) Rechte und Chancen des Individuums können garantiert werden, ohne daß auf sozial verantwortliches Verhalten des Individuums verzichtet werden muß.
i) die Vorräte an wichtigen Rohstoffen können so aufgeteilt werden, daß innen- und weltpolitisch dem Chaos entgegengearbeitet werden kann; dazu müssen Koalitionen gebildet werden, die sich um pragmatische Lösungen bemühen und die ideologische Konfrontation hintanstellen.

Kurzum, das Modell C-Unternehmen sucht den Ausgleich zwischen Autonomie und Abhängigkeit, Zusammenarbeit und Wettbewerb.

5. Was jetzt getan werden muß

Die Realisierung unseres Paradigma C-Unternehmens erfordert eine Reihe symbiotischer Prozesse, die eine Vielzahl von Institutionen innerhalb wie außerhalb der Einzelstaaten erfassen werden. Die Regierungen, die Industrie und andere gesellschaftliche Gruppen müssen das Ihre dazu beitragen, daß ein Lernprozeß in Gang kommt, der gegenseitiges Vertrauen schafft – ein Vertrauen, das auch in schwierigen Phasen des Umstellungsprozesses Bestand hat. Ein neuer, sozial denkender Unternehmertyp ist gefragt. Im folgenden haben wir aufgelistet, welche Projekte die Modell C-Unternehmen gemeinsam mit ihren jeweiligen Partnern in Angriff nehmen können:

1. Die Vorbereitung junger Menschen auf zukunftssichere Arbeitsplätze in der Industrie. In großen wie in kleinen Betrieben, in Kooperativen wie in multinationalen Gesellschaften müssen Lehrstellen geschaffen werden.

2. Die Industrie, die staatlichen Behörden, Schulen und Gemeinden sollten gemeinsam erreichen, daß
a) jedermann ausreichend medizinisch versorgt ist und alle Kinder in den Genuß von sauberem Trinkwasser kommen, gegen Krankheiten geschützt und ausreichend ernährt sind.
b) Medikamente, die jetzt nicht hergestellt werden, weil sie nicht profitabel genug sind, bereitgestellt werden (z.B. gegen Tropenkrankheiten).

3. Die Industrieunternehmen müssen ihre Zusammenarbeit verstärken, damit die Folgen der Luftverschmutzung eingedämmt werden können.

4. Die multinationalen Konzerne müssen mit der heimischen Industrie zusammenarbeiten mit dem Ziel, in beiden Bereichen neue Arbeitsplätze zu schaffen.

5. Man muß den einzelnen Staaten helfen, einen vernünftigen Ausgleich zu finden zwischen dem Aufbau der Industrie und größerer Eigenständigkeit im Bereich der Landwirtschaft; diesem Ziel dient die Zusammenarbeit von Großbetrieben, Städten und Genossenschaften.

Viele dieser Projekte hat man bereits in Angriff genommen, oft genug aber werden sie noch als nebensächlich abgetan.

6. Zwischenlösungen

Die meisten Betriebe arbeiten gegenwärtig noch nach dem Modell A, doch die Zweifel an seiner Funktionstüchtigkeit und seiner Legitimität werden zunehmen. Innerhalb dieser Unternehmen findet zwischen treibenden und bremsenden Kräften ein Machtkampf statt, was die Aufnahme von Prämissen aus dem Modell C in die Entscheidungsprozesse des Unternehmens betrifft.

Faktoren, die von außen hemmend einwirken, sind: die offensichtlich widersprüchlichen Forderungen, die an die Betriebe herangetragen werden, sowie der Eindruck, die Anteilseigner würden zu viel verlangen; das Klima des Mißtrauens zwischen Unternehmen und Behörden; die Furcht vor der internationalen Konkurrenz; die Stagflation, in der wir stecken, und die Kosten, die jede soziale Erneuerung verursachen wird.

Die Hindernisse innerhalb der Unternehmen sind: die Überzeugung, Wertschöpfung sei der eigentliche Sinn der Sache, nicht irgendwelche sozialen Belange; eine zynische Haltung gegenüber der Forderung, ein Unternehmen müsse seine Legitimität unter Beweis stellen; die Vorstellung, jedes Unternehmen, vor allem ein großes, sei dazu verurteilt, sich Feinde zu schaffen; eine allgemeine Unklarheit darüber, was für eine Rolle die Industrie in der Gesellschaft spielen solle.

Die treibenden Kräfte sind jedoch im Kommen. Es wurden zwar schwere Fehler gemacht, weil die im Modell B beschriebenen Kräfte unterschätzt wurden (Gesetze gegen Luftverschmutzung etc.), doch unter den Führungskräften ist eine zunehmende Bereitschaft zu beobachten, in einem Betrieb zu arbeiten, der sowohl fortschrittlich im Sinne der Gesellschaft handelt als auch in der Lage ist, Gewinne zu erwirtschaften.

Die Möglichkeiten, sich gemäß Modell C zu verhalten, werden größer, seine bedrohlichen Züge verblassen daneben immer mehr. Viel hängt davon ab, ob es gelingt, erfolgreich symbiotische Partnerschaften, Unternehmen, Gemeinden und andere Gruppen aufzubauen, die zu gegenseitigem Nutzen und im Geist der Offenheit, des Vertrauens und der gegenseitigen Achtung arbeiten.

Symbiotische, partnerschaftliche Beziehungen zeichnen sich dadurch aus, daß man sich gemeinsame Ziele setzt, auch wenn ganz verschiedene Institutionen beteiligt sind (z.B. Industriebetrieb und Schule). Alle Beteiligten müssen gleichberechtigt sein, jeder muß seine Stärken entfalten, darf den andern nicht zu sehr einschränken; alle Kräfte sind darauf zu konzentrieren, daß Aufgaben gelöst werden, die keiner der Beteiligten allein lösen könnte.

7. Schlußfolgerungen: ein einleuchtendes Konzept für die Welt von morgen

Wir haben heute, gegen Ende dieses 20. Jahrhunderts, noch die Wahl zwischen verschiedenen Gestaltungsmöglichkeiten. Nach unserer Meinung müssen die erwähnten drei Unternehmensmodelle klar unterschieden werden. Was die Zukunft betrifft, so muß man sich wohl zwischen einem Reformprozeß, der dem industriefeindlichen Modell B folgt, und dem symbiotischen, sozialen Unternehmensmodell entscheiden. Daß die Industrie im 21. Jahrhundert noch nach dem Modell A funktioniert, ist höchst unwahrscheinlich.

Wenn wir der atomaren Katastrophe entgehen wollen, brauchen wir neue Formen partnerschaftlicher Zusammenarbeit in und zwischen den Völkern – im politischen, wirtschaftlichen und sozialen Bereich. In dem Maße, in dem ein Staat eine Reihe von symbiotisch ausgerichteten Unternehmen und Projekten hat und dabei auch mit verfeindeten Nachbarn zusammenarbeitet, in dem Maße wird er auch Sicherheitspolitik betreiben.

Das soll nicht etwa heißen, daß es bereits ausreicht, wenn sich symbiotisch ausgerichtete Unternehmen im internationalen System absprechen. Die Reform der Industriegesellschaft ist nicht zu trennen vom Aufbau einer Weltordnung, in der die Menschen aller Nationalitäten auf unserem kleinen Planeten friedlich leben und arbeiten können. Das Modell C-Unternehmen kann ein Eckpfeiler der zukünftigen Weltordnung sein, in der eine neue, pluralistische Weltgemeinschaft, die keine Vorherrschaft und Abhängigkeit mehr kennt, symbiotisch ihr Leben organisiert.

Zum Schluß möchte ich einen Gedanken des Biologen Lewis Thomas aufgreifen: »Daß nur der Stärkste überlebt, heißt nicht, daß es in der Natur nur blutige Kämpfe gibt, wie das 19. Jahrhundert den Evolutionsgedanken verstand, oder daß allein der Stärkste, Anmaßendste und Gerissenste gewinnen kann. Die besten Überlebenschancen hat, wer es versteht, sich auf das Zusammenleben mit den anderen lebenden Dingen am besten einzustellen.«

Modellvergleich: Paradigma A, B, C

PARAMETER	PARADIGMA A **Das »klassische« industrielle Modell**	PARADIGMA B **Das Anti-Wachstums-Modell**	PARADIGMA C **Das partnerschaftliche Modell**
1. Gesellschafts- und wirtschaftspolitische Aufgabenstellung			
• *Ziele*	Profitabilität (Funktionstüchtigkeit)	Einverständnis der Öffentlichkeit (Legitimität)	Profitabilität und Einverständnis der Öffentlichkeit (Funktionstüchtigkeit und Legitimität)
• *Geopolitisches Verhalten*			
Nord-Nord	merkantilistisch	autark	symbiotische Interdependenz
Nord-Süd	Bevormundung	Eigenständigkeit	Gleichheit und Partnerschaft
Ost-West	Dominanz	Divergenz	transideologisch
• *Funktionen*	vor allem ökonomisch, politisch	sozial, ökologisch	ökonomisch, sozial, ökologisch

Modellvergleich: Paradigma A, B, C

PARAMETER	PARADIGMA A **Das »klassische« industrielle Modell**	PARADIGMA B **Das Anti-Wachstums-Modell**	PARADIGMA C **Das partnerschaftliche Modell**
2. Verfügungsgewalt			
• *Eigentümerschaft*	privat oder in Staatshand	kollektiv (Kooperative)	Vielzahl von Teilhabern, autonom
• *Leitungsgremien*	professionelles Management	Unparteiische (Arbeiter, Verbraucher)	partnerschaftlich (auch Mehrwertproduktion)
3. Strategie			
• *allg. Marktverhalten*	Dominanzstreben	Eigenständigkeit	Erfüllung eines gesellschaftlichen Bedarfs
• *Wettbewerb/Kooperation*	eigenständiges, isoliertes Handeln	isoliertes, kollektives Vorgehen (interne Zusammenarbeit)	Autonomie und zwischenbetriebliche Zusammenarbeit sowie Koalitionen (symbiotisch/Gleichheit)

• *Geopolitische Ziele*	Ausbau der Industrie	Landesentwicklung	Ausbau der Industrie im Rahmen der Landesentwicklung
4. Organisatorische Merkmale			
• *Internationalität*	ethnozentrisch	polyzentrisch	geozentrisch, integrativ
• *Führungsmethoden*	autoritär	demokratisch	partnerschaftlich, strategisch
• *Wertsetzungen*	materialistisch	antimaterialistisch	materielle und geistige Werte, Besserstellung der Menschen durch soziale und ökonomische Erfolge
• *Ebene des Individuums*	leistungsorientiert, Eigenverantwortung	Mensch im Mittelpunkt, soziale Verantwortung	leistungs- und menschenorientiert; soziale und Eigenverantwortung

Modellvergleich: Paradigma A, B, C

PARAMETER	PARADIGMA A **Das »klassische« industrielle Modell**	PARADIGMA B **Das Anti-Wachstums-Modell**	PARADIGMA C **Das partnerschaftliche Modell**
5. Organisationsstrukturen			
• *Technologie*	hochentwickelt (schwierig)	niedrig (einfach)	breites Spektrum an Technologien
• *Verwaltung*	hierarchisch, vertikal, bürokratisch	horizontal, unbürokratisch	System und Netzwerk, komplexe Interaktionsstrukturen
• *Erfolgskriterien*	Leistung an Funktionstüchtigkeit gemessen	Leistung an Legitimität gemessen	Leistung an Funktionstüchtigkeit und Legitimität gemessen
• *Belohnungen*	materieller Gewinn; Status	soziale Anerkennung	Spektrum materieller und gesellschaftlicher Anerkennung
• *Informationsfluß*	zentralisiert	intern aufgefächert	intern aufgefächert und nach außen dezentralisiert

4

Automation und Information

Das neue Zeitalter von Kultur und Kommunikation

von Mahdi Elmandjra

Das Thema ist nicht nur schwierig, es klingt auch etwas anmaßend, da es eigentlich mit einem breiten interdisziplinären Ansatz behandelt werden sollte. Seien Sie beruhigt: ich schenke es mir, die Begriffe Kultur und Kommunikation hier zu definieren. Nur so viel: Kultur ist das Produkt eines Kommunikationsprozesses in einer bestimmten Umgebung, und Kommunikation ist eine kulturelle Handlung und ein gesellschaftlicher Vorgang.

Die Interaktionen zwischen Kultur und Kommunikation sind zuweilen so komplex, daß man beide Bereiche kaum voneinander unterscheiden kann. In diesem Zusammenhang sehe ich die folgenden Überlegungen zum Thema »Das neue Zeitalter von Kultur und Kommunikation«.

Daß es sich um ein neues Zeitalter handelt, muß sowohl in räumlicher als auch in zeitlicher Perspektive gesehen werden. Im Bericht an den Club of Rome »No Limits to Learning«[1)] haben wir folgendes Konzept entwickelt: Damit ein innovativer Lernprozeß in Gang kommt, ist einerseits das »Gefühl für räumliche Zugehörigkeit«, sprich Partizipation, und andererseits das »Gefühl für zeitliche Zugehörigkeit«, sprich Antizipation, erforderlich. Beides ist unerläßlich für das Überleben der Menschheit in einer Zeit immer komplexerer Probleme.

Daß die Weltprobleme immer komplexer werden, steht außer Frage. Ich möchte das an zwei Punkten illustrieren. Zum einen: in den kommenden neun Jahren wird das von der Menschheit aufgehäufte Wissen sich verdoppeln. Unser Wissen entwickelt sich so unglaublich schnell, daß wir, um damit Schritt zu halten, sogar die Vorstellungen von Wissen selbst neu definieren müssen.

Das zweite Beispiel: im Jahre 1900 konnte der Mensch maximal eine Geschwindigkeit von 75 km in der Stunde erreichen. Jetzt können bemannte Raumfahrzeuge in der Atmosphäre bis zu 2700 Stundenkilometer erreichen. So schnell fliegt nämlich die Columbia-Raumfähre beim Eintritt in die Atmosphäre. Um 1900 konnte man also an einem Tag nicht einmal 2000 km zurücklegen, heute sind es 400000 km pro Tag – eine Steigerung um das Zweihundertfache. Ich möchte Ihnen anhand dieser Zahlen eine quantitative Vorstellung davon geben, was bei dem extremen Wachstum des Wissens auf dem Spiel steht. Obwohl wir durchaus wahrnehmen, wie rasch sich unsere Welt verändert, dringt nicht in unser Bewußtsein, welche Bedeutung die Beschleunigung des Geschichtsablaufs – ein zwangsläufiges Nebenprodukt der rasenden Entwicklung – tatsächlich hat. Wir sind nicht darin geübt, antizipatorisch zu lernen. Dadurch entsteht, was wir das »menschliche Dilemma« genannt haben. Wir verschaffen uns immer neue Erkenntnisse und Informationen, die wir jedoch nicht so weit unter Kontrolle bekommen, daß sie zu sinnvollem Nutzen der Gesellschaft eingesetzt werden könnten. Sogar die Hauptverantwortlichen dieser Entwicklung kennen wegen ihrer hochspezialisierten Ausbildung und Tätigkeit nur jeweils einen Teil des Eisbergs. Unser menschliches Dilemma ist Indiz eines kulturellen Dilemmas, das sich weiter vergrößert, weil unsere Fähigkeit zu adäquater Kommunikation trotz der atemberaubenden technischen Revolution im Kommunikationswesen sehr unterentwickelt geblieben ist.

Auch auf dem Gebiet des partizipatorischen Lernens hinken wir hinter diesen Entwicklungen her. Die elitäre Struktur im Kulturbereich steht immer noch, wenn auch nicht mehr so stark wie früher, einer Demokratisierung der Kultur im Wege, – die keinesfalls mit Supermarktkultur gleichzusetzen ist. Das Fernsehen könnte eine wichtige Rolle in einer demokratischen Kultur spielen; leider ist das nirgendwo auf der Welt bislang der Fall gewesen.

Wir brauchen eine verstärkte Teilnahme aller Betroffenen, und zwar in weltweitem Rahmen. Das Analphabetentum von fast einer Milliarde Menschen ist nicht mehr vertretbar. Auch die Amerikaner sind hier angesprochen, denn man schätzt, daß etwa 30 Millionen Amerikaner »funktionale Analphabeten« sind; ein paar Jahre gehen diese Menschen zur Schule und fallen dann ins Analphabetentum zurück.

Demokratisierung der Kultur bedeutet auch, daß die schöpferischen Fähigkeiten, die Phantasie und der Drang der Menschen nach Selbstverwirklichung angesprochen und bestärkt werden müssen. Ohne diese Ermutigung kann keine echte Kommunikation innerhalb von Gemeinschaften und zwischen den Staaten zustandekommen. Diese wiederum ist Voraussetzung für die globale Kooperation.

Die Probleme in den Industrienationen sind natürlich etwas anderer Natur als die in der Dritten Welt. In den industrialisierten Staaten können wir ein Verhalten beobachten, das Christopher Lasch »Culture of Narcissism« genannt hat.[2)] Nach Lasch ist dieser Narzißmus untrennbar verknüpft mit dem völlig übersteigerten Konsumverhalten als der wichtigsten sozialen Aktivität in der Industriegesellschaft. Wenn sich alles um den Konsum dreht, werden die Menschen egoistisch und egozentrisch; ihr Leben kreist um die Gegenstände, die sie sich angeschafft haben (den Fernseher, das neue Auto, den Rasenmäher usw.), während ihre Fähigkeit zur Kommunikation mit den Mitmenschen verkümmert.

Ich würde noch einen Schritt weiter gehen als Lasch und schlicht behaupten, daß das narzißtische Verhalten der Menschen in den Industriestaaten auch in den internationalen Beziehungen anzutreffen ist, und zwar in Form eines sogenannten »Ethnozentrismus«. Worin unterscheidet sich ein narzißtischer Mensch von einem Staat, der immer nur von sich ausgeht und sein Land für den Nabel der Welt hält? Dem narzißtischen Verhalten des Individuums in den Ländern entspricht deren ethnozentrisches Verhalten auf der Ebene des zwischenstaatlichen Umgangs.

Der Ethnozentrismus ist in unseren Tagen das wohl ernsthafteste Hindernis für eine echte Kommunikation zwischen den Kulturen und für eine internationale Zusammenarbeit; er basiert auf der Unkenntnis des Gegenübers. Ethnozentrismus bedeutet, daß die Kommunikation nur in einer Richtung verläuft, daß es keinen Austausch gibt und die Stimme des anderen kein Gehör findet. Ich glaube, das war einer der Hauptgründe, warum der »Nord-Süd-Dialog« nie zustandekam.

Der OECD-Bericht »Interfutures«[3)] liefert ein anschauliches Beispiel eines solchen Ethnozentrismus:

»Die Dritte Welt ist leichter zu begreifen, wenn man sie in Beziehung zur Außenwelt setzt (sie also von außerhalb betrachtet), als wenn man versucht, sie aus sich heraus zu verstehen. Die Dritte Welt ist derjenige Teil der Welt, der sich als nicht willens oder nicht fähig erwiesen hat, sich den Bedingungen der Revolution anzupassen, die vom georgianischen England ihren Ausgang nahm.«

Mit anderen Worten: die Dritte Welt existiert nicht für sich, zumindest nicht in einer für Außenstehende begreifbaren Form, sie hat keine Identität; Parameter, mit denen wir sie verstehen könnten, gibt es auch nicht. Was uns bleibt: wir können die Dritte Welt allein in ihrer Beziehung zur »entwickelten Welt« der Industrieländer begreifen. Wie willst du aber mit jemandem Kommunikation aufnehmen, der nicht einmal deine kulturelle Identität anerkennt?

Ich bin mir bewußt, daß das Wort Kultur in den amerikanischen Sozialwissenschaften nicht besonders »in« ist.

In der Dritten Welt sieht es da nicht viel besser aus. Die Eliten und die Politiker verfielen vor lauter Modernisierung ins andere Extrem und verleugneten die Wurzeln ihrer Kulturen, ahmten blind alles nach, was aus dem Westen kam. In jeder Hinsicht haben sie ihren eigenen Weg verlassen, nur um mit den ehemaligen Kolonialherren in

Kontakt zu treten, ihre Institutionen, Geisteshaltung und soziokulturellen Werte verstehen zu lernen. Dieses großangelegte Nachahmungsprogramm allein ist Beweis dafür, wie sehr sie die Bedeutung soziokultureller Werte für eine kulturelle Identität unterschätzten, sie vielleicht gar nicht begriffen. Viele haben, ohne es zu merken, die Verbindung zu den Menschen ihres Landes abgeschnitten; sie sind gar nicht mehr fähig, mit ihren eigenen Landsleuten in Kommunikation zu treten. Auf den internationalen Konferenzen in Moskau, Washington, Paris und London dagegen haben sie keine Verständigungsprobleme. Das wird jetzt grundlegend anders werden. Eine neue Generation wächst heran, und die industrialisierten Länder werden nicht umhinkommen, sich mit ihr zu arrangieren.

Erst in den siebziger Jahren setzte sich in der Dritten Welt die Erkenntnis durch, wie wichtig die Kultur und die kulturelle Identität für ihre Entwicklung ist. Die Konferenz der Präsidenten der blockfreien Staaten in Algier im Jahre 1973 entschloß sich, diese grundsätzliche Einsicht auch formal anzuerkennen. Im Februar 1979 trafen sich auf Veranlassung der OAU* in Monrovia (Liberia) eine Reihe von Afrika-Experten zu folgendem Zweck: Auswertung der Erfahrungen aus zwanzig Jahren Unabhängigkeit und Diskussion über die Aussichten für die nächsten zwanzig Jahre. Die meisten Teilnehmer waren Nationalökonomen, und dennoch diskutierten wir hauptsächlich über Fragen der Kultur. Die Fehlschläge auf wirtschaftlichem und sozialem Gebiet wurden im großen und ganzen darauf zurückgeführt, daß man in geradezu äffischer Weise versucht hatte, die Entwicklungsmodelle der Industriestaaten nachzuahmen. Die Ergebnisse unserer Tagung waren die Grundlage für die »Monrovia Declaration«, die sechs Monate später von den Oberhäuptern der afrikanischen Staaten verabschiedet wurde. Unsere Analysen und Empfehlungen fanden also Gehör.

* OAU = Organization of African Unity

Die Deklaration sprach sich für »endogene Entwicklung« aus – für eine Entwicklung von innen heraus, bei der jeder sich auf sich selbst verläßt und auf die »kollektive Selbständigkeit«, die Kooperation von Menschen mit gleichen Sorgen und Problemen.

Die Tagung von Monrovia hatte ein weiteres sehr wichtiges Ergebnis, was die Fragen der Kultur und Kommunikation betrifft; ich meine die Wechselbeziehungen von Naturwissenschaft und Kultur. Die Konferenz arbeitete heraus, daß Wissenschaft und Technik in erster Linie das Produkt einer bestimmten Kultur sind. Die Kultur ist die Quelle wissenschaftlicher Erkenntnis, und diese beeinflußt ihrerseits die kulturelle Entwicklung. Im Bericht von Monrovia heißt es: »Von jetzt an bis zum Jahre 2000 muß die irrige Vorstellung, man könne das Konzept des Technologie-Transfers ungeprüft übernehmen und in die Praxis umsetzen, von unserem Kontinent verbannt werden. Wir sind sogar dafür, daß der Ausdruck ›Technologie-Transfer‹ aus dem internationalen Wortschatz gestrichen wird.« Erst 1979 also setzte sich die Erkenntnis durch, daß Wissenschaft und Technik keine käuflichen und verkäuflichen Dinge sind. Wissenschaftliche Erkenntnis muß im Land selbst entstehen – sie muß endogen sein, Resultat lokaler Forschungstätigkeit, die mit den jeweiligen kulturellen Werten in Einklang steht. Das schließt keineswegs wissenschaftliche Zusammenarbeit aus, im Gegenteil. Es besteht allerdings ein großer Unterschied zwischen wissenschaftlicher Zusammenarbeit und dem »Ankauf« von Technologien ohne Rücksicht auf die Umwelt, in der sie eingesetzt werden sollen.

Schließlich wurde auch, dank unserer Analyse, zwei »Mythen«, die sich an allen Universitäten hartnäckig halten, die Absage erteilt: dem Glauben an die »Objektivität« und an die »Universalität« der Wissenschaft. Ich möchte dazu den Physik-Nobelpreisträger Prigogine zitieren: »Die Probleme einer Kultur können sich auf den Inhalt und die Entwicklung der wissenschaftlichen Theorie auswirken.«[4] Prigogine geht also davon aus, daß wissenschaftliche Theorien nicht wertfrei sind.

Die wissenschaftliche Forschung ist von ihrem kulturellen Umfeld abhängig. Zu diesem Schluß kommt jeder Wissenschaftler, der eine hohe wissenschaftliche Integrität und kulturelle Identität erreicht und bewahrt hat. Ein zweites Zitat aus dem Buch von Prigogine: »Es gibt eine bestimmte Art von Grenzüberschreitung, die die Wissenschaft ablehnen sollte. Ich meine die kulturelle Grenzüberschreitung. Die Wissenschaft muß sich vielmehr als integrierter Teil der Kultur begreifen, in der sie sich entwickelt hat.«

Zum Punkt Universalität der Wissenschaft schreibt Prigogine: »Natürlich hoffen wir, daß unsere Wissenschaft eines Tages universal sein wird. Dann nämlich, wenn sie nicht länger vorgeben wird, daß sie mit den Vorurteilen und Wertungen der Gesellschaft, in der sie zufällig entstand, nichts gemein hat; dann, wenn sie endlich imstande sein wird, in einen Dialog mit allen Männern und Frauen jedweder Kultur zu treten und die Vorstellungen und das Wertsystem dieser Menschen zu achten.« Wohlgemerkt, hier sagt ein Wissenschaftler, die Wissenschaft könne erst dann universal sein, wenn ... Immer noch gibt es aber den Wissenschaftler, der von sich behauptet: Ich bin Wissenschaftler, ich arbeite in der Plasmaphysik, Biogenetik und so fort, laßt mich in Ruhe mit eurer Sozialwissenschaft und Philosophie; schreibt mir nicht vor, welche gesellschaftliche Funktion ich erfüllen soll; fragt mich nicht, ob ich die Wahl zwischen verschiedenen von der Gesellschaft verwertbaren Lösungen habe; mein Gebiet sind die Fakten, Zahlen, der Computer, das Mikroskop ... Diese Wissenschaft um ihrer selbst willen gibt es nicht. Alles, was in einer Gesellschaft geschieht, ist an ihr orientiert und von der jeweiligen Kultur beeinflußt.

Welche Antworten haben die Sozialwissenschaftler auf die von Prigogine aufgeworfenen Fragen parat? Keine allzu befriedigenden. Sie scheinen vollkommen damit ausgelastet zu sein, ihre wissenschaftliche Seriosität immer wieder unter Beweis zu stellen. Wir haben nichts gegen mathematische Modelle, die Analyse von Tabellen, psychologische Erklärungsversuche, soziologische Theorien oder Handlungsmodelle der politischen Wissenschaft; warum jedoch werden dabei die Fragen der Kultur gänzlich ausgeklammert? Offensichtlich ist das Wort Kultur in den Sozialwissenschaften gegenwärtig nicht »in«. Es ist ein Störfaktor, der liebgewordene Modelle in Frage stellt und behauptet: »Das ist nicht die Lösung!« Wir müssen die menschliche Dimension ins Spiel bringen und dem menschlichen Element unsere Aufmerksamkeit schenken. Unvermeidlich werden wir uns dann auf das Feld der Wertvorstellungen begeben.

Eine der treffendsten Definitionen des Begriffs »Entwicklung« stammt vom ehemaligen Generaldirektor der UNESCO*, René Maheu; er hat sie anläßlich der ersten UNO-Konferenz über Wissenschaft und Technologie im Jahr 1963 geäußert: »Entwicklung ist, wenn Wissenschaft zu Kultur wird.« So einfach ist das. Jedes noch so geringfügige wissenschaftliche Ergebnis wird zum kulturellen Phänomen, wenn es verarbeitet und in die Gesellschaft integriert wird, wenn es Bestandteil der Lebensform wird, die man anstrebt. Wer glaubt, Wissenschaft einfach kaufen zu können, tut damit den ersten Schritt zur wissenschaftlichen Unterentwicklung.

Unter Kultur verstehen wir den Prozeß, in dem eine Gesellschaft sicherstellt, daß das »know how« vom »know why«, der Frage nach dem Sinn von Wissenschaft, kontrolliert wird. In den Industriestaaten gibt es so etwas nicht. Genau an dieser Stelle tritt das menschliche Element in Erscheinung. Die Krise, die die Menschheit heute durchmacht, hat meiner Meinung nach ihre Hauptursache darin, daß das »know how« das beherrschende Moment ist und die Frage nach dem Sinn verdrängt. Damit wird

* UNESCO = United Nations Educational, Scientific and Cultural Organization

zwangsläufig das menschliche Element aus der Gleichung eliminiert. Der Schritt zur Diktatur der Technokratie ist nicht mehr groß – und zwar nicht nur in gesellschaftlicher Hinsicht. Nur wenige nehmen wahr, daß durch die enormen Erkenntnisfortschritte die Technologie im Begriff ist, sich zu verselbständigen. Bis jetzt waren alle Fortschritte auf technologischem Gebiet eine Folge der wissenschaftlichen Erkenntnisse. Nun treten wir in ein Zeitalter ein, das von Robotern und künstlich erzeugter Intelligenz dominiert wird und der gewohnte Ablauf außer Kraft gesetzt ist. Es wird möglich, daß eine Technologie aus sich heraus eine neue Technologie erzeugt, ohne daß die Wissenschaft eingeschaltet wird. Damit wird das, was die Wissenschaften als menschliche Leistung bislang an Kontrollen und Prüfungen einbringen konnten, immer weniger wirksam sein.

Die Computer können jetzt so programmiert werden, daß sie sich selbst Aufgaben stellen und selbständig Programme eingeben. Auf strategischem Gebiet, in der Landesverteidigung, werden die Entscheidungen von so vielen Faktoren gleichzeitig beeinflußt, hängen in so komplizierter Weise voneinander ab, daß viele Experten der Meinung sind, diese lebenswichtigen Entscheidungen könnten nicht länger dem menschlichen Verstand überlassen bleiben.

Neben diesen neuen Entwicklungen in Wissenschaft und Technik gibt es jedoch das Problem der Armut in der Welt. 700 Millionen Menschen sind davon betroffen (laut ›New York Times‹ vom 14. Februar 1980 sind es allein in den USA 40 Millionen). Diese Armut ist die Folge ungerechter Verteilung von Macht und Reichtum auf unserem Planeten und der sozialen Ungerechtigkeit innerhalb der Staaten. Im Durchschnitt der letzten zwanzig Jahre stieg das Pro-Kopf-Einkommen in der Dritten Welt um einen Dollar, in den Industriestaaten aber um 168 Dollar. Wie wird das neue Zeitalter von Kultur und Kommunikation beschaffen sein, was wird es dem einzelnen bringen?

Der technische Fortschritt im Bereich des Kommunikationswesens ist zweifellos sehr groß. Und doch ist dadurch die Kommunikation innerhalb einer Gesellschaft und zwischen verschiedenen Gesellschaften keineswegs besser geworden. Wir müssen sogar befürchten, daß der Mißbrauch der Kommunikationstechnologie eine der Ursachen der Nicht-Kommunikation ist. Man kann hinsehen, wo man will: Telefon, Radio, Fernsehen und Computer, sie alle haben dazu geführt, daß die zwischenmenschliche Kommunikation verarmte.

Wir haben Schulen für Fragen des Kommunikationswesens; eine Unmenge von Veröffentlichungen zu diesem Thema; wir haben Kommunikationswissenschaft als Studienfach. Mehr als die Hälfte aller im Arbeitsprozeß stehenden Personen in den USA ist auf diesem breiten Sektor tätig: Werbung, Verlagswesen, Computer, Satelliten usw. Auch hier gilt: nicht die Technologie an sich trägt die Schuld und auch nicht die, die sie erfanden, auch nicht das Radio oder das Fernsehen – wir selbst sind schuld, weil wir von unseren Erfindungen einen falschen Gebrauch machen. Wer käme schon auf den Gedanken, die Atomphysik als Wissenschaft zu verdammen, nur weil es Menschen gab, die die Atombombe herstellten. Keine Wissenschaft an sich trägt schuldhafte Verantwortung, sondern der Mißbrauch von Wissenschaft und Technologie, deren fehlende Bindung an gesellschaftliche Bedürfnisse.

Ich bin ein Anhänger der Revolution im Kommunikationswesen. Ich ärgere mich darüber, daß von dieser Revolution in wichtigen Bereichen wie Ausbildung und soziale Entwicklung nichts zu spüren ist. Einige brachten Videokameras in die Schulen und wollten damit Unterricht machen, ohne zu fragen, was die Einführung neuer Medien eigentlich bedeute, ohne zu sehen, daß wir neue pädagogische Mittel brauchen, um die neuen revolutionären Entwicklungen optimal ausnutzen zu können. Der Umgang mit den neuen Medien erfordert innovatives Denken und Kreativität. Bis jetzt war davon nichts zu sehen – einer der Gründe, warum die Entwicklung der Kommunikationsmittel zu einem Rückgang der wirklichen, unmittelbaren Kommunikation unter den Menschen geführt hat.

Die Kommunikationstechnologie ist zu einem blühenden Geschäftszweig geworden, mächtige Interessen sind im Spiel. Kaum jemand dürfte sich da ungestraft einmischen können. Wenn wir Kultur und Kommunikation aus diesem Blickwinkel sehen, wie sind dann die globalen Zukunftsperspektiven?

Mit diesem Jahrzehnt haben wir ein Zeitalter betreten, das von »Brüchen« und Konfrontationen im nationalen wie im internationalen Maßstab bestimmt sein wird. Ich bin davon überzeugt, daß diese Konfrontationen zunehmend auf kulturelle Umstände zurückzuführen sind und nicht so sehr auf politische oder gar wirtschaftliche. Was die Dritte Welt betrifft, der ich mich zum Schluß zuwenden möchte, sind einige Trends zu beobachten, die weltweit noch nicht genügend Beachtung gefunden haben.

Weltweit kann ein grundlegender Wandel in den Wertvorstellungen der neuen Generationen beobachtet werden, besonders ausgeprägt ist er in der Dritten Welt. Eng damit verknüpft ist die Altersstruktur der Bevölkerung in der Dritten Welt. Im Weltmaßstab ist jetzt ein Drittel der Menschen unter 15 Jahre alt. 90 Prozent dieser jungen Menschen leben in der Dritten Welt, dort sind 60 Prozent der Bevölkerung unter 30 Jahre alt. Altersmäßig gesehen vertritt die politische Führungsschicht nicht mehr als 10 % der Bevölkerung, und es fällt ihr immer schwerer, die Sprache der restlichen 90 % zu sprechen. Sie nimmt nicht einmal wahr, daß und wie sich die Wertvorstellungen der Menschen in ihren Ländern nach und nach verändern.

Ein weiterer Punkt ist die vielversprechende Zukunft der Nationalsprachen. Wie sieht es in den Industriestaaten mit dem Erlernen von Fremdsprachen aus? Die Vereinigten Staaten schlagen alle Rekorde, wenn es darum geht, die Existenz anderer Sprachen so weit wie möglich zu ignorieren. »Sie sollen Englisch lernen«, heißt es. Vielleicht werden »sie« diese Aufforderung bald in den Wind schlagen, wenn sich auf der anderen Seite nichts tut. Die Japaner haben eindrucksvoll bewiesen, daß es auch ohne Englisch geht. Als Atomphysiker, Molekularbiologe und in jedem anderen Gebiet kann man heute auf Japanisch promovieren. Japan hat es unter anderem deshalb so weit gebracht, weil es begriffen hat, was kulturelle Identität heißt. Seit der Meiji-Revolution wird praktisch alles ins Japanische übersetzt.

Die Industriestaaten sehen sich einer großen Herausforderung gegenüber: sind sie in der Lage, andere Völker besser verstehen zu lernen? Das Studium ihrer Sprachen könnte ein Anfang sein. Wer eine Fremdsprache erlernt, ihre Syntax, den Satzbau, Morphologie und Klang sich zu eigen macht, der tritt in die Kommunikation mit einer anderen Kultur ein.

Ich werde nie die Karikatur im ›New Yorker‹ vergessen, die New York City zeigt und daneben den Rest der Welt. Diese hier karikierte Einstellung gibt es nicht nur in New York City, sondern in allen entwickelten Industriestaaten. Da sind zunächst einmal wir hier, und die anderen sind alle da drüben. Allerdings ändert sich diese Weltsicht allmählich. Das wachsende Bedürfnis nach geistigen Werten sollte nicht leichtfertig abgetan werden, auch wenn es Kreise gibt, die aus allzu durchsichtigen Gründen aus dieser Bewegung Kapital zu schlagen versuchen.

Lebensqualität kann nur mit allgemein und weltweit gültigen Maßstäben gemessen werden, die unabhängig davon sein müssen, wie die Weltbevölkerung verteilt ist. In den Industriestaaten beobachtet man mit Entsetzen die Bevölkerungsexplosion in der Dritten Welt. Nun, wenn man weiß, daß die Bevölkerung von Kenia in 18 Jahren sich verdoppelt, die USA dazu 99 Jahre, Frankreich 190 und Schweden 1364 Jahre braucht, dann wird man die Großzügigkeit begreifen, mit der viele Industriestaaten Programme zur Familienplanung unterstützen.

Wir gehören alle zu *einer* Gattung und müssen lernen, uns entsprechend zu verhalten. Wenn man schon das Bevölkerungs-Argument bringt, dann wollen wir doch einmal sehen, wie die Reichtümer unseres Planeten verteilt sind. Wer verfügt darüber? Wo werden denn 90 Prozent der Ausgaben für Wissenschaft und Forschung getätigt? In welchem Teil der Welt werden denn 25000 Kalorien an Energie verwendet, um ein Stück Fleisch mit einem Wert von 270 Kalorien oder eine kleine Dose Erbsen mit einem Wert von 300 Kalorien zu erhalten? Wo beträgt die Abfallmenge durchschnittlich 15 Pfund pro Person und Tag? Wo beträgt der Ölverbrauch das Hundertfache von dem in den ärmsten Entwicklungsländern? Unsere Furcht vor dem Blick auf die demographischen Verhältnisse, vor den »schwarzen und gelben Horden« muß unbedingt überwunden werden. Das ist eine Aufgabe der Kultur, und die Kommunikationstechnik sowie die Umverteilung von Gütern müssen mithelfen.

Erst mit der Beseitigung der Armut wird man auch das Bevölkerungsproblem in den Griff bekommen. Wenn die Menschen über dem Existenzminimum leben, vermehren sie sich weniger rasch, und nicht umgekehrt. Im Kampf gegen die Armut muß das internationale System vollkommen neu organisiert werden. Diejenigen, die dies zu verhindern suchen, sind meist identisch mit denen, die für die Familienplanung in der Dritten Welt bereitwillig Geld geben.

Die Dritte Welt will eine solche Hilfe nicht, auf Almosen kann sie gerne verzichten. Nichts hat insgesamt mehr geschadet als die Auslandshilfe. Einer Untersuchung des *World Food Program* ist zu entnehmen, daß Afrika, das noch im Zweiten Weltkrieg Lebensmittel exportierte und im Jahr 1960, als viele Staaten unabhängig wurden, sich selbst versorgen konnte, 1980 seinen Bedarf nur noch zu 80% selbst decken konnte. Bis zum Jahr 2000 dürfte der Anteil auf 60% zurückgehen. Hauptursache ist die Nahrungshilfe, die die Eigeninitiative abtötet, das Selbstvertrauen untergräbt und die Trägheit fördert. Die Auslandshilfe lockt Zwischenhändler an, die auf allen Ebenen bis hinab zum Verbraucher abkassieren. Daher kommen die Lebensmittel oft gar nicht zu denen, für die sie gedacht sind. Den Hungertod von 40 Millionen Menschen pro Jahr kann sie nicht verhindern. 40 Millionen Tote im Jahr, das entspricht einer Hiroshimabombe an jedem Tag des Jahres. 12 Millionen der Opfer sind Kinder.

Wo bleibt da das Weltgewissen? Wie rechtfertigen die entwickelten Länder ethisch und moralisch ihr Verhalten, wenn sie dasitzen und uns von ihrer großen Freiheitsliebe und von menschlicher Würde erzählen? Woher nehmen sie das Recht dazu? Wir behaupten unsererseits nicht, daß wir ihnen etwas beibringen können. Wir wissen wenigstens, daß das nicht in unserer Macht steht. Ziehen wir doch endlich einen Schlußstrich unter die Politik, anderen Belehrungen zu geben.

Zum Schluß möchten wir darauf hinweisen, daß die begrifflichen Unterscheidungen, die wir in »Das menschliche Dilemma« vorgenommen haben, auch auf die Bereiche Kultur und Kommunikation angewendet werden können.

Wir haben die tradierte Kultur und wir haben die innovative Kultur. Die tradierte Kultur bringt das Gewohnte immer wieder neu hervor; sie widersetzt sich dem Wandel, bremst die Innovation und gibt der schöpferischen Phantasie keine Chance. Auf der Ebene der Kommunikation ist es genauso. Die eine Seite will die Kommunikationsmittel als Instrument zur Aufrechterhaltung der bestehenden gesellschaftlichen Verhältnisse, die andere Seite sieht in den Kommunikationsmitteln das phantastischste Instrument, das wir jemals in Händen hielten, um unsere schöpferischen Möglichkeiten und Bestrebungen zu entfalten. Falls wir unser Überleben sichern wollen, muß der innovative Ansatz die Oberhand bekommen.

Jede Kultur enthält eine Zukunftsvision. Wir sehen aber vielleicht die Zukunft als bloße Verlängerung der Gegenwart, weil wir linear denken: da waren wir gestern, heute stehen wir da; wenn alles beim alten bleibt, werden wir morgen dort ankommen. Es wird höchste Zeit, daß wir das Heute im Lichte der Zukunft sehen, denn die Zukunft liegt noch vor uns, und wir können sie gestalten. Wir verfügen über die Fähigkeiten und die Kraft, die Zukunft so zu gestalten, wie wir sie für richtig halten. Um so weit zu kommen, müssen wir unsere Gegenwart in den Dienst des Morgen stellen. Das wird keine bloße Träumerei sein. Denn sobald die Vision einer Zukunft Form angenommen, sich in uns festgesetzt hat, werden wir sie auch sogleich in die Tat umsetzen wollen; und so wird aus dem Heute schon der erste Schritt in eine wünschenswerte Zukunft.

So gehen viele vor, die sich mit Zukunftsfragen befassen. Und es werden immer mehr, die die eingefahrenen Bahnen verlassen wollen. Ich bin zwar, was das laufende Jahrzehnt betrifft, einigermaßen pessimistisch, glaube jedoch, daß gewisse Schockerlebnisse einen Lernprozeß auslösen können. In die jetzt stattfindenden Gespräche, die als Nord-Süd-»Dialog« bekannt sind, setze ich keine großen Hoffnungen. Den Bericht der Brandt-Kommission und andere Dokumente dieser Art halte ich vom Ansatz her für verfehlt. Die Kommunikation ist in einem Maße gestört, daß es im Interesse des Friedens und der langfristigen Zusammenarbeit hilfreich erscheint, wenn es auch einmal zu friedlichen Konfrontationen kommt. Bis zum heutigen Tag wurde jede Initiative des Südens in Richtung Kooperation als Zeichen von Schwäche ausgelegt. Die kommenden Generationen in der Dritten Welt (in deren Namen ich nicht sprechen kann, von denen Sie aber bald, und zwar recht lautstarke Worte, hören werden) werden das nicht hinnehmen. Je früher das erkannt wird, desto eher wird man sich um bessere Kommunikation bemühen und um so größere Chancen haben wir, die Folgen der auf uns zukommenden Krisen in Grenzen zu halten.

Der Kurs, den unsere Welt im Augenblick verfolgt, ist alles andere als verheißungsvoll. Langfristig gesehen mag es notwendig sein, diese Krise durchzumachen, damit die nachfolgende Generation – sollte sie überleben – in Anstand und Würde wird leben können.

Ein Zeitalter ist zu Ende gegangen, ein neues hat begonnen. Es gibt immer mehr Menschen, die bezweifeln, daß die menschliche Rasse ihr Überleben sichern kann. Nie zuvor wurden Anpassungsfähigkeit und schöpferische Phantasie dringender gebraucht. Das neue Zeitalter von Kultur und Kommunikation ist in erster Linie eine Zeit mutiger und kühner Umgestaltung.

LITERATUR

1) James W. Botkin, Mahdi Elmandjra, Mircea Malitza: »No Limits to Learning: Bridging up the human gap«. Pergamon Press, Oxford 1979; dt: »Das menschliche Dilemma – Zukunft und Lernen«. Verlag Fritz Molden, München 1979
2) Christopher Lasch: »Culture of Narcissism«. Norton, 1979
3) »Interfutures OECD. Facing the Future – Mastering the Probable and Managing the Unpredictable«. Paris 1979
4) Ilya Prigogine / Isabelle Stengers: »The New Alliance«, dt.: »Dialog mit der Natur. Neue Wege des wissenschaftlichen Denkens«. Piper, München 1981

Die Auswirkungen der mikroelektronischen Revolution auf die Gesellschaft

von Adam Schaff

Der im April 1982 herausgegebene Bericht an den Club of Rome trägt den Titel: »Auf Gedeih und Verderb – Mikroelektronik und Gesellschaft«[1]. Allein dieser Titel spiegelt das Dilemma wider, in dem die Verfasser des Berichts steckten. Meine Aufgabe ist es nun, die wichtigsten Thesen des Berichts zu erläutern. Kurz gesagt geht es um folgendes: die Menschheit steht in der Anfangsphase der größten und tiefgreifendsten wissenschaftlichen und industriellen Revolution ihrer Geschichte. Eine Entwicklung ist eingeleitet, die aus mancherlei Gründen weder aufgehalten werden kann noch sollte, die dem Menschen Nutzen bringen, aber auch von schrecklichen Folgen begleitet sein kann. Wenn die gesellschaftlichen Auswirkungen dieser Entwicklung nicht rechtzeitig erkannt werden, wenn nicht die notwendigen Maßnahmen ergriffen werden, um die negativen Erscheinungsformen zu neutralisieren oder gar ganz auszuschalten, dann könnte das Ergebnis die Krankheit einer ganzen Gesellschaft sein. Der Bericht an den Club of Rome bemüht sich, die möglichen Gefahren dieser Entwicklung aufzuzeigen und somit eine internationale Diskussion einzuleiten, die möglicherweise zu prophylaktischen Maßnahmen anregen könnte.

Die Fachliteratur zur Mikroelektronik und ihrer Einzelaspekte ist sehr umfangreich; sie befaßt sich jedoch fast ausschließlich mit der technischen Seite des Phänomens. Über die Auswirkungen der mikroelektronischen Revolution auf die Gesellschaft – Revolution ist sie im gleichen Maß wie die erste industrielle Revolution am Ende des 18./Anfang des 19. Jahrhunderts – ist nur wenig geschrieben worden; einige wesentliche Probleme wurden praktisch überhaupt noch nicht behandelt. Der neue Bericht an den Club of Rome füllt also eine große Lücke; es ist der erste Versuch, ein vollständiges Bild der durch die Mikroelektronik aufgeworfenen Problematik zu zeichnen.

Was ist eigentlich der Grund dafür, daß in unseren Überlegungen eine solche Lücke klafft und daher die entsprechende Literatur fehlt? Die Antwort wirft ein Licht darauf, welche Bremsen in uns selbst eingebaut sind, die uns daran hindern, an diesen Problemen zu arbeiten und etwas zu unternehmen, sie zu lösen.

Wahrlich ein erstaunlicher Vorgang: da sind wir bereits täglich mit einer ausgewachsenen Revolution konfrontiert, allerhand technischer Schnickschnack, einfache Geräte und höchst komplizierte Produkte der Automatisierung durchdringen unser Leben; da sind wir uns voll und ganz bewußt, daß sich im Bereich des Kommunikationswesens spektakuläre Veränderungen abzeichnen – ich denke zum Beispiel an die Holographie, an Konferenzen, deren Teilnehmer an einem Tisch sitzen, obwohl sie sich gleichzeitig in verschiedenen Kontinenten befinden; ich denke an Telefongespräche, bei denen die Gesprächspartner einander dreidimensional sehen können, usw. Wir wissen nicht nur aus der Fachliteratur, sondern sogar aus der Praxis von der phantastischen Entwicklung im Bereich der Automaten und Roboter, die die japanische Industrie zu der Forderung veranlaßte, bis zum Ende dieses Jahrhunderts müsse die körperliche Arbeit in der Industrie abgeschafft werden; und ich darf daran erinnern, daß dasselbe auch für viele Formen von geistiger Arbeit gilt, die z. Tl. sogar leichter zu ersetzen ist. Ist es angesichts dieser komplexen Realität einer anhaltenden wissenschaftlichen und technischen Revolution nicht wirklich erstaunlich, daß wir keinerlei Vorstellungen davon haben, welche katastrophalen

Folgen diese Entwicklung für unsere Gesellschaft hat, und ist daher die Frage »Warum diese Wissenslücke?« nicht völlig verständlich? Vielleicht kann uns die Sozialpsychologie weiterhelfen. Wir schließen jedenfalls aus, daß hier bewußt gelogen wird, um die Menschen zu täuschen, um ihnen die Wahrheit vorzuenthalten; da bleibt als einziges der Gedanke der kognitiven Dissonanz, mit dem wir dieses Phänomen erklären können.

Da dies keine Konferenz von Sozialpsychologen ist – sie könnten uns in wenigen Worten erklären, wie der Mechanismus der kognitiven Dissonanz funktioniert – würde ich gerne zu diesem Thema ein paar Worte sagen. Ich bin sicher, daß wir dann die Probleme, um die es hier geht, besser verstehen können.

Die Theorie der kognitiven Dissonanz wurde in den fünfziger Jahren von Leo Festinger entwickelt; ihre wichtigste Aussage lautet: wenn der Mensch in einer Konfliktsituation steht – sowohl einzelne Menschen als auch Gruppen mit bestimmten Eigenschaften sind hier gemeint –, wenn also die Gedanken, Glaubensvorstellungen und Positionen (im Sinne der Bereitschaft zu handeln) mit der objektiven Wirklichkeit nicht übereinstimmen und von dieser Wirklichkeit widerlegt werden, entstehen drei mögliche Verhaltensweisen:

a) Es wird versucht, die Wirklichkeit so zu verändern, daß sie sich unseren Gedanken, Glaubensvorstellungen und Positionen annähert; im Normalfall erweist sich dies als unmöglich.

b) Wir verändern unsere Gedanken, Glaubensvorstellungen und Positionen, um sie in Übereinstimmung mit der Wirklichkeit zu bringen; das ist zwar einfacher, führt jedoch in vielen Fällen für die betreffende Person oder Gruppe zu einer ideologischen Katastrophe; sie werden daher alles daransetzen, diesen Weg nicht gehen zu müssen.

c) Die Tatsachen werden nicht zur Kenntnis genommen, aus dem Denken verbannt; wir immunisieren uns damit

gegen die Stimme der Wirklichkeit, die unsere Glaubensvorstellungen Lügen straft. Diese dritte Möglichkeit ist beileibe keine theoretische Spekulation, sondern eine empirisch abgesicherte Theorie. Wir haben hier den Abwehrmechanismus der kognitiven Dissonanz, der für uns wichtig ist. Er bringt eine Art gesellschaftlicher Schizophrenie hervor: die Menschen können verstandesmäßig zwar nachvollziehen, was wir ihnen sagen, emotional aber verdrängen sie den Inhalt des Gehörten oder Gelesenen; würden sie es innerlich akzeptieren, wäre damit ihr vertrautes Glaubensgebäude zerstört. Wir haben dann eine typisch schizophrene Situation: der Mensch weiß etwas, und zugleich weiß er es nicht. Wie gesagt, so befremdlich es klingt, dies ist eine empirisch belegbare These. Der Mechanismus funktioniert noch leichter, wenn wir es nicht mit einer bloßen Tatsachenbehauptung zu tun haben, sondern mit etwas Belastendem, dessen Wahrnehmung durch eine psychologische Sperre verhindert wird.
Die Tatsachen, um die es uns hier geht, sind in geradezu klassischer Weise dazu prädestiniert, den Abwehrmechanismus der kognitiven Dissonanz auszulösen: das trifft zu auf alle, die an der Expansion des Mikroelektronik-Marktes materiell interessiert sind und eine öffentliche Kampagne gegen die »job killers« im Stil der Anti-Atomkraft-Kampagne fürchten müssen; das trifft auch zu auf Staaten, die mit Hilfe der Mikroelektronik ihre Überlegenheit gegenüber anderen ausbauen wollen, in erster Linie die militärischen Machteliten.

Die Verfasser des Berichts über Mikroelektronik und Gesellschaft hatten keineswegs vor, eine extreme Lösung vorzuschlagen. Die Revolution in der Mikroelektronik ist für uns kein gesellschaftliches Übel an sich, sondern eine unglaubliche Errungenschaft des technischen Fortschritts der Menschheit; wenn wir jedoch nicht rechtzeitig geeignete Maßnahmen ergreifen, werden damit erhebliche Gefahren heraufbeschworen. Wir haben uns nicht dafür stark gemacht, die Entwicklung anzuhalten; erstens anerkennen wir die positiven Elemente, zweitens wissen wir, daß es angesichts der internationalen Konkurrenz keinen solchen Entwicklungsstop geben kann, vor allem wegen des militärischen Establishments. Wir wollten allerdings die Öffentlichkeit aufrütteln, indem wir die potentiellen Gefahren aufzeigten und uns dafür einsetzten, dagegen etwas zu unternehmen.

Die Verfasser des Berichts – es sind Wissenschaftler aus verschiedenen Bereichen – versuchten ein möglichst umfassendes Bild der Lage zu zeichnen und haben daher nicht nur den technologischen Hintergrund, sondern auch die verschiedenen ökonomischen, sozialen und politischen Auswirkungen der heutigen industriellen Revolution dargestellt. Natürlich weist das Bild Lücken auf; für einige Probleme fehlte uns ein kompetenter Mann (für den Erziehungsbereich zum Beispiel), dann wieder stießen wir auf so große und wichtige Bereiche, die zwar hin und wieder im Bericht angetippt sind, die jedoch eine eigenständige, umfassende Erörterung erfordern (ich denke hier an die Folgen, die die Mikroelektronik auf die Dritte Welt hat). Der Bericht ist thematisch gegliedert, weil wir davon ausgehen, daß unser gesellschaftliches Leben als Ganzes von der Revolution in der Mikroelektronik geprägt wird. Kann man aus der relativ allgemein gehaltenen zentralen These des Berichts einen Hauptpunkt herausgreifen? Nach meinem Dafürhalten ist dies der Einfluß der Mikroelektronik auf die menschliche Arbeit, mit anderen Worten: die Problematik des Einsatzes von Automaten und Robotern. Ich sage »nach meinem Dafürhalten«, weil es zu diesem Punkt unter uns wohl unterschiedliche Auffassungen geben mag. Daß wir dieser Problematik großes Gewicht beigemessen haben, schlägt sich darin nieder, daß wir dem Bericht, in dem wir uns absichtlich auf einen Zeitraum von zehn Jahren beschränkten, einen Schlußteil »Beschäftigung oder Arbeit« anfügten, in dem dieses Limit überschritten wird.

Über die Geschwindigkeit des Automatisierungsprozesses und die Bahnen, auf denen er sich im Produktions- und Verwaltungsbereich durchsetzen wird, läßt sich streiten. Fraglos wird sich jedoch diese Entwicklung unaufhaltsam fortsetzen. Wer ein bißchen Einsicht in die Materie und Phantasie hat – beides brauchen wir, um einigermaßen fruchtbare Voraussagen über gesellschaftliche Tendenzen zu treffen – kommt zu dem Schluß, daß in 20-30 Jahren diese Revolution alle Bereiche des Lebens beherrschen wird und daß große ökonomische und gesellschaftliche Veränderungen auf uns zukommen werden. Wir können hier nicht im einzelnen aufschlüsseln, welche herkömmlichen Arbeitsprozesse noch bestehen, wenn die Automation ihren Siegeszug beendet hat, und welche quantitativen Dimensionen die Arbeitsplatzvernichtung annehmen wird. Eines steht auf jeden Fall fest: mit dem Siegeszug der Automation und der Roboter wird eine strukturelle Arbeitslosigkeit großen Ausmaßes einhergehen, und die Hauptlast wird dabei auf den Schultern der jungen Generation ruhen. Das wirft zwei neue Probleme auf, ein ökonomisches und ein soziales.

Das ökonomische Problem liegt auf der Hand: wie werden wir mit der Tatsache fertig, daß viele Millionen Menschen keine Arbeit haben, daß besonders die junge Generation den Zugang zur Arbeit im traditionellen Sinn versperrt und keine Möglichkeiten des Gelderwerbs mehr finden wird? Es wird zu revolutionären Erhebungen kommen, wenn die Gesellschaft nicht in der Lage ist, diese Menschen zu versorgen. Einen anderen Weg gibt es nicht; dies bedeutet dann aber eine radikale Umverteilung des Bruttosozialprodukts, was wiederum nicht ohne grundlegende gesellschaftliche Veränderungen stattfinden kann. Die Mittel und Wege, mit denen man solche Veränderungen durchsetzt, mögen von Gesellschaft zu Gesellschaft verschieden sein; eine Gemeinsamkeit haben sie auf jeden Fall: soll die Gesellschaft befähigt sein, das Volkseinkommen in einer neuen Form umzuverteilen, muß sie auch die politischen Möglichkeiten dafür geschaffen haben; eine

Umverteilung wird ohne Eingriffe in das Privateigentum nicht möglich sein. Davor haben viele Menschen Angst, und dem Verdrängungsmechanismus der kognitiven Dissonanz wird neue Nahrung geliefert.

Der zweite Problemkomplex ist noch verwickelter – für mich ist dies die alles entscheidende soziale Frage. Wenn es stimmt, daß Arbeit im traditionellen Sinn das menschliche Verhalten entscheidend prägt und für die große Masse der Menschen den sogenannten »Sinn des Lebens« ausmacht, dann muß dieser »Sinn des Lebens« – vor allem, was die Jugend betrifft – in Zukunft durch andere Handlungsmuster kompensiert werden, wenn wir vermeiden wollen, daß die ganze Gesellschaft krank wird.

Wozu soll man lernen und studieren, wozu den Glauben an ein gesellschaftlich nützliches Dasein aufrechterhalten, wenn man das zum Leben Notwendige ohnehin gestellt bekommt? Werden wir nicht mit dem Anreiz der Arbeit auch unseren Lebensinhalt, jenen »Sinn des Lebens« verlieren und dann, in der immer längeren freien Zeit, den Versuchungen von Drogen, Alkohol, pervertiertem Sex immer stärker ausgesetzt sein? Diese Entwicklung zeichnet sich bereits jetzt ab, und die junge Generation ist davon am meisten betroffen.

So bereiten wir uns selbst den Weg in eine pathologische Zukunft. Es muß jetzt etwas geschehen, damit die Gegenmaßnahmen noch prophylaktischen Charakter haben. Jetzt muß dem sozialen Verhängnis entgegengearbeitet werden, bevor es uns in nicht allzu ferner Zukunft eingeholt hat. Das ist das wichtigste Anliegen und die ernste Warnung, die der Bericht an den Club of Rome enthält.

Wir haben es im politischen Bereich mit zwei Denkrichtungen zu tun; die eine plädiert für eine Laisser-faire-Politik, die andere fordert sofortige, gezielte Maßnahmen. Die Anhänger der Laisser-faire-Politik führen zwei Argumente ins Feld:

– Bis jetzt hätten die Menschen noch jedesmal spontan aus Verlegenheiten herausgefunden, man könne daher die

geschichtliche Entwicklung getrost sich selbst überlassen. – Wir brauchen uns nur das Leben primitiver Völker anzusehen, die jede Menge arbeitsfreier Zeit hätten und dennoch keineswegs unter diesem Mangel an Arbeit litten; sollten wir also nicht auch unsere Zeitgenossen mit diesem Problem allein lassen? Bestimmt würden sie nicht gleich am »Sinn des Lebens« verzweifeln, wenn sie nichts zu tun hätten.
Sind das nicht äußerst dürftige und irreführende Pseudo-Argumente?

Zum ersten Punkt: selbst wenn es stimmen sollte, daß in der Vergangenheit gesellschaftliche Konflikte sich spontan lösen ließen, heißt das noch lange nicht, daß es heute auch so ist; wir leben doch unter ganz anderen Bedingungen als frühere Generationen. Simple Analogien mit der Vergangenheit sind keine diskutable Basis für die Einschätzung der Probleme von heute und ihrer möglichen Folgen. Es ist im übrigen auch nicht richtig, daß sich früher große soziale Konflikte von allein gelöst hätten; viele Zivilisationen sind unter der Last unlösbarer Konflikte und Widersprüche zusammengebrochen und ausgestorben.

Zum zweiten ist es grundfalsch, die Lebensweise primitiver Völker zu zitieren und mit unserer Situation zu vergleichen. Die Menschen haben heute einen anderen, durch die Geschichte geprägten sozialen Charakter und andere, von diesem Charakter bestimmte Bedürfnisse. Übrigens ist auch das Argument »arbeitsfreie Zeit« der sogenannten primitiven Völker falsch; in Wirklichkeit gehen diese Menschen mancherlei Beschäftigungen nach, die von uns, die wir einen anderen Begriff von »Arbeit« haben, fälschlicherweise als »Müßiggang« angesehen werden.

Wir fordern im Interesse unserer Kinder – denn um ihr Schicksal geht es hier – daß sie nicht einer Laisser-faire Politik ausgesetzt werden, die uns zu passiven Zuschauern degradiert; wir treten dafür ein, daß für eine nicht allzu ferne Zukunft alternative Lösungsvorschläge ausgearbeitet werden, wie wir Arbeit im herkömmlichen Sinn durch Beschäftigungen anderer Art ersetzen können, die geeignet sind, die sinngebende Funktion der Arbeit für das Leben des einzelnen zu übernehmen.

Der letzte, »futurologische« Teil des Berichts handelt von diesem Problem. Die Lösung, die wir vorschlagen, lautet: Einleitung eines permanenten Lernprozesses mit einem umfangreichen vorbereitenden Programm, in dem die traditionellen Lernprogramme verändert werden. Ein Allheilmittel kann das nicht sein, wohl aber ein vernünftiger Vorschlag, wie wir das komplizierte Problem lösen können.

Der ganze Bericht hatte sich ja zum Ziel gesetzt, die Menschen mit der neuen Problematik zu konfrontieren, die Verdrängungskünstler aus ihren Träumen aufzuschrecken und ihnen zuzurufen: es wird keine wundersamen, spontanen Lösungen geben, Ihr müßt selbst aktiv werden, und zwar hier und heute. Um Eurer Kinder willen, nehmt diese Verantwortung auf Euch; morgen könnte es schon zu spät sein.

LITERATUR

1) Günter Friedrichs und Adam Schaff (Hrsg.): »Auf Gedeih und Verderb – Mikroelektronik und Gesellschaft«. Europa Verlag, Wien 1982.

Informationstechnologie und Zivilisation

von Hiroshi Inose und John R. Pierce

Seitdem die Menschen die Sprache erfanden, spielte die Information eine zentrale Rolle in jeder Zivilisation. Die Bedeutung der Informationstechnologien im Leben der Menschen ist daher ein altbekanntes, allgegenwärtiges Thema und keinewegs etwas Neues. Allerdings haben die Fortschritte in der Informationstechnologie, die wir heute erleben, eine andere Qualität als früher. Die Informationstechnologien verschmelzen immer mehr zu einem einheitlichen digitalelektronischen Kunstgebilde, das mit einer ungeheuren Machtfülle ausgestattet ist. Diese Macht ist so groß, daß die Veränderungen, die von ihr ausgehen werden, qualitativer wie quantitativer Natur sind. Unser Bericht befaßt sich mit diesen Veränderungen, mit den Chancen, die sich uns bieten, aber auch mit den Problemen, die auf uns zukommen.

Die moderne Informationstechnologie zeigt so viele Aspekte und erfüllt so viele Funktionen in unserem Leben, daß es schwerfällt, ihre Besonderheiten, die sie vor wichtigen Informationssystemen aus früherer Zeit auszeichnen, exakt zu benennen und zu kategorisieren. Wir unterscheiden in unserem Ansatz drei herausragende Gesichtspunkte, die miteinander verknüpft sind und die wir beachten müssen, wenn wir einzelne Auswirkungen, Chancen und Probleme erörtern. Diese drei miteinander verknüpften Aspekte sind: *die Konvergenz der Formen, Interessengemeinschaften* und die *Einflüsse auf die Kultur.*

Die Konvergenz der Formen

In der Vergangenheit bediente sich eine Gesellschaft verschiedener Informationstechnologien und verschiedener Informationsmodalitäten: was gedruckt wurde, bediente sich der Schriftsprache; Telefon, Phonograph und Radio bedienten sich des gesprochenen Wortes und der Musik; die Fotografie, Film und Fernsehen basierten auf der visuellen Information. Heute dient die Digitaltechnologie in gleicher Weise der Sprache, dem Ton und der graphischen und bildhaften Darstellung; sie findet Anwendung in der Übermittlung, Verarbeitung, Speicherung und Wiederaufbereitung von Informationen. Dadurch entsteht eine Konvergenz der Formen; Bilder und schriftliche Aufzeichnungen, Laute und Daten werden zusammen eingesetzt. In den Bereichen Kommunikation, Geschäftsabwicklung, Arbeit und Wiederverwertung von Informationen werden sie immer enger miteinander verknüpft einer großen Bandbreite von Zwecken zugeführt.

Interessengemeinschaften

Vielleicht gab es einmal eine Zeit, da alle Bewohner eines Dorfes alles wußten, was für ihren Alltag von Bedeutung war. Doch die moderne Gesellschaft ist komplexer organisiert: das Spezialwissen, das unsere von Technologien geprägte Zivilisation benötigt, wird von informellen Interessengemeinschaften derer, die in einzelnen Bereichen über Wissen verfügen und durch Interessen gebunden sind, hervorgebracht, verarbeitet und angewendet.

Die Konvergenz der Formen und die damit verknüpfte Schnelligkeit, die Kostenersparnis und die zunehmende gesellschaftliche Macht der Informationstechnologien fördert die Entstehung von Interessengemeinschaften, die weltweit operieren. Da man mit dem Flugzeug rasch und günstig überall hinkommt, war die Konvergenz der

Formen begleitet von der Bildung solcher multinationaler Interessengemeinschaften. Sie sind das zwangsläufige Resultat der Konvergenz der Formen und einer gesteigerten Effektivität in der Übermittlung, Verarbeitung, Speicherung und Wiederverwertung von Informationen. Diese Interessengemeinschaften sind wichtige Instrumente, mit denen die Menschen ihr Wissen erweitern und vielleicht auch Vorurteile gegenüber anderen Kulturen überwinden können.

Einflüsse auf die Kultur

Bücher, Gebäude, Statuen, Tanz und Musik sind nicht nur von wirtschaftlichen, politischen und sozialen Faktoren geprägt; stets standen sie auch unter dem starken Einfluß der jeweils herrschenden Technologien. Die mächtige moderne Informationstechnologie, die sich der Mensch geschaffen hat, muß sich tiefgreifend auf die moderne Kunst auswirken; sie könnte sogar wesentlich zu Fortschritten im Bereich der Künste beitragen. Kühne Synthesen könnten entstehen, gegenseitige Anregungen, fruchtbare Verbindungen verschiedener Kunstformen.

Nach unserer Auffassung lassen sich die qualitativen und quantitativen Auswirkungen der Informationstechnologie auf die Zivilisation am besten mit Hilfe dieser drei miteinander verflochtenen Aspekte erklären: Konvergenz der Formen, Interessengemeinschaften, Einflüsse auf die Kultur. Diese wichtigen Aspekte der heutigen und der zukünftigen Informationstechnologie könnten sich in einer komplexen Gesellschaft als besondere Chancen erweisen. Wir müssen kluge Entscheidungen treffen, um alle Vorteile auszuschöpfen, die uns die Konvergenz der Formen, die sich immer weiter ausbreitenden Interessengemeinschaften sowie die positiven Einflüsse der Informationstechnologie auf die Kultur bieten.

Die großen Fortschritte der Informationstechnologie sind das Produkt von innovativer Wissenschaft und Technik. Genaugenommen sind sie das Produkt hochspezialisierter Industrien, die sehr komplex organisiert und vielfach miteinander verflochten sind. Meistens sind es Betriebe in privater Hand, die jedoch stark vom Staat und seiner Bildungs-, Forschungs- und Subventionspolitik abhängen.

In einer Welt, die von der Informationstechnologie so rasch verändert wird, ergeben sich neben großen Chancen auch Probleme. Die meisten davon kennen wir von früher, doch heutzutage sind sie aufgrund der Komplexität unserer Welt und des hohen Tempos der Veränderungen drängender geworden.

Nicht alle Probleme sollten von staatlicher Seite gelöst werden. In einigen Fällen entstanden eben durch staatliche Eingriffe neue Schwierigkeiten. Wir können hier nicht alle Aspekte des modernen Lebens erörtern, nicht einmal diejenigen, die unmittelbar mit dem Bereich Informationstechnologie und Zivilisation zusammenhängen. Unsere Ausführungen gelten einer Reihe von Aspekten der Technologie, die zwar in der Geschichte immer wiederkehren, besonders jedoch in unserer Zeit Gültigkeit haben.

1. Mensch und Maschine in der Informationstechnologie

Das beste Beispiel für den Einfluß der Informationstechnologie auf die Zivilisation ist die Beziehung Mensch-Maschine. Der Mensch bedient sich der Maschine als Werkzeug in arbeitsteiliger Form: er läßt die Maschine das tun, was sie schneller und präziser kann als der Mensch und verrichtet selbst die Arbeit, die von einer Maschine nicht oder nur unzulänglich erledigt werden kann.

Wenn die Maschine derart adäquat eingesetzt wird, wird sie die gestellten Aufgaben in ganz anderer Weise ausführen als ein Mensch.

Die Fähigkeiten von Mensch und Maschine unterscheiden sich grundlegend. Letztere können viel schneller arbeiten als der Mensch, außerdem halten sie sich zuverlässig an die ihr gegebenen Verhaltensmuster. Der Mensch dagegen hat die Fähigkeit, relevante Daten aus sehr komplizierten Eingaben abzurufen, und er hat sein Gedächtnis. Die Menschen können z.B. die gesprochene Sprache erkennen und sich im Straßenverkehr bewegen.
Je entwickelter und leistungsfähiger die Computer werden, desto mehr Aufgaben oder Teilaufgaben, die jetzt noch von Menschen erledigt werden, können sie übernehmen. Ein Vogel kann nicht so hoch und nicht so schnell wie ein Flugzeug fliegen, der Mensch kann es nicht mit einem Traktor aufnehmen, es wäre unsinnig, wenn der Mensch das tun wollte, was die Maschinen besser können. Es ist z.B. durchaus denkbar, daß von Zahlensystemen kontrollierte maschinelle Werkzeuge den Hammer und Meißel eines Bildhauers ersetzen; höchst unwahrscheinlich ist jedoch, daß der Computer den Bildhauer selbst ersetzen kann. Ähnliches gilt für die Musik: Computer können sehr gut musikalische Töne hervorbringen und zusammenstellen; die von Computern komponierten Stücke klangen jedoch bislang nicht allzu interessant.

Fraglos werden entwickelte Maschinen dem Menschen sehr helfen und seiner Zivilisation zugutekommen. Allerdings glauben wir, daß es falsch wäre, eine künstliche Intelligenz erzeugen zu wollen, mit der um jeden Preis der Mensch nachgemacht werden soll. Für fruchtbarer halten wir es, die Maschinen das verrichten zu lassen, worin sie effektiver und leistungsfähiger sind. Wir sollten uns auf unsere Stärken konzentrieren, zum Beispiel auf die Fähigkeit, die Maschinen einzusetzen und anzuleiten.

Der richtige Einsatz der Maschinen und ein unkomplizierter und »freundlicher« Umgang zwischen Mensch und Maschine ist heute bereits wichtig und wird es in Zukunft noch mehr sein.

2. Die Verfügbarkeit von Informationen

Staatliche Stellen tragen viele Informationen zusammen, die in Wirtschaft und Verwaltung, bei wissenschaftlichen Institutionen und anderen Gruppen Verwendung finden können. Durch die moderne Informationstechnologie können solche Informationen in großem Umfang einigermaßen kostengünstig verbreitet werden; daher sollten sie auch so weit wie möglich der Öffentlichkeit zugänglich gemacht werden, selbst wenn die Kosten ihrer Verbreitung doch höher liegen als die Einnahmen, die mit ihnen zu machen sind. Die Staatsbürger sollten Bescheid wissen über ihr Land.

3. Die Integrität von Informationen

Die Fälschung und der Mißbrauch von Informationen dürften so alt sein wie die Menschheit. Gerade erst hat eine öffentliche Auseinandersetzung zum Problem des Datenschutzes stattgefunden. Es geht nicht nur um den Datenschutz, sondern überhaupt um die Integrität von Informationen. Diese haben nur einen Wert, wenn sie uns korrekt informieren; tun sie das nicht, entstehen Gefahren. Stets sollte also sowohl die Informationsquelle angegeben sein als auch die Art der Erhebung, Verarbeitung und Auswertung der Informationen. Außerdem sollte der Sinn von Zusammenfassungen und Ableitungen aus Daten transparent gemacht werden. Angaben zum BSP (Bruttosozialprodukt) bzw. zu den Durchschnittslöhnen sind eben nur dann wirklich informativ, wenn wir wissen, was damit gemeint ist; viele wissen das nicht.

Wir sind zwar für allgemeinen, freien Zugang zu allen Informationen, sehen aber andererseits, daß es Informationen sehr persönlicher Natur gibt und Informationen, die die Eigentumsverhältnisse von Firmen betreffen. Erstens müssen natürlich alle Angaben dazu unbedingt stimmen. Hinzu kommt aber, daß die Aufdeckung persönlicher Daten einen Menschen in Verlegenheit bringen und ihm schaden kann. Wenn die Eigentumsverhältnisse einer Firma aufgedeckt werden, kann diese Firma Schaden erleiden und das Leben vieler ihrer Angestellten betroffen sein. Aus diesen Gründen sollten vertrauliche Informationen sowohl persönlicher Art als auch aus der Wirtschaft nur zusammengetragen werden, wenn es absolut erforderlich ist; sie sollten zerstört werden, sobald der Zweck entfällt, und sorgfältig geschützt, solange sie aufbewahrt werden.

Integrität der Informationen sowohl was ihre Genauigkeit als auch den vertraulichen Umgang damit betrifft heißt, daß nur ausgewählte und ermächtigte Personen Daten einspeichern oder verändern können. Es muß genauestens Rechenschaft abgelegt werden, wer wann wo welche Daten verwendet hat, damit die Identität der betreffenden Personen jederzeit zu ermitteln ist.

Eigentlich ist es Sache des Staates, für die Integrität in diesem Bereich Sorge zu tragen, doch sollten sich auch die Berufsverbände und Wirtschaftsvereinigungen einschalten. Wer soll die Wächter bewachen?

4. Massenmedien und ihre Alternativen

Es wird immer wieder kritisiert, daß uns die Massenmedien mit einer Fülle von Informationen überschwemmen, die größtenteils unwichtig oder gar falsch sind, während wir nur schwer an Informationen herankommen, die wir im Alltag brauchen. Nach unserer Meinung kann dieses Problem nicht von staatlicher Seite gelöst werden.

Vielmehr stellen die neuen technologischen Mittel die Alternative zu den Massenmedien dar, da sie einer Vielzahl von Interessen entgegenkommen, von denen einige multinational organisiert sind. Zu diesen alternativen Mitteln zählen wir das Telefon, Fachzeitschriften (Sport, Wirtschaft, Naturwissenschaften) und den über Computer Terminals geschaffenen Zugang zu immer mehr Datenbanken und Nachrichtendiensten.

5. Standardisierung

Die Standardisierung im Nachrichtenwesen war schon immer ein Problem, gleichgültig, ob es sich um die Sprache, um Drucktypen, Papierformate, Telegrafen-Codes, Tastenfelder bei Schreibmaschinen, um Gewichts- oder Maßeinheiten handelt. Heute ist ein hoher Grad der Standardisierung nötig, der im Bereich der internationalen Kommunikation auch erreicht wurde. Die Digitalisierung und die Integration von Bildern, Tönen und Texten in ein einheitliches Schema von Übermittlung, Verarbeitung, Speicherung und Wiederverarbeitung von Informationen werfen neue Probleme der Standardisierung auf.

Historisch gesehen ist nur ein Teil der Standardisierungsvorgänge auf die Initiative von Regierungen oder internationalen Organisationen wie die Vereinten Nationen zurückzuführen. Viele Standards wurden danach festgelegt, was in der Praxis am besten funktionierte.

Staatliche Stellen und Fachverbände sind aufgerufen, vertrauensvoll zusammenzuarbeiten. Das Ziel sollte eine nicht zu komplizierte Standardisierung sein, die die gegenseitige Zusammenarbeit erleichtert und auf nachprüfbaren empirischen Erfahrungen beruht. Eine restriktive und fehlgeleitete Standardisierung wäre beschwerlich und kostspielig.

6. Die Informationstechnologie wird arbeitsintensiv

Durch LSI (Large Scale Integration) und VLSI (Very Large Scale Integration) können die Kosten bei der Computer-Herstellung gesenkt, ihre Einsatzmöglichkeiten erweitert und diversifiziert werden. Dadurch nimmt die Produktion von Software ebenfalls rasch zu. Die Kosten für Software sind bereits höher als die für Hardware und werden im Verhältnis noch weiter steigen. Das bedeutet, daß die Computer und die Informationstechnologie immer arbeitsintensiver werden, während sie zunächst vor allem kapitalintensiv waren. Das wird sich auf die Beschäftigungsstruktur auswirken. Der Bedarf an Software wird das Angebot an Heimarbeit erweitern und in Ländern, die nicht hochindustrialisiert sind, neue Arbeitsplätze schaffen.

7. Auswirkungen auf die Infrastruktur

Die Informationstechnologie unterliegt einem raschen Wandel. Mit den technischen Veränderungen verändert sich auch unsere Welt. Die Menschen wechseln ihren Wohnort und suchen sich neue Beschäftigungen, und die Infrastruktur muß sich diesen Veränderungen gewachsen zeigen. Die Privatwirtschaft ist dabei überfordert; sie kann nicht die Ausbildungseinrichtungen, Polizei- und Feuerwehrstationen in rasch expandierenden Gebieten bereitstellen. Außerdem: wie soll die Privatwirtschaft für die Umschulung von Beschäftigten sterbender Produktionszweige sorgen?

Die Entwicklung einer adäquaten Infrastruktur, zu der auch Schulen und Umschulungsmaßnahmen gehören, muß vom Staat, allerdings in enger Zusammenarbeit mit der Wirtschaft, geleistet werden. Auch in der Forschung und Kunstförderung muß der Staat aktiv werden. Was der

Staat nicht tun sollte: Industrie- und Geschäftszweige sowie Einrichtungen, die geschichtlich überholt sind, künstlich am Leben erhalten.

8. Wettbewerb, Monopole, Reglementierung und Kooperation

Der Wettbewerb ist die treibende Kraft des Fortschritts, das hat sich erneut bei den Computern gezeigt, die bei wachsender Leistungfähigkeit immer kostengünstiger wurden. Natürlich lassen sich nicht alle Probleme der Menschheit mit Hilfe der Marktkräfte lösen. Wenn dem so wäre, gäbe es in jedem Land eine Vielzahl von Regierungen, die ihren Anhängern jeweils die besten staatlichen Dienstleistungen zum günstigsten Preis anbieten würden.

Daß es nur ein Telefonsystem in einem Land geben sollte, dürfte unumstritten sein. Aufgrund der Digitaltechnologie und der Konvergenz der Formen wird das Telefon zum kleinen Bestandteil unseres großen elektronischen Informationssystems werden. Es wird sich erweisen, daß Standardisierung und Verbindung der Einzelteile sinnvoll sind, weil sie den Zugang zu einem sehr mächtigen Kommunikations- und Informationssystem ermöglichen. Viele haben dies noch nicht erkannt.

Die Monopolisierung ist ein möglicher Weg, ein einheitliches, jedermann zugängliches System kostengünstig zu entwickeln. Mit dem Monopol geht jedoch die Reglementierung einher. Und man darf nicht vergessen, daß in den meisten Fällen die Reglementierung die Entwicklung neuer Techniken und Dienstleistungen eher behindert, als daß sie Anreiz wäre für Veränderung.

In der komplexen Welt der Zukunft wird dem Informations- und Kommunikationswesen die Aufgabe zufallen, Informationen zusammenzutragen (Zeitungen und Zeitschriften tun dies heute schon mit Anzeigen und ihrer redaktionellen Arbeit), zu speichern, zu verarbeiten, wiederzuverwerten und zu übermitteln. Das sind sehr komplizierte und kostspielige Dinge. Sie können weder in einem Monopol noch in einem Wettbewerbssystem, in dem die einzelnen Komponenten des Informationsdienstes gegeneinander antreten, bewältigt werden. Wir brauchen dagegen die Kooperation; zum einen, um ein effektives, einheitliches Angebot zu schaffen, zum anderen, um Forschung und Entwicklung zu fördern.

Einige verfechten die monopolistische Organisation, zumindest für den Bereich der staatlichen Dienstleistungen, andere plädieren für Wettbewerb; wenn von Kooperation die Rede ist, reagiert man vielfach mißtrauisch. Reglementierende Bestimmungen und Anti-Kartell-Gesetze erschweren sie oder schließen sie ganz aus. Wenn alle Möglichkeiten der Informationstechnologie aber auch tatsächlich genutzt werden sollen, sehen wir gar keinen anderen Weg als die Kooperation verschiedener Informationsträger, Kommunikationsbetriebe, Hersteller von Ausrüstungen, die Kooperation der Öffentlichkeit mit der Privatwirtschaft.

9. Vergangenheit, Gegenwart und Zukunft

Die neuen Digitaltechnologien verändern Arbeit wie Arbeitsplatz von Grund auf. Computergesteuerte Maschinenteile, die Computerisierung ganzer Verarbeitungsindustrien und Roboter an den Fließbändern weisen in eine neue Phase der Automation. Im Produktionsbereich spielen billige und leicht herstellbare elektronische Instrumente eine immer größere Rolle und verdrängen nach und nach die mechanischen Teile. Immer weniger Arbeitskräfte sind in der Produktion tätig, eine Umschichtung von Arbeitskräften vom verarbeitenden in den Dienstleistungssektor ist zu beobachten.

Die Computer spielen in diesem Prozeß mehrere Rollen. In einigen Fällen ersetzen sie persönliche Dienstleistungen, wie z.B. die Geldautomaten die Schalterbeamten einer Bank oder Sparkasse ersetzen. In anderen Fällen übernimmt der Computer einen Großteil der »geistigen« Aufgaben eines Berufs. An der Kasse eines Supermarkts kann der Terminal die Preisschilder lesen, die Einkaufslisten schreiben und Geld herausgeben. Die Kassiererin muß lediglich die Waren verpacken und eingreifen, wenn etwas Unvorhergesehenes eintritt. Jetzt nimmt sie noch Schecks entgegen, bald wird aber auch der Geldverkehr automatisch ablaufen. Die Computer machen es möglich, daß viele Arbeiten auch von weniger Qualifizierten ausgeübt werden können.

In den entwickelten Ländern verändern Computer und Digitaltechnologie das Leben der Büger auf dramatische Weise, und dieser Prozeß wird anhalten. Mikroprozessoren steuern Mikrowellenherde, Toaster, Autos, Fernsehapparate, private Wachanlagen – eine Unzahl technischer Geräte, die wir täglich gebrauchen.

Video- und Computerspiele, die wir der Digitaltechnologie verdanken, verändern vor allem das Leben der Jugend. Mit Sicherheit gehen von ihnen genauso mächtige Einflüsse aus wie vom Fernsehen – aber: sie sind partizipatorisch. Kinder, die mit einem Digital-Spielzeug spielen, sitzen nicht nur passiv da und starren auf den Bildschirm; sie sind aktiv, und sie lernen mit diesem Spielzeug. Die neue Technik ermöglicht es den Kindern, Fremdsprachen, Maschineschreiben oder geistig anspruchsvolle Spiele wie Schach zu erlernen. Vielleicht entstehen aus solchen Interaktionsformen mit Computern sogar neue Kunstformen.

Mit einem Computer – es genügt auch eine einfache Tastatur – und einer beliebigen Datenbank können sich Kinder wie Erwachsene jedes Wissen aneignen, das sie benötigen – besser als über die oberflächlichen Zusammenfassungen im Fernsehen oder die umständlichen Zusammenfassungen in den Zeitungen.

In nicht allzu ferner Zukunft werden eine Menge Dienstleistungen, angefangen vom Einkaufen bis zur medizinischen Versorgung (vor allem in Notfällen), mit Hilfe der Computer und der Kommunikationstechnik weit besser und zuverlässiger organisiert werden können. All das enthält die Chance für eine höhere Lebensqualität; allerdings wird die Organisation des täglichen Lebens viel komplexer und komplizierter werden.

Die Entstehung dieser neuen Welt ist vor allem das Verdienst einer digitalen Informationstechnologie, die sich auszeichnet durch die Konvergenz der Formen, das Verdienst einer einheitlichen Informationstechnologie, die den Bedürfnissen des Menschen dient.

5

Menschliche Ansiedlungen

Bevölkerungswachstum, Wanderbewegung und die Probleme von Stadt und Land in den Entwicklungsländern

von Claudio Stern

Die weniger entwickelten Regionen der Welt hatten im 20. Jahrhundert ein Bevölkerungswachstum zu verzeichnen, dessen Proportionen in der Geschichte ihresgleichen suchen. Obwohl die Bodenfruchtbarkeit in einigen dieser Regionen eindeutig abnimmt, wird damit gerechnet, daß die Bevölkerung dieser Gebiete noch schneller als bisher wachsen wird.

Gleichzeitig mit der Zunahme der Bevölkerung setzten große Wanderbewegungen vom Land in die Städte ein; die größten Städte in Staaten des unterprivilegierten Teils der Welt haben sich sehr rasch ausgedehnt, ohne daß durch diese Entwicklung die armseligen Lebensbedingungen der Menschen auf dem Lande und derer, die ihr Los in den Städten verbessern wollten, nennenswert gelindert wurden. Die Abwanderung aus den ländlichen Gebieten hat nicht dazu geführt, die wirtschaftliche Lage zu stabilisieren. Nach wie vor sind die Zuwachsraten der Landbevölkerung hoch, nach wie vor werden Böden und andere Nahrungsquellen extensiv ausgebeutet. Die Probleme haben sich allenfalls verlagert. Oft sind die besten Kräfte abgewandert, die Chance, aus eigener Kraft für ein dauerhaftes landwirtschaftliches Wachstum zu sorgen, wurde damit verringert. In den großstädtischen Zentren wird es andererseits zunehmend schwieriger, die Millionenmassen vom Lande aufzunehmen. Es fehlen geeignete Beschäftigungsmöglichkeiten, und die Aussichten, daß diese Menschen jemals den Lebensstandard erreichen werden, den sie sich vom Leben in der Stadt erhofft hatten, stehen schlecht.

Was wurde bisher getan, um diese Probleme in den Griff zu bekommen, und was ist dabei herausgekommen? Wie wird es in naher Zukunft aussehen und was können wir noch tun, um die Verhältnisse wenigstens einigermaßen erträglich zu gestalten? Auf diese Fragen wollen wir im folgenden eingehen.

Um es gleich vorweg zu sagen: es fehlt hier die Zeit, um die Unterschiede zu berücksichtigen, die es zwischen den einzelnen Regionen der Dritten Welt gibt. Ich bin mir dieser Unterschiede bewußt, glaube aber, daß sie nicht so sehr ins Gewicht fallen, daß meine Hauptthesen dadurch in Frage gestellt würden.

Wir wollen uns zunächst ein Bild der jetzigen Verhältnisse machen und dann überlegen, wie es in zwanzig Jahren aussehen könnte.

In den weniger entwickelten Ländern der Erde leben heute rund 3,4 Milliarden Menschen; Ende des Jahrhunderts werden es voraussichtlich 5 Milliarden sein. Der relativ rasche Prozeß der Verstädterung in diesen Ländern wird anhalten; allerdings werden auch um die Jahrhundertwende wahrscheinlich noch mehr Menschen auf dem Lande als in den Städten leben.

Die Wachstumsrate in den Städten wird weiter hoch bleiben (jährliche Zunahme etwa 4 % für den Rest des Jahrhunderts). Es werden also dann doppelt so viele Menschen in den Städten der weniger entwickelten Länder leben als heute (statt einer zwei Milliarden). Auf dem Lande wird die Bevölkerung zwar langsamer zunehmen, über das Jahr 2000 hinaus ist jedoch auch hier mit Wachstum zu rechnen, im Gegensatz zu der Entwicklung in den meisten Industriestaaten seit dem 19. Jahrhundert. Die Landbevölkerung dieser Regionen wird von derzeit 2,2 Milliarden auf etwa 2,9 Milliarden anwachsen.

Ein auffallendes Merkmal wird in den kommenden Jahrzehnten die Konzentration von immer mehr Menschen in riesigen großstädtischen Zusammenballungen sein. Die Bevölkerung der Städte insgesamt wird sich in den verbleibenden 17 Jahren des Jahrhunderts verdoppeln, in den Millionenstädten jedoch sogar um das Dreifache zunehmen. Eine Milliarde Menschen dieser Länder wird also in riesigen städtischen Agglomerationen leben.

Bislang galten großstädtische Zentren als typisches Merkmal der Industriestaaten, nun werden sie ein Kennzeichen armer und rückständiger Länder. Man braucht sich nur die folgenden Zahlen anzusehen: bis 1950 lagen mehr als 50% der größten Städte der Erde in den Industriestaaten; in 20 Jahren werden die weniger entwickelten Länder über zwei Drittel der 30 größten Städte verfügen. Es wird sich um erstaunliche Größenordnungen handeln: Mexico City wird voraussichtlich 30 Millionen Einwohner haben, São Paulo 26 Millionen, Shanghai 23 Millionen, Beijing 20, Rio de Janeiro 19, Bombay, Kalkutta und Djakarta etwa 17 Millionen.

Dieser Prozeß der Verstädterung und der Konzentration der Menschen in städtischen Zusammenballungen ist die Folge der großen Wanderbewegung vom Land in die Städte, von kleinen Städten in große. Mehrere hundert Millionen Jugendliche und junge Erwachsene werden von dieser Bewegung erfaßt. Auf der Suche nach Arbeit und besseren Lebensbedingungen strömen sie in die Städte.

Wieso verlassen diese Menschen ihre Heimat? Wieso finden sie dort, wo sie jetzt leben, keine Arbeit und akzeptable Lebensbedingungen? Warum sind ihre Eltern und Großeltern in ihrer Heimat geblieben und sie nicht?

Die Wanderbewegung vom Land in die Städte ist lediglich Anzeichen, Symptom und Ergebnis eines tiefgreifenden gesellschaftlichen Wandels, der die meisten der sogenannten Entwicklungsländer erfaßt hat; für einige gilt das schon seit hundert Jahren (Lateinamerika), andere erleben ihn erst seit ein paar Jahrzehnten, z. B. Afrika. Wir dürfen nicht vergessen, daß die meisten dieser Länder einst Kolonien der modernen Industriestaaten waren. Die ehemals bäuerlichen Gesellschaften wurden nach und nach in ein weltweites Industrie- und Handelssystem integriert, was häufig zur Folge hatte, daß die überkommene Wirtschafts- und Sozialstruktur zerbrach. Die Menschen auf dem Land, selbst in den entlegensten Gebieten, brauchen heute Geld, um die Güter kaufen zu können, die sie zum Leben und für ihre eigene Warenproduktion benötigen. In Produktion und Konsum sind diese Menschen heute von Kräften abhängig, die sich nicht nur der Kontrolle der lokalen Gemeinschaften entziehen, sondern auch der Zentralregierung.

Wie sieht das konkret aus? Noch vor fünfzig Jahren konnten die Dorfgemeinschaften ihren Eigenbedarf selbst produzieren. Gewiß, die Ansprüche waren nicht hoch, entscheidend ist jedoch, daß für die Herstellung der Waren zur Befriedigung der Grundbedürfnisse die Arbeitskraft fast aller Mitglieder der Familien in den Dorfgemeinschaften gebraucht wurde. Knaben, Mädchen, jung und alt, jeder hatte eine Aufgabe, damit die lebensnotwendigen Waren hergestellt und Dienstleistungen erbracht werden konnten: Nahrung, Kleidung, Kochgeräte, Geschirr, Werkzeuge zum Pflügen und für die Jagd, die Aufzucht der Kinder, die Versorgung der Alten. Man tauschte zwar bestimmte Waren mit benachbarten Gemeinschaften, doch waren nur wenige Familien mit dem Tauschhandel befaßt, und auch sie waren niemals lange von zu Hause fort.

Die Dorfgemeinschaften, geschlossene gesellschaftliche Einheiten, waren weitgehend Selbstversorger und gleichzeitig charakterisiert durch – wie wir heute sagen würden – »Vollbeschäftigung«. Arbeit und Konsum hatten einen anderen Inhalt als heute. Die Menschen waren nicht auf Geld oder auf Lohnarbeit angewiesen. Jeder hatte seinen Platz in der lokalen Gemeinschaft. Diese war so aufgebaut, daß jeder einzelne einen sinnvollen Beitrag leisten konnte und sich die meisten Menschen wohlfühlten.

Ein weiteres wichtiges Merkmal der Dorfgemeinschaften waren die hohen Geburten- und Sterblichkeitsraten. Die Familien waren sehr kinderreich, etwa die Hälfte aller Kinder starb jedoch in den ersten Lebensjahren. Es war also nicht nur für das soziale und wirtschaftliche Gleichgewicht gesorgt, sondern auch für das demographische. Die Bevölkerung wies noch vor fünfzig Jahren geringe Zuwachsraten auf. Dann kamen zusammen mit den Produkten der Industrie und den industriellen Fertigungsmethoden auch die neuesten medizinischen Erkenntnisse und Techniken ins Land, die Sterblichkeit wurde verringert, das durchschnittliche Lebensalter erhöht – die Bevölkerung wuchs und wuchs.

Die Industrialisierung und die Einführung der Geldwirtschaft, die die immer raschere Auflösung der alten bäuerlichen Gesellschaften zur Folge hatten, waren auch für die schnelle Zunahme der Bevölkerung verantwortlich, die ihrerseits den Zerfall der traditionellen Ordnung beschleunigte. Beide Entwicklungen führten dazu, daß immer mehr junge Menschen in den Dorfgemeinschaften überflüssig wurden in dem Sinne, daß sie keine Funktion mehr hatten; statt dessen mußten sie nach bezahlter Arbeit Ausschau halten, um ihr eigenes Überleben und das ihrer zahlreichen Familienmitglieder zu sichern.

Gemessen am Lebensstandard der westlichen Staaten waren die Lebensbedingungen in den ländlichen Regionen der weniger entwickelten Gebiete nie sehr gut; die Triebkräfte der Moderne, die wir beschrieben haben, haben die Situation aber noch verschlimmert. Das Wachstum der Bevölkerung auf dem Land hatte eine zunehmende Bevölkerungsdichte und zunehmende Knappheit der Lebensmittel zur Folge. Wenn aber dann die Abwanderung in die Städte einsetzte, waren es meist die jungen und fähigen Leute, die fortgingen, die Schwachen blieben zurück, und sie waren erst recht nicht imstande, die wirtschaftliche Entwicklung voranzutreiben.

Es muß also gelingen, die bäuerlichen und ländlichen Gesellschaftsformen wieder ins Gleichgewicht zu bringen;

andernfalls werden immer mehr Menschen sich diesen Bedingungen entziehen, und die Abwanderung wird unaufhaltsam weitergehen. Wir werden später sehen, welche Möglichkeiten wir dazu haben. Jetzt wollen wir uns aber zunächst unserem zweiten Problem zuwenden, indem wir fragen: wo finden die vielen Menschen, die ihre Heimat verlassen mußten, eine bezahlte Arbeit oder wenigstens solche Lebensbedingungen, die ihnen das Überleben ermöglichen, ohne daß sie ihren Familien zur Last fallen?

Eine Zeitlang ging man davon aus – viele tun es noch immer –, daß der Schlüssel zur Lösung unseres Problems die Industrialisierung der Entwicklungsländer ist. Werden nicht in der Industrie die sogenannten freien Arbeitskräfte benötigt, die man gegen Bezahlung anstellen kann? Könnten nicht schließlich alle diejenigen, die ihrer früheren Beschäftigung nicht mehr nachgehen können und aus ihrer ländlichen Heimat vertrieben wurden, in den neuen Industriebetrieben einen Arbeitsplatz finden, genauso wie es bei der Entwicklung der Industriestaaten angeblich auch war?

Theoretisch vielleicht ja, nur leben die betroffenen Nationen und unsere Welt insgesamt heute unter ganz anderen Bedingungen als damals. Auf die Faktoren, die es unmöglich erscheinen lassen, daß die sogenannten unterentwickelten Länder im klassischen Sinne industrialisiert werden, kann ich im einzelnen nicht eingehen. Durch eine Industrialisierung jedenfalls lassen sich die Probleme eines »Überangebots an Arbeitskräften« nicht lösen. Es sprechen dagegen: die Kompliziertheit, Kostspieligkeit und der schwierige Zugang zur erforderlichen Technologie; der verbissene Konkurrenzkampf auf den Verbrauchermärkten, der den Warenexport erschwert; die umfangreichen Mittel, die zur Versorgung einer wachsenden Zahl von Menschen eingesetzt werden müssen; schließlich die Notwendigkeit, immer mehr Geld in unproduktive Bereiche wie die Rüstung, das Luxusleben der einheimischen Bourgeoisie oder die Rückzahlung von Krediten zu stecken. Für die meisten Staaten, selbst für die als »Schwellenländer« bezeichneten Staaten ist es unter solchen Umständen extrem schwierig, wenn nicht ausgeschlossen, hochindustrialisierte Wohlfahrtsstaaten zu werden.

Die meisten Großstädte in den weniger entwickelten Ländern sehen sich außerstande, allen Beschäftigungswilligen in den modernen Sektoren der Wirtschaft Arbeit zu verschaffen, womit die Armut und die Arbeitslosigkeit der ländlichen Gebiete lediglich in die Städte verlagert werden.

Es trifft wohl generell zu, daß die meisten Gelder, die für die Entwicklung der einzelnen Länder eingesetzt wurden, in die größten Städte geflossen sind; vor allem gilt dies für die Jahre 1940 – 1970, als man die Strategie der sogenannten Import-Substitution verfolgte. Bedenkt man aber den ständigen Zustrom von Menschen sowohl aus den ländlichen Gebieten als auch aus den städtischen Gebieten, die bei der Industrialisierung zu kurz gekommen sind, dann wird einsichtig, warum das Angebot an neuen Arbeitsplätzen sofort wieder durch die nachströmenden Arbeitskräfte mehr als gedeckt wird. Trotz alledem üben die Großstädte nach wie vor einen magnetischen Reiz auf die abwanderungswillige Landbevölkerung aus. In den Städten konzentrieren sich die wirtschaftliche Produktion und das Geld (auch das auf dem Land erwirtschaftete). Wir alle wissen aber, welche Ausmaße Armut und Arbeitslosigkeit in den Städten inzwischen angenommen haben.

Warum, so könnten wir uns fragen, strömen die Menschen trotzdem in die Großstädte? Einfach deshalb, weil es immer wieder welche gibt, die eine Arbeit finden, während sich die anderen gerade noch notdürftig über Wasser halten. Wären sie auf dem Land geblieben, wären sie unter Umständen längst verhungert oder einer Krankheit zum Opfer gefallen.

So sieht es also in den meisten Ländern der weniger entwickelten Gebiete der Erde aus. Und was wurde getan, um die beschriebenen Entwicklungen aufzuhalten und ihren Auswirkungen zu begegnen?

Man hat alle möglichen Programme anzuwenden versucht, um den Exodus der Landbevölkerung aufzuhalten: Landreformen, Siedlungs- und Wiederansiedlungsprojekte; lohn-, preis- und steuerpolitische Maßnahmen; »integrierte Landentwicklungsprogramme«. Dann hat man versucht, die Abwandernden von den Großstädten fernzuhalten und statt dessen kleine Städte gefördert; man hat neue und Trabantenstädte gebaut, sogenannte »Wachstumspole« geschaffen. Einige Länder haben alles darangesetzt, das Wachstum ihrer Städte vor allem mit Hilfe administrativer Maßnahmen einzudämmen, zum Beispiel durch Aufenthalts- und Arbeitserlaubnispapiere.

Bedauerlicherweise haben alle diese Maßnahmen ihren eigentlichen Zweck verfehlt, nämlich die Abwanderung vom Land in die Städte einzuschränken, bzw. die Übervölkerung der Großstädte zu verhindern. Was sind die Gründe?

Zwar wurde in einigen Fällen tatsächlich im Zuge von Landreformen Land an die Bauern verteilt; tatsächlich konnten vielfach Menschen bewogen werden, auf dem Lande zu bleiben und der Prozeß der Verstädterung etwas aufgehalten werden. Aber: durch diese Landreform wurden häufig quasi-feudale Produktionsbeziehungen abgeschafft und durch kapitalistische ersetzt. Die Landwirtschaft wurde zu einem Geschäftszweig, in dem immer mehr Maschinen eingesetzt wurden. Das System der Lohnarbeit setzte sich durch mit dem Ergebnis, daß viele Menschen nur noch vorübergehend beschäftigt wurden.
Es gab auch Fälle, in denen Latifundien verteilt wurden, aus denen zwei Generationen später allerdings »Minifundien« wurden. Meistens ging dann auch die Produktion zurück, und die Landflucht ging weiter.

So paradox es klingt: die Landreform hat in den meisten Fällen zum Bevölkerungswachstum in den Städten beigetragen, denn die erwirtschafteten Gewinne wurden in die städtischen Gebiete transferiert und dort angelegt. Außerdem konnte man aufgrund von staatlichen Subventionen in der Stadt mehr und billigere Lebensmittel kaufen. Auf Kosten der Landwirtschaft betrieb man in den Städten Wachstumspolitik, die Kluft zwischen Stadt und Land wurde noch größer.

Da die Landreform den politischen und ökonomischen Interessen der mächtigen Grundbesitzer entgegensteht, ist sie nicht leicht in die Tat umzusetzen. Als Alternative boten sich in vielen Ländern, die genug kultivierbaren Boden haben, Umsiedlungsprojekte an; das Ziel war, die Bevölkerungsdichte und damit die wirtschaftliche Not in strukturschwachen Gebieten zu vermindern.

Leider wurde auch durch solche Programme lediglich ein kleiner Teil derer erfaßt, für die sie gedacht waren, und das mit einem äußerst großen finanziellen Aufwand. Selbst wenn es gelang, Menschen aus strukturschwachen Gebieten abzuziehen, wurde die Situation für die Zurückgebliebenen nicht besser. Denn die Bevölkerung dieser Gebiete ist klassenmäßig so zusammengesetzt, daß sich die Grundbesitzer und ihre Mittelsleute all das aneignen können, was über das reine Existenzminimum der Bevölkerung hinaus erwirtschaftet wird. Viele Orte sind heute so arm wie eh und je.

Die Siedlungsprojekte sollten Kleinbauern zu einer unabhängigen Existenz verhelfen. Letzten Endes setzten sich jedoch auch hier die altbekannten Machtverhältnisse durch. Oft genug wurden die Projekte von Großgrundbesitzern und Lebensmittelkonzernen ausgenutzt, die sich von Rodungen neue Acker- und Weideflächen versprachen. In der Anfangsphase kamen zwar Menschen in die Siedlungsgebiete, viele zogen aber bald wieder fort. Wie wir bereits sahen, kam die Landreform dieser Art den Städten zugute, weil dort die erwirtschafteten Gelder investiert wurden.

Da der Lohnunterschied zwischen Stadt und Land angeblich eine der Triebkräfte der Landflucht ist, versuchte man ihr durch lohnpolitische Maßnahmen entgegenzuwirken. Als ersten Schritt setzte man Mindestlöhne für Landarbeiter fest. Diese Menschen können sich jedoch nur schwer politisch artikulieren, so daß derartige Verfügungen kaum durchzusetzen sind. Langfristig jedenfalls bewirken sie genau das Gegenteil dessen, was beabsichtigt ist: je mehr Verträge es gibt, in denen festgelegt ist, welche Löhne zu zahlen sind, desto stärker werden die Firmen und Grundbesitzer darauf dringen, Menschen durch Maschinen zu ersetzen oder bestenfalls die fest angestellten Arbeiter durch Saisonarbeitskräfte abzulösen. Was sollen die Landarbeiter, die auf diese Weise ihren Arbeitsplatz verlieren, anderes tun, als ihr Heil in der Flucht in die Städte zu suchen?

Viele Regierungen weniger entwickelter Staaten und eine Reihe internationaler Organisationen setzen ihre Hoffnungen auf »integrierte Landentwicklungsprogramme«. Im Rahmen solcher Programme bemühen sich verschiedene staatliche Organisationen um eine Verbesserung der Lebensbedingungen auf dem Lande: man tut etwas für die Ausbildung der Bevölkerung, verbessert die Infrastruktur ländlicher Gebiete, baut Schulen und Krankenhäuser. In der Praxis stellte sich heraus, daß solche Produkte zu viel Geld verschlingen und daher für eine größere Anzahl von Dörfern und über einen längeren Zeitraum nicht realisierbar sind. Kurzfristige und vereinzelte Maßnahmen aber werden die Abwanderung in die Städte ganz sicher nicht verhindern können. Darüber hinaus gilt auch in diesem Fall: sobald im Rahmen einer überkommenen und unangetasteten Sozialstruktur eine Politik der Modernisierung betrieben wird, dient sie gerade den Fähigsten als Anreiz, der Dorfgemeinschaft den Rücken zu kehren und anderswo nach einer besseren Perspektive Ausschau zu halten.

Es gibt jedoch auch erfolgreichere Bemühungen, Menschen von der Flucht in die größten Städte abzuhalten,

Programme, die allerdings ebenfalls sehr teuer sind und sich gegen politische und bürokratische Widerstände durchsetzen müssen. Wir denken zum Beispiel an das Konzept der »Wachstumspole« und den Aufbau neuer Städte, die sich den Landbewohnern als Alternative anbieten.

Schließlich sollen noch die Maßnahmen erwähnt werden, mit denen in den Städten selbst versucht wird, dem Zuzug einen Riegel vorzuschieben. Man begrenzt die Zahl derer, die sich in der Stadt niederlassen wollen, saniert Slumgebiete oder schickt die Menschen in die Dörfer zurück, aus denen sie kamen. Einige dieser restriktiven Maßnahmen hatten einen gewissen Erfolg: dem unkontrollierten Wachstum der Städte konnte wenigstens vorübergehend Einhalt geboten werden. Das menschliche Leid, das eine solche Politik verursacht, spricht gegen rein restriktive Maßnahmen, die nicht begleitet sind von Anstrengungen, diesen Menschen Wohnungen, Arbeit und was sie sonst zum Leben brauchen, anderswo zur Verfügung zu stellen.

Natürlich beeinflussen auch allgemeine bevölkerungspolitische Maßnahmen, die viele Länder in den vergangenen Jahrzehnten eingeleitet haben, die hier beschriebenen Entwicklungen. Wir denken insbesondere an alle Versuche, die Wachstumsraten der Gesamtbevölkerung dieser Länder zu senken; das könnte auf lange Sicht durchaus dazu beitragen, die angesprochenen Mißstände zu beseitigen. Einige Initiativen waren tatsächlich erfolgreich; die meisten Maßnahmen aber haben die Landbevölkerung gar nicht erreicht. Zumindest noch in der nächsten Generation ist mit hohen Wachstumsraten zu rechnen.

Zusammenfassend müssen wir also feststellen, daß die Politik der weniger entwickelten Länder, mit den drängenden Problemen fertigzuwerden, in den meisten Fällen nicht ihren Zweck erfüllte. Das hat vor allem zwei Gründe, die miteinander zusammenhängen: erstens waren die Maßnahmen, die man ergriffen hat, losgelöst von den allgemeinen Entwicklungsplänen, deren organischer Bestandteil sie hätten sein müssen; und zweitens standen diese Maßnahmen zu den bestimmenden ökonomischen Vorgaben eben dieser Entwicklungsprogramme im Widerspruch.

Hier ein paar Beispiele: viele Staaten der Dritten Welt nehmen sich immer noch, ob freiwillig oder gezwungenermaßen, die Industriestaaten zum Vorbild. Die Industrialisierung einer Agrargesellschaft setzt voraus, daß Arbeitskräfte von der Landwirtschaft abgezogen und in der Produktion, dem Handel und im Dienstleistungsbereich eingesetzt werden. Da die entsprechenden Arbeitsplätze meist in den Städten geschaffen werden, erfordert die Industrialisierungspolitik geradezu eine Wanderbewegung der Bevölkerung aus weitverstreuten Dörfern in die städtischen Gebiete. Da es sich bei den Ländern der Dritten Welt um sehr finanzschwache Staaten handelt, bleibt ihnen zudem fast keine andere Wahl, als das geringe Kapital in wenigen, ausgewählten Gebieten einzusetzen. Stadt und Land können sich nicht gleichmäßig entwickeln, weshalb die Menschen aus vernachlässigten ländlichen Gebieten in die städtischen Zentren fliehen. Wenn nun auch noch die offizielle Entwicklungsstrategie diese Tendenzen fördert, braucht man sich nicht zu wundern, daß die Maßnahmen gegen die Landflucht erfolglos bleiben.

Manches von dem, was unternommen wurde, wäre erfolgreicher, wenn ein Gesamtplan existierte, mit dessen Grundlagen die einzelnen politischen Maßnahmen übereinstimmen würden.

In Kuba hat man fast alle Möglichkeiten durchgespielt, die ich aufgeführt habe (ich bringe dieses Beispiel, weil ich mich hier am besten auskenne). In den letzten zwanzig Jahren hat man relativ erfolgreich daran gearbeitet, das Wachstum Havannas einzudämmen, es wurde eine Reihe mittelgroßer Städte aufgebaut und die Isla de Pinos besiedelt. Vor dieser Zeit wurden die meisten Wanderbewegungen umgeleitet, indem man ein ausgedehntes Netz kleiner dörflicher Zentren schuf, in denen sich die Bewohner der weit verstreut liegenden Dörfer niederlassen konnten und in den Genuß sozialer Einrichtungen aller Art kamen.

Das ist an sich bereits eine erstaunliche Entwicklung. Darüber hinaus ist es aber auch noch gelungen, Stadt und Land einigermaßen gleichmäßig zu fördern und sowohl auf dem Land als auch in der Stadt erfolgreich die Armut zu bekämpfen. Das alles war aber nur möglich, weil dieses Land seine Entwicklungsstrategie insgesamt neu festlegte.

Ich ziehe daraus den Schluß, daß die Landflucht in den Entwicklungsländern nicht aufzuhalten ist, solange man dort an der Industrialisierung als dem wichtigsten Entwicklungskonzept festhält. Außerdem müssen wir eine neue Weltwirtschaftsordnung ausarbeiten, in der die Entwicklungsländer größere Chancen haben. Andernfalls werden wir uns mit den Folgen des Bevölkerungswachstums und der Landflucht auch weiterhin auseinandersetzen müssen.

6

Forschungen, Konzepte und Ideen zur Lösung der Weltprobleme

Open Session

Die Unvorhersehbarkeit zukünftiger Entwicklungen

von Pentti Malaska

Die Zukunft ist auch nicht mehr, was sie war; sollten wir uns da nicht auch ändern?

Von der Beständigkeit in die Krise

Eben weil wir keine Zukunftsvoraussagen treffen können, ist es für jeden Betrieb, der nach Erfolg strebt, unabdingbar geworden, strategisch planen und handeln zu lernen. Ein solches Umdenken brauchen wir auch angesichts der globalen Entwicklungen, wie es in zahlreichen Berichten an den Club of Rome erläutert und gefordert wurde. Die rapiden Veränderungen unserer Zeit haben in erster Linie die Beständigkeit der Ausgangsbedingungen und Erwartungen bei betrieblichen Entscheidungen in Frage gestellt; frühere Erfahrungen können nicht länger den Maßstab abgeben für Entscheidungen, die die Zukunft betreffen. Bislang konnten die Entscheidungsträger davon ausgehen, daß über einen längeren Zeitraum zukünftige Entwicklungen voraussagbar waren; daß Rahmenbedingungen, Preise und Kosten langfristig Bestand hatten, Entscheidungen relativ risikolos zu treffen waren, und vor allem: sie konnten mit einem beständigen und raschen Wachstum und der Ausdehnung der Märkte rechnen, auf denen es allenfalls leicht kontrollierbare Fluktuationen zu verzeichnen gab.

Die Entdeckung des Ölreichtums war ein wichtiger Einschnitt in der Entwicklung der Menschheit. Sie war begleitet von einer Reihe zusätzlicher Phänomene, die seit Anfang der 70er Jahre in Erscheinung getreten sind, jedes für sich allein wäre in der Lage, die Weltordnung zu erschüttern. Alle diese Phänomene zeigten sich weltweit und hatten große und langfristige Auswirkungen auf die menschliche Ordnung. Das gilt auch heute noch, weshalb eine strategische Analyse sie sorgfältig beachten sollte. Ihre wechselseitige Beeinflussung ist die Hauptursache dafür, daß wir zukünftige Entwicklungen nicht mehr vorhersagen können. In Tabelle 1 sind die wichtigsten dieser Phänomene aufgeführt, an anderer Stelle wollen wir näher auf sie eingehen.[1)]

Konnten wir für die 50er und 60er Jahre noch von beständigen Entwicklungen sprechen, so setzte in den 70er Jahren der Wandel ein. Wir durchliefen ein dynamisches Krisenstadium, das wohl eine Art Übergang darstellt von der alten Weltordnung zu einer neuen, die sich nach und nach entwickelt. Wir sollten versuchen, diesen Wandel mit der asiatischen Methode des Krisendenkens zu begreifen: es gibt einen Weg zwischen den beiden Symbolkomplexen »Bedrohung, Gefahr, Ende« und »Entscheidung, Neubeginn, Geburt«. Diesen Weg von einem zum andern müssen wir finden und bis zum Ende gehen; wir dürfen nicht auf halber Strecke stehenbleiben, wenn wir bei diesem Seiltanz zwischen den Polen nicht in den Abgrund stürzen wollen. Schon versucht man allenthalben, so recht und schlecht über die Krise wegzukommen, sie aber vollständig durchzustehen, wird nicht einige Jahre, sondern Jahrzehnte in Anspruch nehmen. Es ist schon fast zum Gemeinplatz geworden: wir leben in turbulenter Zeit, und die treibende Kraft unserer Wirtschaft, die Unternehmen, sind auch davon betroffen.

Wachsende Unsicherheit und Notwendigkeit der Internationalisierung

Wir haben kürzlich in Finnland unter den Vertretern von 166 europäischen Großbetrieben eine Umfrage durchgeführt, die zeigen sollte, wie das Management dieser Betriebe sich dem Problem stellt, daß sich zukünftige Entwicklungen nicht mehr wie bisher sicher voraussagen lassen. Tabelle 2 und 4 machen anschaulich, wie sehr die Unvorhersehbarkeit zukünftiger Entwicklungen zugenommen hat. Hier schlägt sich die reale Veränderung der Umweltbedingungen nieder, die wir gegenüber der Beständigkeit der 50er und 60er Jahre in den Krisen der 70er Jahre und bis heute erlebten.

Die Internationalisierung der Geschäftsbeziehungen sahen mehr als 90 % der Betriebe als wesentlich an, und nur knapp 5 % antworteten: »betrifft uns nicht«.

Daß sich etwas verändert hat, wird also zunächst im Bewußtsein registriert – was noch lange nicht heißt, daß das Verhalten sich den gewandelten Bedingungen anpaßt. In der Kybernetik gibt es dazu ein Kontrollgesetz, das besagt: wenn ein System (ein Unternehmen, ein Staat, ein Mensch) mit einer veränderten Umwelt konfrontiert ist, hat es zwei Möglichkeiten, die sich gegenseitig ausschließen: entweder es bleibt hart und gibt sein Ziel preis, oder es verändert sich entsprechend der neuen Situation und erhält sich seine Leistungsfähigkeit. Wir wollten herausfinden, ob und wie sich die veränderte Zukunftserwartung in den Planungs- und Führungsmethoden der Wirtschaft in Europa niedergeschlagen hat. Vor allem wollten wir zeigen, wie sich angesichts zunehmender Zukunftsunsicherheit eine neue Methode der strategischen Planung (Multiple Scenario Approach – MSA) entwickelt hat.

36 % der teilnehmenden Betriebe erklärten, sie würden sich des MSA bedienen, während 64 % dies verneinten. Auf diese Weise hatten wir gute Vergleichsmöglichkeiten.

Der »Multiple Scenario Approach«

Hier ist nicht der Ort, im einzelnen zu erklären, was MSA ist; wir beschränken uns auf ein paar Literaturhinweise. In unserem Fragebogen haben wir grob umrissen, was wir unter multiszenar verstehen; eine ausführliche Definition gaben wir nicht, vielmehr sollten die Teilnehmer uns sagen, was man in ihrer Firma unter »Szenarios« versteht.

René Zentner befaßte sich mit der Anwendung von Szenarios in der Unternehmensplanung[2)], R. Linneman und H. Klein führten in den USA eine ähnliche Untersuchung durch wie wir in Europa[3)].

Die bekanntesten Studien zu diesem Thema sind die Berichte an den Club of Rome, insbesondere die von Dennis Meadows u. a.[4)], von Mesarović und Pestel[5)], von Tinbergen u. a.[6)] sowie Yoichi Kayas Modellstudie[7)]. Neueren Datums sind der Interfutures-Bericht der OECD[8)], »Global 2000«[9)] aus den USA und die umfangreiche Studie »Energy in the Finite World« des IIASA[10)]. Diese Materialien haben in hohem Maße unsere Vorstellungen von einem multiszenaren Planungsansatz geprägt.

Im Rahmen unserer Untersuchungen stießen wir auf viele interessante Unterscheidungen in der Prioritätensetzung der einzelnen Firmen: kurzfristige Profitabilität, Marktanteile, Suche nach Wachstumsnischen, Liquidität, Loyalität gegenüber dem Staat usw. Auch die Erfolgskriterien variieren (Kostenminimierung, Produktdifferenzierung), ebenso die Einschätzung der Wettbewerbssituation. Uns interessierte vor allem, ob Unterschiede zwischen den Firmen, die MSA anwenden, und denen, die diese Methode nicht kennen, festzustellen waren. Das Ergebnis war eindeutig positiv.

Tabelle 3 läßt erkennen, daß der multiszenare Planungsansatz da zur Geltung kommt, wo die Zukunft als unvorhersehbar und unsicher gesehen wird; die Firmen, die ihn nicht benutzen, sind optimistischer. Tabelle 4 enthält die Rangordnung der Probleme, die bei allen gleich ist, obwohl auch hier die Benutzer von MSA im allgemeinen von größerer Unsicherheit ausgehen als die anderen.

Wir folgern daraus, daß sich MSA in dem Maße durchsetzt, wie die Zukunft als unvorhersehbar und unsicher eingestuft wird. (Das ist auch konsequent, denn gerade hier soll ja der MSA zum Tragen kommen.) Diese These wird erhärtet, wenn wir verfolgen, wann die strategische Planung und die Anwendung des MSA in den Betrieben einsetzt. Unsere Untersuchung hat dazu ergeben, daß das MSA-Planungsinstrument erst relativ spät und ergänzend zu anderen Methoden strategischer Planung eingeführt wurde: 50% der MSA-Benutzer begannen vor 1970 mit der strategischen Planung, die meisten anderen (75%) begannen erst nach 1970, strategisch zu planen. Beide Gruppen weiten die Anwendung von Planungsverfahren aus und werten sie als nützlich (90% der Nichtbenutzer von MSA und 95% der Benutzer). Die ersten Erfahrungen mit MSA wurden im wesentlichen nach 1973 gemacht, also in den Jahren nach der Ölkrise. Die Unzulänglichkeiten des Planungssystems wären eine eigene Untersuchung wert, denn hier unterscheiden sich die Bewertungen der beiden Seiten erheblich. Tabelle 5 enthält die Vergleichsdaten.

Der Beitrag von Szenarios für die Entwicklung strategischer Pläne wurde von 24% der antwortenden Firmen als wesentlich eingeschätzt; als zumindest hilfreich von 93% derer, die MSA anwendeten. 46% wollten in Zukunft noch mehr mit Szenarios arbeiten, nur 12% wollten ihren Gebrauch einschränken.

Für uns liegt daher der Schluß nahe, daß das MSA-System im Kontext einer sich über einen längeren Zeitraum erstreckenden Planungspraxis die Planung verbessern hilft.

Planung mit MSA

Die einzelnen Planungsschritte beim Einsatz des MSA-Systems wurde den Teilnehmern nach Tabelle 6 erläutert. Wir fragten danach, wie sie die Beteiligung des Managements der einzelnen Ebenen einschätzten. Laut Tabelle 6 ist die Geschäftsleitung, was die Formulierung von Zielen und Grundüberzeugungen betrifft, führend beteiligt, während in den Planungsabteilungen die Szenarios ausgearbeitet werden.

Wie entstehen Szenarios? Diese Frage ist offen, verschiedene Wege werden ausprobiert; das wird auch so bleiben, damit die Flexibilität und Kreativität erhalten bleiben, die angesichts der unvorhersehbaren und unsicheren Zukunft erforderlich sind. MSA ist nicht so sehr ein logisches Gedankengebäude oder ein neuartiges System als vielmehr ein methodischer Ansatz, der das Ziel verfolgt, den reichen Erfahrungsschatz des Managements der Betriebe zu mobilisieren und ihm die objektiven Informationen zuzuführen.

Wir selbst haben einen »Acht-Tages-Plan« entwickelt, nach dem die Betriebe einen Szenar-Ansatz ausarbeiten können. Der zentrale Gedanke unseres Konzepts: die Führungskräfte sollten als erstes aus ihren Erfahrungen schöpfen und die in der Praxis gewonnenen Erkenntnisse systematisch zu den verfügbaren objektiven Informationen in Beziehung setzen. Anhand unserer Praxis haben wir vorläufig die Szenarios in drei Gruppen eingeteilt: Auftrags-Szenarios, Handlungs-Szenarios und Problem-Szenarios.

Der Gebrauch von vielen Informationen aus vielen Szenarios, die sich gegenseitig ausschließen, ist ein problematischer Punkt unseres Planungsansatzes. Die aus den einzelnen Szenarios neu hinzukommenden Informationen werden für andere Planungszwecke gebraucht und sind nicht als überflüssig zu sehen. Wir haben für Zeiten der Unruhe und der Unwägbarkeiten ebenfalls drei Planungsansätze. Erstens werden die Gelder für ein Vorhaben bereitgestellt, zweitens für bedrohliche Situationen Reserven gebildet, um auf überraschende (auch positive) Entwicklungen flexibel reagieren zu können; schließlich sollte drittens die Bereitschaft entstehen, Entscheidungen zu überprüfen und die Perspektive Erneuerungswachstum, also ein neuartiges Entwicklungskonzept, ins Auge zu fassen.

Kommen wir zu dem asiatischen Krisenmodell zurück, das wir anfangs beschrieben haben. Zwischen Tod und Geburt existiert ein drittes Gesetz: das Gesetz der Erneuerung. Es ist eines der Grundgesetze der Natur und muß beachtet werden, wenn man eine anhaltende positive Entwicklung erreichen will.

Die inneren Gesetze des Erneuerungswachstums eines Systems

Zum Begriff:
Unter System verstehen wir einen Teil der Welt, der um einer genauen Untersuchung willen von ihr ausgegrenzt wird. Im Systemansatz wird erreicht, daß eine Innenwelt (das System) und eine Außenwelt (die Umwelt) differenzierbar werden.

Die Beharrungskräfte

Jedes zweckgerichtete, offene System interagiert mit seiner Umwelt. Indem es seine Zwecke verfolgt, untergräbt es die Fähigkeit der Umwelt, dem System Kräfte zuzuführen (das Gesetz der Entropie).

Aufbau und Funktionsweise eines jeden Systems widersetzen sich dem Wandel (das Gesetz des Widerstandes).

Die Erneuerungskräfte

Jedes zweckgerichtete, offene System, das um sein Überleben kämpft, muß in der Lage sein, seine Grenzen zu überschreiten, und zwar indem es
- innerhalb seiner Umwelt die Grenzlinien neu bestimmt (Gesetz des Wettbewerbs) und
- sich gemeinsam mit vergleichbaren Systemen veränderte Umweltbedingungen schafft (Gesetze der Kooperation und Neuschöpfung)

Jedes zweckgerichtete System in einer sich wandelnden Umwelt kann zwischen zwei Möglichkeiten wählen:

- entweder es wandelt sich ebenfalls und erhält sich dadurch seine Funktionsfähigkeit und sein Operationsziel oder
- es bleibt starr und verliert die Fähigkeit, seine Ziele zu erreichen (Gesetz der Kontrolle).

Tabelle 1: Das Krisensyndrom der 70er Jahre setzt sich aus vielen einzelnen Faktoren zusammen, die die Weltwirtschaft stark und nachhaltig erschütterten und sich weiterhin in nicht voraussagbarer Weise auf die wirtschaftliche und gesellschaftliche Entwicklung auswirken werden.

1. Der neue Machtfaktor Öl und das Erstarken der OPEC
2. Die Aufkündigung des Abkommens von Bretton Woods und fluktuierende Währungen
3. Verschiebungen bei der Kaufkraft und bei der effektiven Nachfrage auf dem Weltmarkt
4. Mangel an wissenschaftlicher Forschung auf dem Energiesektor
5. Erstarrung des Marktmechanismus von Angebot und Nachfrage
6. Neue Industriestaaten entstehen
7. Die Deklaration einer neuen internationalen Ordnung und das Elend eines Drittels der Menschheit
8. Das Ende des Glaubens an die Unerschöpflichkeit der Rohstoffe und die unbegrenzte Belastbarkeit der Umwelt
9. Neue Wertvorstellungen und alternativer Lebensstil
10. Neuartige Errungenschaften in Wissenschaft und Technik, insbesondere im Bereich der Automation und der Informationstechnologie
11. Verschiebung der Relationen von Inflation und Beschäftigungsstruktur
12. Langsames Wirtschaftswachstum – hohe Wachstumsraten bei der Produktivität
13. Überdurchschnittliches Wachstum bei allen hochentwickelten Technologien
14. In allen anderen Industriezweigen Überkapazitäten und Verschärfung des Wettbewerbs

Tabelle 2: Zahlenangaben zum Komplex nicht voraussagbarer zukünftiger Entwicklungen aus der Sicht der Führungskräfte der europäischen Wirtschaft, die an der Untersuchung teilnahmen. Befragt wurden 106 Betriebe, die nicht nach MSA vorgehen.

Statements	Stellungnahmen	
	bejaht von	verneint von
Das nächste Jahrzehnt wird genauso vorhersehbar sein wie die bisherigen	45 %	50 %
Neue Entwicklungen sind aufgrund früherer Erfahrungen so berechenbar, daß vernünftige Entscheidungen getroffen werden können	74 %	26 %
Brüche und turbulente Veränderungen stehen bevor, die neuartige Planungsverfahren erfordern	79 %	20 %

Tabelle 3: Zahlenangaben zum Komplex nicht voraussagbarer zukünftiger Entwicklungen aus der Sicht der Führungskräfte der europäischen Wirtschaft, die an der Untersuchung teilnahmen. Befragt wurden 59 Betriebe, die mit MSA arbeiten.

Statements	Stellungnahmen	
	bejaht von	verneint von
Das nächste Jahrzehnt wird genauso vorhersehbar sein wie die bisherigen	33 %	63 %
Neue Entwicklungen sind aufgrund früherer Erfahrungen so berechenbar, daß vernünftige Entscheidungen getroffen werden können	71 %	28 %
Brüche und turbulente Veränderungen stehen bevor, die neuartige Planungsverfahren erfordern	97 %	3 %

Tabelle 4: In 11 Bereichen, die den Rahmen unternehmerischer Tätigkeit abgeben, gehen die Befragten von zunehmender Unsicherheit aus.

Unsicherheits-faktoren	Unsicherheit bei einzelnen Rahmen-bedingungen
sehr starke Zunahme	1 Energieprobleme/Preise und Verfügbarkeit 2 Fluktuationen der Währung 3 Inflation
Zunahme	4 Preise und Zugang zu Rohstoffen 5 Gesetzgebung und restriktive staatliche Maßnahmen 6 Wertvorstellungen und alternativer Lebensstil 7 Auswirkungen der Technik auf die Produktion 8 Entstehung neuer Industriestaaten
unverändert	9 Instabilität der Märkte 10 Bevölkerungswachstum 11 Zuwachsraten des Marktes*
Abnahme	* (20 % gaben an, die Unsicherheit werde geringer, während ebenfalls 20 % von sehr hoher Zunahme ausgingen)

Tabelle 5: Unterschiede in der Beurteilung der Möglichkeiten strategischer Planung in Betrieben, die mit MSA arbeiten und Betrieben, die mit konventionellen Planungsmethoden operieren.

Gegenstand der Planung	**die Möglichkeit der Planung stark beeinträchtigt**	
	ohne MSA	**mit MSA**
Beurteilung der veränderten Rahmenbedingungen	19 %	3 %
Bewertung von Unsicherheitsfaktoren und Unvorhersagbarkeit	22 %	5 %
Erzeugung von Flexibilität und Anpassungsfähigkeit an veränderte Bedingungen	11 %	10 %
Wettbewerbsanalyse	17 %	12 %
Einbeziehung des Managements in die Planung	6 %	2 %

Tabelle 6: Planungsverfahren nach MSA in sechs Schritten. Form der Einbeziehung des Managements (XXX sehr stark einbezogen usw., – am wenigsten einbezogen

Planungsschritte	**Einbeziehung von**		
	Geschäftsführung	**Planungsstab**	**Abteilungsleiter**
Ziel und Kriterien für die wirtschaftliche Tätigkeit festlegen, erste vorläufige Einschätzung der Rahmenbedingungen	XX	XX	–
Entwerfen alternativer Szenarios	–	XXX	–
Auswertung der Szenarios; das geeignetste wird zur Festlegung des weiteren Vorgehens ausgewählt	X	X	–
Formulierung und Gewichtung des Vorgehens	XX	XX	XXX
Gegenkontrolle anhand alternativer Szenarios	–	X	–
Endgültige Festlegung der praktischen Schritte	XXX	–	XX

LITERATUR

1) Pentti Malaska: »Crises and Development 1973–2000« (angekündigt)
2) René D. Zentner: »Scenarios. Past, Present and Future« in: ›Long Range Planning‹ Vol. 15, Nr. 3, 1979
3) Robert Linneman/Harold Klein: »The Use of Multiple Scenarios by U.S. Industrial Companies« in: ›Long Range Planning‹ Vol. 12, Nr. 1, 1979
4) Dennis Meadows u.a.: »Die Grenzen des Wachstums«. DVA, Stuttgart 1972
5) M. Mesarović/E. Pestel: »Menschheit am Wendepunkt«, DVA, Stuttgart 1974
6) J. Tinbergen u.a.: »Reshaping the International Order«, Elsevier 1976
7) Y. Kaya: »Project FUGI«, Global Modelling Conference am Internationalen Institut für angewandte Systemanalyse (IIASA), 1976
8) »Interfutures OECD: Facing the Future – Mastering the Probable and Managing the Unpredictable«, Paris 1979
9) »The Global 2000 Report to the President of the U.S.«; dt.: »Global 2000«. Zweitausendeins, Frankfurt 1980
10) »Energy in the Finite World«, IIASA, Ballenger Company 1980

Die Auswirkungen neuer Informationssysteme auf das Leben des Individuums

von T. Ranald Ide

Francis Bacon schrieb 1605 in seinem Essay »The Advancement of Learning«: »Wenn wir die Gesetze der Natur erkennen, werden wir ihr Beherrscher sein, so wie wir jetzt ihre Sklaven sind; die Wissenschaft ist der Weg nach Utopia. Doch wie verschlungen ist dieser Weg, wie mühsam und dunkel, wie leicht verliert man sich in Abzweigungen, die nicht zum Licht, sondern ins Chaos führen.«
Bei einer Tagung der *Ditchley Foundation* über die internationalen Auswirkungen neuer Telekommunikationssysteme, die im Februar 1982 stattfand, wurde festgestellt, daß sich die Telematik bereits jetzt sehr stark auf Arbeit, Freizeit und Erziehung auswirkt und daß die Veränderungen, die sie auf die Arbeit des Menschen hat, am meisten zu fürchten sind. Die Art seiner Beschäftigung betrifft den Menschen wohl am unmittelbarsten. Arbeit ist ihm nicht nur ein Mittel, seine physischen Bedürfnisse zu befriedigen, in ihr kann er Selbstbestätigung, Abwechslung und Erfolgserlebnisse finden. Der Übergang zu Automation und Computerisierung wird mit ungeheuren Schwierigkeiten verbunden sein. Der Wunsch und wohl auch die Notwendigkeit, die Produktivität zu steigern, ist in allen Sektoren der Wirtschaft anzutreffen. Selbst in die Sägewerke halten die Computer Einzug. In Kanada setzte man für 51 Millionen Dollar fünf von Computern gesteuerte Sägesysteme ein, die kleine Stapel maßgerecht geschnittener Bretter sägen können. Aus einem Baumstamm können auf diese Weise 10 % mehr Bretter geschnitten werden, und man spart 40 Leute ein.

Durch neue Verarbeitungsmethoden in der Industrie wie auch im Dienstleistungssektor können also Arbeitskräfte und Kapital eingespart werden. Eigentlich sollte die gesteigerte Effektivität unter dem Strich positive Folgen haben, denn mit höherer Produktivität wird ja auch der Kuchen größer, den die Menschen unter sich aufteilen können.

Jedoch besteht die Gefahr, daß die Institutionen einer Gesellschaft sich nur zögernd den neuen Bedingungen anpassen. Früher vollzogen sich die Veränderungen langsam, blieben kalkulierbar. Heute gilt ein anderes Tempo, und wir haben uns ernsthaft zu fragen, ob wir als Individuen fähig sind, selbst unter den günstigsten Umständen – wenn nämlich die Staaten der Welt sich nicht länger befehden, sondern die Frage des Überlebens in den Mittelpunkt rükken – mit den Veränderungen Schritt zu halten.

In einer Untersuchung des *Science Council of Canada,* an der ich beteiligt war, wurde eine Reihe von Problemen aufgeführt, die sich aus den raschen Entwicklungen im Bereich der Informationstechnologie ergeben:

- Die Warenproduktion wird durch den Einsatz integrierter Schaltkreise, die traditionelle Triebwerke, Riemenscheiben und elektromechanische Schalter ersetzen, wesentlich vereinfacht. Die Zahl der noch benötigten Arbeitskräfte in der Produktion geht dramatisch zurück.
- Eine Umfrage bei acht Firmen aus verschiedenen Ländern, die mechanische und elektronische »information products« herstellen, ergab, daß zwischen 1969 und 1978 durchschnittlich 20 % der Beschäftigten entlassen worden waren. Die Anzahl der in der Produktion Beschäftigten wurde am stärksten reduziert.
- Im Verwaltungsbereich sind durch die Informationstechnologie vor allem die Arbeitsplätze in den Schreibbüros gefährdet. Da im Dienstleistungssektor 80 % aller arbeitenden Frauen beschäftigt sind, wird die Automatisierung der Büroarbeit viele Frauen den Arbeitsplatz kosten. Die Qualifikationsunterschiede zwischen der Büroarbeit und

der Arbeit an Computern werden mit entwickelterer Technologie immer größer. Das ist insofern bedauerlich, als Büroangestellte im allgemeinen sehr selten Gelegenheit zur Fortbildung haben und viele Frauen aus familiären und anderen Gründen sich beruflich nicht weiterqualifizieren können.

- Neue Arbeitsplätze entstehen im Bereich Entwicklung und Einsatz von Computern. Die Hardware-Produktion (Entwicklung der Chips und ihrer Anwendungsmöglichkeiten) setzt eine Ausbildung zum Elektroingenieur voraus. Im Software-Bereich braucht man Männer und Frauen, die sich mit mechanischen Systemen auskennen und Kontrollarbeiten verrichten können. Es fehlt an Arbeitskräften in der Datenverarbeitung und qualifizierten Leuten für die Software-Produktion.
- Der Einsatz maschineller Intelligenz im Produktions- und Dienstleistungssektor führt zu einer Spaltung der Arbeitenden in hoch- und wenig qualifizierte Kräfte. Zwischenstufen gibt es nicht mehr, und damit auch keine Möglichkeiten der Weiterqualifizierung. Nicht nur die gewerkschaftlich organisierten Arbeitnehmer sind davon betroffen, sondern auch das mittlere Management; beruflicher Aufstieg im Betrieb wird immer unwahrscheinlicher.
- Es ist möglich geworden, Informationen und damit auch die Entscheidungsprozesse zu zentralisieren. In unserem Fall büßt der mittlere Angestellte, der Zweigstellenleiter, Kompetenzen ein; seine Aufgaben werden zunehmend von der Datenverarbeitung übernommen.
- Die Rolle der Arbeit überhaupt sowie die Gestaltung von Arbeitsvorgängen in einer von neuen Informationssystemen geprägten Gesellschaft ist nicht genau bestimmbar. Einige Entwicklungstendenzen haben wir oben beschrieben, andere bilden sich erst noch heraus. Jedenfalls werden die neuen Technologien die Art der Arbeit, den Arbeitsplatz und den Stellenwert der Arbeit grundlegend verändern. Wenn die komplizierte Kommunikationstechnologie das Büro beherrscht, wird der Büroraum eher

einer abstrakten Vorstellung gleichen als einem Ort, an dem man sich von neun bis fünf Uhr aufhält. Wo immer jemand gerade ein Telefon oder einen Terminal zur Hand hat, da ist dann eben das »Büro« für die betreffende Person.

- Bei der Einführung neuer Technologien bekommt der Standort eines Betriebes große Bedeutung. Viele Maßnahmen, die die negativen Auswirkungen auf die Angestellten abmildern könnten – Weiterbildung, Transfer von Arbeitsplätzen, Umsiedlung, schrittweise Einführung der neuen Instrumente – werden normalerweise unter der Kontrolle des Managements geplant und durchgeführt.

Auf der Ditchley-Tagung kamen ähnliche Probleme zur Sprache. Im Abschlußbericht heißt es, die neue Technologie mache es erforderlich, daß alle Ebenen den gleichen Informationsstand haben, denn die Dezentralisierung der Arbeit erhöhe die wechselseitige Abhängigkeit und stelle neue Anforderungen an das Management.

Einigkeit besteht darüber, daß Veränderungen und Verschiebungen im Arbeitsprozeß unvermeidlich sind – und schließlich hat der technische Fortschritt seit der industriellen Revolution eine Menge Verbesserungen gebracht. Nun gibt es allerdings eine Reihe entscheidender Unterschiede zwischen der Dampfmaschine des 18. Jahrhunderts und den automatisierten Produktionsmethoden der 50er Jahre auf der einen Seite und der Einführung der Mikroelektronik auf der anderen Seite. Die Veränderungen heute haben nicht nur eine andere Qualität und breiten sich rascher aus, es gibt noch einen feineren Unterschied. Sowohl um 1780 als auch 1950 hatten wir es mit Instrumenten zu tun, die die Körperkraft der Menschen ersetzten. Seit den 70er Jahren dagegen haben wir Kontrollsysteme, die eher mit Norbert Wieners kybernetischem Ansatz zu begreifen sind. Zum ersten Mal operierte und experimentierte man außerhalb des Bereichs wissenschaftlicher Fiktion mit künstlicher Intelligenz und setzte sie schließlich in Realität um. Die Militärstrategen erfanden und konstruierten »intelligente« Bomben und ebenso »intelligente« Verteidigungssysteme. Die Computer konnten in Verbindung mit entsprechenden Software-Systemen ihr Aufnahme-, Erinnerungs- und Selbstkorrekturvermögen so weit verbessern, daß sie immer kompliziertere Entscheidungen zu treffen in der Lage waren. Sie haben auch die Fähigkeit zu sprechen und verfügen über ein breitgefächertes Fachwissen. Ein neues Verhältnis Mensch-Maschine hat sich entwickelt, jedoch eher auf der Ebene des Verstandes als auf der Ebene des sinnlich Wahrnehmbaren wie einst.

Natürlich wirken sich solche Veränderungen sowohl im sozialen als auch im kulturellen, politischen und ökonomischen Bereich aus. In einem OECD-Papier wird betont, daß die Elektronik Ausgangspunkt einer Umorganisierung des Produktionsprozesses sein wird; daneben wird sie auch die Lebensqualität jedes einzelnen unmittelbar beeinflussen.

Wir haben uns bislang vor allem mit den Konsequenzen der Telematik für den einzelnen und den Arbeitsprozeß befaßt – schließlich wird Arbeit sehr oft mit Überleben gleichgesetzt. Das platonische Ideal des ausgefüllten und befriedigenden Lebens umfaßt aber weit mehr als nur Arbeit. Nach Plato bilden die Ideen das Ziel aller unserer Wünsche und Bestrebungen, wobei es das Ziel jedes echten Wissens ist, der erhabenen Idee des »Guten« teilhaftig zu werden. Buddhas Nirwana kann nur durch Verständnis, untadelige Lebensführung und Meditation erreicht werden. Bubers Existentialismus basiert auf menschlichen Beziehungen, in denen jeder seinen Nächsten als einzigartig und unverwechselbar erkennt. Sartre setzte die Philosophie der Technik in Beziehung zum Leben, zur Literatur, Psychologie und politischen Aktion. In der Tat gibt es viele Menschen, die glauben, daß der Mensch nicht vom Brot allein lebt.

Die neuen Technologien stellen jeden einzelnen vor

Probleme: sie betreffen die Bereiche Erziehung, Privatleben, Überwachung und Kontrolle, Wissenserwerb, Gesundheit, die Freizeit und schließlich die persönliche Freiheit im weitesten Sinn des Wortes.

Die Befürchtungen, das Zeitalter der Information werde zu einer neuen Entfremdung führen, zu einer kafkaesken Umwelt mit intelligenten, jedoch gefühllosen Apparaten, sind nicht ganz unbegründet. Auf der anderen Seite haben wir das Beispiel Elies, einer Kleinstadt im Westen Kanadas, in der eine Anzahl von Landhäusern Kabelanschlüsse haben, mit denen sie Computer-Lernprogramme abrufen, über den Teleschirm im Supermarkt einkaufen können und jederzeit zu 5000 Seiten aktueller Informationen aller Art (Wetter, Nachrichten, Getreidepreise, Bodenanalysen, Kunstdüngerberatung usw.) Zugang haben. Die Menschen in Elie können außerdem praktisch alle Fernsehprogramme empfangen und haben eine Menge Computerspiele gelernt. Sie sprechen miteinander über ein geräuschloses Telefonsystem, schreiben und speichern eigene Geschichten, die Post wird elektronisch übermittelt. Diese Menschen haben alles andere als das Gefühl, entfremdet zu leben. Im Gegenteil: obwohl sie im entlegenen Manitoba leben, sind sie ein integrierter Teil der Welt und fühlen sich als solcher.

Die Ditchley-Gruppe erörterte, wie neue Umgangsformen das Selbstverständnis der Menschen verändern. Menschen mit gemeinsamen Interessen können plötzlich ganz ungezwungen miteinander reden. Die geographischen Unterschiede sind nicht mehr der bestimmende Faktor des Gruppenverhaltens. Große Gruppen lassen sich aufbrechen, sie werden herausgefordert, ihre starre Organisation und Selbstdefinition in Frage zu stellen, wenn sich von ihnen Kleingruppen absondern und je nach Thema immer wieder neu gruppieren. Die Menschen erkennen ihre Chancen und Interessen; als Ergebnis werden unsere Gesellschaftssysteme lockerer, pragmatischer ausgerichtet, weniger durchorganisiert und flexibler.

Wer einen Computer benützt, muß deshalb nicht hilfloser Zuschauer sein, sondern kann sich aktiv einschalten. Die menschlichen Beziehungen verarmen nicht zwangsläufig, sie können sich sogar vertiefen. Northrop Frye meinte, die Qualität unserer Werturteile sei von der Qualität der Informationen abhängig, die die Grundlage des Urteils seien. Wenn nun der Computer dafür sorgt, daß die Qualität der Information sich verbessert, dann sollten doch eigentlich bessere Entscheidungen die Lebensqualität in unserer Weltgesellschaft verbessern können.

Kommen wir zu den negativen Aspekten der neuen Informationstechnologie, die es natürlich auch gibt. Wir dürfen keinesfalls zulassen, daß eine »Information für die Reichen« und eine »Information für die Armen« entsteht. Ebensowenig darf im Namen der Informationsfreiheit ins Privatleben eingegriffen werden. Wir können es uns nicht leisten, das Wesen der neuen Systeme nicht zu verstehen und dürfen nicht zulassen, daß eine Art Mystik entsteht, zu der nur wenige Eingeweihte, die eine religiöse Aura um sich aufbauen, Zugang haben. Die Verfügung sowohl über Informationen und Inhalte als auch über die Medien, durch die sie vermittelt werden, impliziert eine ungeheure Machtfülle und darf nicht in den Händen einer kleinen Minderheit liegen. Es gibt in einer Gesellschaft, die von den neuen Informationssystemen beherrscht ist, sehr viele Möglichkeiten des Mißbrauchs, größere als je zuvor in der Geschichte. Die Auseinandersetzung um die Inhalte und die Überbringer dieser Inhalte ist wichtig und grundlegend. Wenn wir ihr keine Aufmerksamkeit schenken, kann es passieren, daß mit den neuen Systemen den Menschen nicht geholfen wird, daß sie statt dessen zu ihren Sklaven werden.

Intelligente Computer können im Verein mit dem passenden Kommunikationssystem eine große Chance für die Menschheit sein. Ihr Vormarsch kann weder gebremst noch aufgehalten werden. Wir benötigen dringend eine langfristige Perspektive, die dem einzelnen hilft, den vielen Gefahren auszuweichen, die uns auf dem Weg in eine bessere Zukunft im Weg stehen.

Jede Planung ist ein schöpferischer wie auch ein logisch-rationaler Akt. Ihm muß im kulturellen Leben einer weltweiten Gesellschaft Raum gegeben werden; die Bedürfnisse des Individuums müssen respektiert werden und sollten Priorität genießen.

Wir dürfen nicht länger zögern.

»Morgen ist es zu spät.«

Regionale Zusammenarbeit als Schlüssel zur Lösung der Weltprobleme

von Ervin Laszlo

In diesem Jahrzehnt wird die Arbeit des Club of Rome noch weit größeres Gewicht bekommen, denn in den achtziger Jahren fallen wichtige Entscheidungen. Die Weltlage ist kritischer denn je. Der Frieden ist gefährdet, die Wirtschaft stagniert, das nackte Überleben der Menschheit ist in Frage gestellt. Wenn das mühsam aufrechterhaltene Gleichgewicht zwischen Ost und West zerbricht, droht das Ende unserer Zivilisation; Milliarden von Menschen werden elend zugrundegehen, wenn die Kooperation zwischen Norden und Süden aufgekündigt wird.

In dieser Situation sind neue strategische Ansätze vonnöten, am wichtigsten ist wohl der Versuch, die Zusammenarbeit der einzelnen Regionen zu fördern. Denn die Situation spitzt sich dadurch immer weiter zu, daß wir es einerseits mit globalen Problemen zu tun haben, die nur langfristig zu lösen sind, und andererseits überall kurzatmige, nationalistische Politik gemacht wird. Dieser Widerspruch zwischen real vorhandener Globalität und einer regional beschränkten Sicht- und Handlungsweise macht unsere Lage so aussichtslos. Wenn über 160 Staaten und einige tausend multinationale Gesellschaften in einer Welt, in der alle voneinander abhängen, isoliert und ohne jede Koordination operieren, muß es doch zu Zusammenstößen und Zusammenbrüchen kommen. Seit 1945 hat die Menschheit ein weltumspannendes Netz aus Produktions- und Handelsbeziehungen, Energie- und Informationsaustausch gebildet. Ein Mechanismus jedoch, der diese Vorgänge ebenso weltumspannend regulieren könnte, wurde nicht entwickelt.

Die Staaten der Welt geben mehr als fünzigmal so viel für Waffen aus wie für die Entwicklungshilfe, obwohl eine Milliarde Menschen in Hunger und Elend lebt. Die Waffenarsenale enthalten so viel Sprengstoff, daß jeder Mann, jede Frau und jedes Kind auf unserem Planeten mehr als zwanzigmal damit ausgelöscht werden könnte. In den Industrieländern ist die Wachstumsrate auf 1% gesunken, aber die Inflationsrate bleibt konstant bei 8%, und nahezu 25 Millionen Menschen sind ohne Beschäftigung. In den Entwicklungsländern bewegt sich die Inflationsrate zwischen 20% und 80%, die Arbeitslosenzahlen schnellen in die Höhe, das Wirtschaftswachstum beträgt kaum 2,4% und liegt damit unter der Wachstumsrate der Bevölkerung. Von selbst wird sich die Lage nicht verbessern. Zwar werden pro Familie weniger Kinder geboren, aber der Anteil der Minderjährigen an der Gesamtbevölkerung ist im Augenblick in vielen Teilen der Welt unverhältnismäßig groß, so daß trotz Familienplanung bis zur Jahrtausendwende voraussichtlich sechs Milliarden Menschen auf der Erde leben werden. Das bedeutet, daß wir doppelt so viel Wohnraum benötigen wie heute, daß wir um 60% mehr Nahrungsmittel produzieren müssen und dreimal so viele Arbeitsplätze brauchen, wenn auch nur der bestehende – ohnehin unzureichende – Lebensstandard bis dahin gehalten werden soll.

Was unternimmt die Weltgemeinschaft, um dieser Situation zu begegnen? Leider nicht viel. Es ist nun zwei Jahre her, daß man die Forderung nach Verhandlungen über ein paar der wichtigsten Themen erhob – Rohstoffe, Energieversorgung, Welthandel, Entwicklungshilfe, Kredite. Alle waren dafür, aber bis heute haben diese Verhandlungen nicht stattgefunden.

Die Kluft, die die über 160 angeblich unabhängigen, in Wahrheit jedoch voneinander abhängigen Nationalstaaten trennt, kann man mit einer einzigen Strategie ohnehin nicht überbrücken. Der Wunsch nach Einheit und Zusammenarbeit muß in der Weltfamilie die Triebkraft sein für die Suche nach neuen Initiativen und praktischen Maßnahmen, mit denen sich diese edlen Ziele verwirklichen ließen. Es geht nicht um einen simplen Nord-Süd-Dialog zwischen dem Block der Industrieländer auf der einen Seite und den Entwicklungsländern auf der anderen Seite. Wir brauchen vielmehr eine differenzierte und realistische Strategie für die Zusammenarbeit von Regionen. Völker und Staaten müssen durch gemeinsame Interessen und den Geist der Solidarität verbunden werden.

Es gibt bereits solche Bande, denken wir z. B. an die Europäische Gemeinschaft; zwar ist das Ideal eines vereinigten Europa noch in weiter Ferne, aber es hat sich gezeigt, daß Staaten in bestimmten Schlüsselbereichen zusammenarbeiten können, ohne daß sie ihre kulturelle, politische oder gesellschaftliche Identität aufgeben müssen. In Südostasien gibt es das Beispiel ASEAN*, in Lateinamerika den Andenpakt und über die ganze Welt verteilt noch etwa ein Dutzend kleinerer und jüngerer Organisationen und Zusammenschlüsse, in denen Völker mit gemeinsamen Interessen solidarisch zusammenarbeiten möchten: in der arabischen Welt, in Afrika, im pazifischen Becken, den Randstaaten des Pazifik, in Mittelamerika und der Karibik.

Es muß entwickelte und stabile Wirtschaftsgemeinschaften in der Welt geben, die in der Lage sind, die Interessen und Bedürfnisse sämtlicher Völker zum Ausdruck zu bringen. Die Europäische Gemeinschaft bildete sich, nachdem zwei Weltkriege den Kontinent erschüttert hatten. Die anderen Staaten und Kulturen sollten sich die traumatischen Erfahrungen bewaffneter Auseinandersetzungen ersparen und rechtzeitig erkennen, daß sie alle ihre Kräfte zusammennehmen müssen, um die Weltprobleme zu lösen und Frieden und Wohlstand nicht nur für sich selbst, sondern ebenso für ihre Nachbarn und alle Glieder der menschlichen Gemeinschaft zu sichern.

* ASEAN = Association of South-East Asian Nations

Wir wollen keine EG-Ableger, sondern viele verschiedene wirtschaftliche Vereinigungen mit eigenständigem Gepräge. Vielleicht könnten sie das Grundgerüst eines weltumspannenden Gebäudes der Zusammenarbeit bilden, bevor die Probleme so übermächtig werden, daß alle Eingriffe zu spät kommen.

Am dringendsten ist die Schaffung einer tragfähigen Basis für die Kooperation zwischen den Staaten der Dritten Welt. Ein gemeinsames Vorgehen der Entwicklungsländer bei der Verwertung ihrer Ressourcen könnte für die gesamte Weltwirtschaft von Nutzen sein, und zwischen benachbarten Staaten würde wieder eine Atmosphäre des Vertrauens und des Friedens herrschen. Der nächste Schritt könnte eine verstärkte Kooperation zwischen wirtschaftlich starken Staaten und zwischen den Wirtschaftsgemeinschaften Europas, Nordamerikas, des Ostblocks und Japans und den nun erstarkten Volkswirtschaften des Südens sein.

Wir glauben, daß die Vorstellung von einer durch gemeinsame Interessen geeinten Welt keine Utopie bleiben muß. Wir haben tatsächlich die Wahl, entweder auf dem Weg zu bleiben, der ins Unglück führt, oder aber den Weg einer harmonischen Wachstumsentwicklung einzuschlagen. Andere Alternativen gibt es nicht. In unserer Welt voller Abhängigkeiten halten wir entweder zusammen oder wir stürzen einzeln ins Unglück.

Der Weg zur Zusammenarbeit ist voller Dornen, ein bißchen Aufklärung und guter Wille genügen nicht, um voranzukommen. Wo gibt es schon etwas zu gewinnen, das nichts kostet, wo Leistungen, die kein Opfer abverlangen? Es gibt aber lohnende Einsätze und Opfer, die sich auszahlen. Um das zu demonstrieren, bedarf es noch gründlicher Forschungen und überlegter Entschlüsse: der Club of Rome hat sich entschieden, hier mitzumachen. Er hat sich mit UNITAR – dem *United Nations Institute for Training and Research* – zusammengetan und ein großangelegtes Programm in die Wege geleitet, das sich zum Ziel gesetzt hat, alle Bestrebungen zu fördern, in den Entwicklungsländern regionale Wirtschaftsvereinigungen zu bilden. Darüber hinaus sollen die Beziehungen zwischen den großen Staaten und Gemeinschaften des Nordens und den neuen wirtschaftlichen Zusammenschlüssen des Südens entwickelt werden.

Die Verantwortlichen dieses *Programme on Regional and Interregional Co-operation in the 1980s* haben eine Kommission ins Leben gerufen, die bis Ende 1983 dem Generalsekretär der UNO ihre Empfehlungen vorlegen wird.

Am 19. und 20. September 1982 trafen sich die Mitglieder der Kommission[1)] in Kandy, Sri Lanka, und erarbeiteten eine Grundsatzerklärung, deren wesentliche Punkte hier wiedergegeben werden sollen.

Die Erklärung von Kandy

Wir gehen davon aus,

- daß die wechselseitige Abhängigkeit nicht in einzelne Elemente aufgesplittert werden kann, in wirtschaftliche, soziale, kulturelle, die Umwelt betreffende und politische; von der Wirtschaftsstruktur einer Gesellschaft hängen die Fortschritte in allen anderen Lebensbereichen ab;
- daß die Verfolgung eigensüchtiger Interessen auf gesellschaftlicher und staatlicher Ebene historisch überholt und mit den wirtschaftlichen und sozialen Gegebenheiten unserer Zeit unvereinbar ist und daß es das Gebot der Stunde ist, eine Weltordnung anzustreben, die nicht auf bloßer Macht und auf engstirnigen nationalen Interessen aufgebaut ist, sondern auf Gerechtigkeit und gemeinsamen Interessen;
- daß die sprunghafte Eskalation in der Entwicklung, Herstellung und dem Export von Waffen katastrophale Folgen für die Menschheit hat; die menschliche Ge-

meinschaft sieht sich vor die Alternative gestellt, entweder globale Solidarität zu üben oder die große Katastrophe heraufzubeschwören;

- daß eine Institution vonnöten ist, die die einzelnen Projekte im System der Vereinten Nationen koordiniert und sie auf das gemeinsame Ziel der menschlichen Entwicklung, des Fortschritts und des Überlebens ausrichtet;
- daß die Zusammenarbeit zwischen den Staaten ein erfolgversprechendes Konzept ist – nicht als Alternative zur Nord-Süd-Strategie, sondern als Schritt hin zu einer friedlichen und gleichberechtigten weltweiten Interdependenz;

Wir sind der Meinung, daß die bislang verfolgte bilaterale Strategie in den internationalen Beziehungen weder den heutigen Bedürfnissen der Entwicklungsländer noch denen der Industrieländer entspricht;

Wir sind überzeugt davon, daß Kooperation die einzige pragmatische und sinnvolle Alternative zu Konfrontation und Konfliktstrategie ist und daher auf allen Ebenen breitangelegte und flexible Formen der Zusammenarbeit geschaffen werden müssen; die überholten und irrealen Konzepte einer eigensüchtigen Politik müssen über Bord geworfen werden. Die Kooperationsstrategie ist am ehesten geeignet, die menschlichen Werte und die traditionellen Sitten und Bräuche zu bewahren. Sie allein könnte das Überleben der Menschheit und den Fortschritt gewährleisten;

Wir betonen die herausragende Bedeutung der regionalen Zusammenarbeit zwischen den Entwicklungsländern, wenn sie mit der andauernden Weltwirtschaftskrise und einem auf lange Sicht verlangsamten Wachstum in den Industrieländern erfolgreich fertigwerden wollen und einen Beitrag zur Erholung der Weltwirtschaft leisten wollen;

Wir versichern, daß die Entwicklungsländer durch eine solche Zusammenarbeit wirtschaftlich selbständiger werden und das System wechselseitiger Abhängigkeiten in der Weltwirtschaft zu allseitigem Vorteil ausgeglichen wird;

Wir erkannten in diesem Zusammenhang, daß in der Region Asien ausgezeichnete Voraussetzungen bestehen, neue Formen regionaler Zusammenarbeit zu entwickeln: in Asien sind alle Entwicklungsstadien vertreten: Länder, die noch ganz am Anfang stehen, existieren neben Staaten mit hochentwickelter Technologie. Asien mit seiner besonderen Mischung aus großen und kleinen Staaten kann der Weltgemeinschaft besonders wertvolle Erfahrungen auf diesem Gebiet vermitteln;

Wir unterstreichen, daß eine solche Zusammenarbeit sowohl im wirtschaftlichen als auch im politischen und soziokulturellen Bereich stattfinden muß;

- daß sie also die volle Entfaltung der menschlichen Fähigkeiten zum Ziel haben sollte; Wachstum muß an gerechte Verteilung und demokratische Mitsprache gebunden sein;
- daß nach und nach zwischen den Staaten einer Region ein System von Beziehungen entsteht, in dem jeder in gleicher Weise vom anderen abhängt;
- daß die neuen, kooperativen Entwicklungsstrategien die geistigen und kulturellen Traditionen der einzelnen Länder nicht außer acht lassen dürfen und daß die tiefsitzenden kulturellen Ungleichgewichte, die sich im Zuge der Industrialisierung herausgebildet haben, ausbalanciert werden müssen;

Wir erklären weiterhin, daß die Regierungen, staatliche und private Organisationen und alle anderen Personen und Institutionen, die internationale Wirtschaftsbeziehungen pflegen, gegenüber sich selbst und gegenüber den zukünftigen Generationen die Pflicht haben, alle regionalen und internationalen Verbindungen, die den Beteiligten Nutzen bringen, zu pflegen und auszubauen.

Wir wenden uns an die Regierungen, Organisationen und internationalen Institutionen, die sich mit der Zukunft des Menschen befassen, sich die oben genannten Ziele zu eigen zu machen; es sind die wichtigsten Aufgaben, die wir erfüllen müssen, soll die menschliche Gemeinschaft in eine Zukunft geführt werden, die ihrer würdig ist.

ANMERKUNG

1) Mitglieder der Kommission sind u.a.: Aurelio Peccei; Saburo Okita; Felipe Herrera; Ervin Laszlo; Luis Echerverrìa, der frühere Staatspräsident von Mexiko; Léopold Sedàr Senghor, der ehemalige Präsident von Senegal, und Shabul Hameed, Außenminister von Sri Lanka.

Funktionsfähigkeit und Effektivität von Steuerungs- und Kontrollsystemen*

von Donald N. Michael

»... Die Vorstellung, daß die wachsende Macht, die Umwelt zu verändern, automatisch auch zu besserer Kontrolle über sie führt, hält sich hartnäckig. Sie ist jedoch nichts als Selbsttäuschung, denn jeder Ingenieur weiß, daß die Entwicklung eines effektiven Kontrollsystems nicht nur Macht, sondern vor allem genügend Informationen erfordert.

Da die materielle Welt ein System darstellt, hat jede Veränderung eines Systemelements zahlreiche Nebenwirkungen. Ein Eingriff kann also zwar den direkt betroffenen Teil eines Systems unter Kontrolle bringen, das System als Ganzes wird jedoch damit weniger berechenbar als zuvor. Denn alles, was zum bisherigen System erarbeitet wurde, verliert dadurch an Gültigkeit. Diese ›regulierenden‹ Eingriffe werden voraussichtlich immer zahlreicher werden und also auch deren unberechenbare Wirkungen, die wiederum neue Eingriffe erfordern. Jede Veränderung zieht eine Vielzahl weiterer Veränderungen nach sich; der Wandlungsprozeß beschleunigt sich immer mehr, ohne daß die Geschwindigkeit, mit der darauf reagiert wird, im gleichen Maß erhöht werden kann. Der Punkt, an dem die Sache außer Kontrolle gerät, rückt immer näher ...« [1)]

Das Vorhaben des westlichen Menschen, die gesellschaftlichen Umstände (im Gegensatz zu den technischen), die seiner Verantwortung unterliegen, unter Kontrolle zu be-

* Dieser Beitrag wurde für eine Festschrift zu Ehren Geoffrey Vickers' verfaßt

kommen, scheint mehr und mehr zum Scheitern verurteilt zu sein.

Nach meiner Einschätzung werden wir in den kommenden Jahrzehnten gesellschaftliche Unruhen eines solchen Ausmaßes erleben, daß unsere traditionellen Formen der Kontrolle zunehmend das Gegenteil des Beabsichtigten bewirken werden. Neue, zumindest grundlegend erweiterte Kriterien müssen an Stelle der konventionellen Vorstellung von Regulierung und den Bedingungen ihrer Verwirklichung treten. Ich möchte hier einige Gedanken zu diesem Problem entwickeln.

Es ist eine gewaltige Ironie unserer Kultur, daß sich eine ihrer wichtigsten Grundannahmen, ein Mehr an Informationen führe zu mehr Erkenntnissen, die ihrerseits unsere Fähigkeiten zur Kontrolle erhöhen, als falsch herausgestellt hat. Ganz im Gegenteil: Je mehr Informationen wir bekommen, desto deutlicher wird uns bewußt, daß wir die Kontrolle über die Situation verlieren. Die Informationen über die Zerstörung unserer Umwelt, die in Unordnung geratenen wirtschaftlichen Verhältnisse, über Giftrückstände, die nationale Sicherheit, die Auflösung der Familie, das Scheitern des Schulsystems, sie alle belegen letztlich dasselbe: wir sind nicht in der Lage, unsere Gesellschaft so zu kontrollieren, informell zu führen bzw. gesetzlich zu regeln, daß sie so funktioniert, wie wir – irgendeine Gruppe von »Wir« – es gerne hätten. Schlimmer noch: Je informierter die Menschen über Institutionen und Organisationen sind, desto weniger sind sie bereit, ihnen Legitimität zuzubilligen. Einerseits werden durch Informationen Mißstände, Unzulänglichkeiten und unmoralische und ungesetzliche Handlungen enthüllt. Andererseits bilden diese Informationen die Grundlage für widersprüchliche Interpretationen von Vorgängen und Handlungsmöglichkeiten; so entsteht häufig der Eindruck, niemand wisse, was zu tun ist und wie die Situation unter Kontrolle gebracht werden könne. Mißtrauen kommt auf, einst legitimierte Positionen werden in Frage gestellt, womit wiederum die Bemühungen, wünschenswerte Ziele zu erreichen und verläßliche »Normsetzungen« vorzunehmen, unterminiert werden. Die Vermutung, daß Inkompetenz vorliegt, wird noch verstärkt. Bei denjenigen, deren Aufgaben Steuerung und Kontrolle sind – das sind die meisten Führungskräfte der konventionellen Organisationen – führt dieser Zustand zu immer größerer Verunsicherung; sowohl die berufliche Leistungsfähigkeit als auch das persönliche Wohlbefinden sind dadurch beeinträchtigt. Es gibt zwei typische Reaktionen: die einen kämpfen verbissen darum, doch noch den Anschluß zu finden; die anderen bemühen sich, die Beziehungen zwischen den Menschen neu zu sehen und das Gewicht, das der Kontrolle des Lebens zukommt, zu relativieren. Letztere (ich zähle mich auch zu ihnen) sind immer mehr davon überzeugt, daß unsere traditionelle Leidenschaft, etwas zu steuern, zu Verhaltensnormen führt, die im Widerspruch zur menschlichen Entwicklung in dieser turbulenten Welt stehen.

Es hat natürlich immer die Beamten und Politiker gegeben, die sich im Ausgleichen und Optimieren gern hervortaten; sie waren richtiggehend froh darüber, wenn die Dinge aus der Hand zu gleiten drohten und sie sie durch ihre Fähigkeiten wieder einigermaßen ins Lot bringen konnten. (Ich glaube allerdings, daß in den USA dieser Typus – übrigens fast immer männlichen Geschlechts – recht selten ist.) Auch diejenigen, die für sein Bild in der Öffentlichkeit verantwortlich sind, tun so, als habe er die Dinge tatsächlich im Griff. Daß es Generaldirektoren gibt, die häufig ihre Entscheidungen auf Verdacht und rein intuitiv fällen, wird verschleiert, indem mit einer erdrückenden Menge von Datenmaterial der Öffentlichkeit suggeriert wird, daß die Organisation die Ursachen der Probleme erkennt und vollkommen Herr der Sache ist.

In den folgenden Abschnitten werde ich einige typische Verhaltensweisen im Zusammenhang mit Kontrollbemühungen sowie einige der offensichtlich negativen Folgen dieser Bemühungen beschreiben. Damit verständlich wird, warum so viel Energie und Autorität für Steuerung und Kontrolle eingesetzt werden, möchte ich eine Beziehung zwischen der Erkenntnistheorie von Newton und Descartes einerseits und der Definition des Begriffs Kompetenz, wie er im Westen, und zwar vornehmlich von männlichen weißen Personen praktiziert und verkündet wird, herstellen. Wir werden dann besser erkennen können, daß eine weit ältere und universellere Methode, Dinge auszugleichen und zu optimieren, in Zukunft von Nutzen sein kann; ich meine die von Frauen und von vielen anderen Kulturen praktizierte Methode.

Als Beispiel möchte ich einige Handlungsschemata charakterisieren, die in Führungsgremien von Unternehmen und in der Politik recht verbreitet sind. Sie nähren bei den handelnden Personen selbst und in der Öffentlichkeit die Illusion, daß die »Ziel«-situation kontrollierbar und sicher erreichbar ist.

Die wohl am häufigsten praktizierte Methode ist die der »Aufspaltung«: ein gesellschaftliches Problem wird herausgestellt, abgegrenzt und in Einzelbestandteile aufgesplittert; die einzelnen Faktoren und Teilbereiche werden verschiedenen Disziplinen, Ämtern und Funktionsträgern zugewiesen. Die Arbeit an isolierten Einzelproblemen verstellt den Blick auf die de facto vorhandenen Ungenauigkeiten, Unkenntnisse und die theoretischen und praktischen Mehrdeutigkeiten. Die Beteiligten werden durch ihre eigenen Wertsetzungen davon abgehalten, auch nur zu erkennen, daß es ungeprüfte Verbindungslinien zwischen den Teilen des Systems gibt. Oft versucht man dann durch eine Synthese der einzelnen Faktoren und Ergebnisse den Eindruck zu erwecken, man habe das Problem im Griff. Was dabei herauskommt, ist allerdings mehr eine Summierung als eine Synthese, denn eine übergreifende Theorie, ein Koordinatensystem, in das die verschiedenen Problemstellungen und ihre Lösungen integriert werden könnten, gibt es nicht.

Würde der Systemansatz die Möglichkeit bieten, die Unzulänglichkeiten zu beheben, die mit der Aufteilung in Einzelaspekte verknüpft sind? Wenn das »Problem« oder die »Situation« sich nicht verändert bzw. sich nach einem bekannten Beziehungsmuster weiterentwickelt, dann gibt der Systemansatz tatsächlich mehr Kontrollchancen. Die rapiden gesellschaftlichen Veränderungen, die unsere Welt kennzeichnen, verstehen wir deshalb noch lange nicht. Wir haben einigermaßen gesicherte Kenntnisse über die wenigen stabilen, stets wiederkehrenden Transformationsprozesse; Konzepte, mit denen wir die vielen stürmischen Wandlungen definitorisch in den Griff bekommen könnten, fehlen jedoch. Der Systemansatz bietet also gerade in den Bereichen, die dringend einer Klärung bedürften, keine zusätzlichen Kontrollmöglichkeiten. Ich erinnere an die schlechten Erfahrungen mit ökonometrischen Modellen.

Der Glaube an die Fähigkeit, alle Dinge steuern zu können, wird auch durch die sog. Politik der »Rasenschonung« genährt. Das heißt, daß die Untereinheiten einer Organisation streng abgeschirmt werden, damit will man die Mitarbeiter vor der Verunsicherung durch die Fehler anderer Abteilungen schützen; ungenügende oder fehlerhafte Ergebnisse der einzelnen Abteilungen dürfen nicht nach außen dringen. So können Insider wie Outsider unangefochten an der Vorstellung festhalten, man hätte ein Problem im Griff. Man weiß so wenig über den anderen, daß man nicht beurteilen kann, ob und wie gut er sein Ziel erreichen kann.

Der Glaube an die Möglichkeit effektiver Kontrolle wird auch durch die Einstellung aufrechterhalten, jeder einzelne sei für das verantwortlich, was in seinem Leben geschieht. Wer also mit seinem Leben nicht zufrieden ist, war nicht in der Lage, seine Situation zu meistern. Kaum einer kommt auf die Idee, daß der Glaube an Planung und Steuerung des eigenen Lebens auf einem Irrtum beruhen könnte.

In den letzten Jahren wurde diese These von der totalen individuellen Verantwortung von ganz unerwarteter Seite wieder aufgewertet. Einige der Selbstverwirklichungsphilosophien nämlich behaupten kategorisch, jeder Mensch sei allein dafür verantwortlich, was er ist und was nicht. Zum einen verhindert dieses Dogma zwar, die anderen für Umstände zur Rechenschaft zu ziehen, die man selbst verändern – nicht kontrollieren – kann. Zum anderen aber fördert diese Vereinfachung ein antisoziales Verhalten, das sich um die Schwierigkeiten und Nöte des Mitmenschen nicht kümmert, weil er ja selbst schuld ist an seiner Situation. Der Vorteil dieser Theorie ist gar nicht so unbedeutend: Sorgen um den anderen, die Bereitschaft, ihm zu helfen, mit seiner Umwelt zurechtzukommen, die ihn tatsächlich sehr hilflos machen kann, werden weggeschoben. (Das andere Extrem ist es, das Fehlen persönlichen Glücks dem sozialen System anzulasten, das seine negativen Auswirkungen auf den einzelnen nicht kontrollieren kann.)

Die alten Verhaltensnormen, die den Glauben an die Steuerbarkeit der Gesellschaft aufrechterhalten sollen, wirken sich in Zeiten des sozialen Umbruchs als Hemmnis aus. Diejenigen, denen qua Amt die Fähigkeit zugeschrieben wird, Situationen zu steuern, stehen zwischen Hybris einerseits und Verzweiflung, die oft genug im »Ausgebranntsein« endet, andererseits. Andere suchen sich aus Enttäuschung über ungewollte und unerwartete Ergebnisse auf ungesetzlichem Weg Macht zu verschaffen (Watergate und Flugzeugentführungen z. B.) oder sie suchen ihr Heil in einseitiger Politik, Gerichtsverfahren und endlosen Streitereien in- und außerhalb der Gerichte. In einer Welt, in der alle Faktoren voneinander abhängen, ist jede Einengung eines Problems auf die speziellen Vorstellungen einzelner Personen, Gruppen oder Verwaltungen in der Hoffnung, es dadurch lösen zu können, eine Verzerrung: statt zu einem konstruktiven gesellschaftlichen Regulationsprozeß führt dies zu einem Prozeß, in dem sich zunehmend alles gegenseitig blockiert. Selbst wenn für den jeweiligen Teilbereich das gewünschte Ergebnis herauskommen sollte, beeinträchtigen die rückwirkenden Folgen des Eingriffs die bis dahin erreichte Beherrschung des Gesamtsystems (wie in Geoffrey Vickers' Zitat zu Anfang dieses Artikels beschrieben wurde).

Zudem kommt es zu Differenzen, wenn Teildefinitionen eines Problems zugänglich gemacht anstatt zurückgehalten werden. Da unter den gegenwärtigen Bedingungen kleine Organisationseinheiten wenig vertrauenswürdig erscheinen, trägt die Schaffung einer breiteren Diskussionsbasis, die auch die Verfechter der Gegenthesen zu Wort kommen läßt, dazu bei, diese Teildefinitionen in Frage zu stellen und das Mißtrauen der Abteilungen untereinander zu verstärken. Da nicht klar definiert ist, wo die Problemgrenzen zu ziehen sind, muß jede einzelne Position mit großer Überzeugungskraft vorgebracht werden. Man darf keinerlei Unsicherheit zeigen, da man damit automatisch anerkennen würde, daß man die Ursachen bestimmter Faktoren nicht kennt, daher die Situation nicht beherrschen und folglich auch das Problem nicht »lösen« kann. Eine solche Einstellung ist Ausdruck von großer Kurzsichtigkeit. Wenn man nicht zugeben will, daß man etwas nicht meistern kann, da man zum Kern des Problems noch nicht vorgedrungen ist, fördert man Verachtung und Zurückweisung, denn mit der Verbreiterung der Informationsbasis wird es immer unmöglicher, die eigene Unfähigkeit zu verbergen und die anderen über den wahren Stand der Dinge zu täuschen.

Woher stammt eigentlich der Glaube, daß gesellschaftliche Verhältnisse regulierbar und kontrollierbar sind, und woher haben wir unsere Kriterien für Kompetenz, die jemandem die Fähigkeit bescheinigt, diese Aufgabe erfüllen zu können? Wir haben Könige, Handelsfürsten und andere »Führer« erlebt, unter denen die soziale Kontrolle offenbar sehr ausgebaut und funktionsfähig war – durch Zwang oder Charisma. Mir kommt es hier jedoch auf die psychologische und erkenntnistheoretische Quelle dieser Überzeugung an, weil durch sie die besonderen Lebensprobleme in unserer stürmischen Zeit noch verschlimmert werden: ich meine die Weltanschauung, die der Newtonschen Physik und der Philosophie Descartes' zugrundeliegt.

Newton und Descartes sehen die Welt als Konglomerat verschiedener Partikel, zwischen denen Beziehungen existieren. Ursache und Wirkung sind losgelöst voneinander (d. h. die Dinge, die etwas verursachen, und die, auf welche die Wirkung fällt). Subjekt und Objekt, Tatsachen und ihre Bewertung sind getrennt. Die Beziehungen zwischen den Dingen sind linear; sie beginnen und enden irgendwann wieder. Dieser »Partikel«-Zustand wurde Vorgängen in der Natur zugesprochen, da Newton bewies, wie sich im Rahmen dieser These die Dinge gesetzmäßig verhalten; alles spielte sich immer wieder und in vorhersehbaren Bahnen ab. Sobald man also das nötige Wissen über Ursachen und Wirkungen hatte, konnte man die Wirkungen durch Beherrschung ihrer Ursachen unter Kontrolle bekommen. Es handelte sich um ein wissenschaftliches Verfahren, das im Laboratorium entstand, wo Ursache und Wirkung auseinanderzuhalten waren und man durch Experimente die Beziehungen zwischen ihnen beleuchten konnte (bzw: nur solche Phänomene kamen ins Laboratorium, bei denen Ursache und Wirkung leicht zu unterscheiden waren). Auf diese Weise führten Informationen aus Wissenschaft und Technik zu Erkenntnissen, die ihrerseits die Kontrolle und Beherrschung der Vorgänge ermöglichten. Am sichtbarsten bewies diese Weltanschauung ihre Tauglichkeit, wenn es um die Beherrschung rein technischer Vorgänge ging: entweder man kannte die Ursachen und konnte eine spezifische Wirkung herstellen, oder man nahm eine gewünschte Wirkung an, die aus einer bestimmten Ursache sich ergab.

Da man davon ausging, daß die wissenschaftlichen Erkenntnisse alle religiösen und rituellen Verkrustungen,

Unwissenheit in jeder Form zurückdrängen und zum Zeitalter universeller Aufklärung führen würden, diente diese Weltanschauung auch als erkenntnistheoretisches Modell für die Erklärung menschlicher Zustände, obwohl hier Ursachen und Wirkungen sowie die gesetzmäßigen Beziehungen noch nicht »wissenschaftlich« nachgewiesen waren.

Das bedeutet, daß individuelle und gesellschaftliche Prozesse als Produkte kausaler Interaktionen zwischen autonomen »Variablen« begriffen wurden, d. h. zwischen Personen, Gruppen, Institutionen, Organisationen usw. Fähig war demnach der Politiker, Beamte oder Manager, der versuchte, die menschlichen Verhältnisse mit den gleichen Methoden in den Griff zu bekommen wie der Techniker oder der Ingenieur die naturwissenschaftlichen Phänomene. Dieses geistige Konzept äußerte sich z. B. in der Bestrebung, gesellschaftliche Probleme durch »technische Pläne« zu lösen. Man legte also genau fest, wann etwas am besten »funktionierte«. Man legte sogar fest, daß und wie es in einem bestimmten Endzustand zu verharren habe. Auf diese Weise glaubte man, sowohl das Resultat als auch den Prozeß, über den es erreicht wurde, unter Kontrolle zu haben.

Solche Auffassungen wurden im Zeitalter der Aufklärung einer breiten Öffentlichkeit zugänglich gemacht. Wissenschaftliche und technische Kenntnisse galten als Allheilmittel, die Menschheit von jeglicher Befangenheit zu befreien; und es waren die Männer aus Industrie, Wirtschaft und Staat, die diesen Ideen am stärksten ausgesetzt waren; aus eigener Anschauung konnten sie sehen, wie nützlich und daher zutreffend sie waren. Die meisten Beschäftigungen, denen die Männer damals nachgingen, hatten – direkt oder indirekt – mit Technik zu tun, weshalb gerade diese Männer sich die neuen Ideen vollständig zu eigen machten und sie auf alle Situationen anwandten. Der Erfolg bei der Anwendung des neuen Modells in Wissenschaft und Technik (der allerdings eingeschränkt wurde dadurch, daß diejenigen, die nicht Nutznießer, sondern Opfer der technischen Entwicklung waren, einfach »externalisiert« wurden) legte die Annahme nahe, daß diese neue Weltanschauung und ihr Kompetenzbegriff auch auf alle gesellschaftlichen Verhältnisse erfolgreich anwendbar sein mußte: jeder tüchtige Mensch konnte sich das nötige Wissen aneignen, mit dem er Ursachen und Wirkungen des menschlichen Lebens erfassen und seinen Ablauf steuern konnte.

Irrtümer werden mit dieser Sichtweise zu Fehlleistungen, die auf Unfähigkeit zurückzuführen sind: sie beweisen, daß korrektes Wissen falsch angewendet wurde und daher auch die Steuerung versagte. In einer von Männern beherrschten Welt, die nach diesem Kompetenzbegriff funktioniert, wird das Selbstverständnis eines Menschen daran gebunden, daß er mit Erfolg Kontrollen ausüben kann. Dazu gehört aber auch, daß er seine eigene Persönlichkeit anderen gegenüber verleugnet und alles unterdrückt, was darauf schließen ließe, er habe sich nicht unter Kontrolle. Die oben beschriebenen Verhaltensnormen verkörpern eine solche Selbstverleugnung.

Der weiße Mann des Westens hat also in seine Definition von Kompetenz den Mythos einer Welt aufgenommen, die mit Hilfe von Informationen über Ursache und Wirkung kontrollierbar und steuerbar ist. Das Ergebnis: unsere Welt hat sich fundamental dahingehend verändert, daß sie im gesellschaftlichen Bereich immer weniger steuerbar geworden ist. Gerade die Informationen sind es, die sichere und verläßliche Voraussagen untergraben, denn sie sind die Ursache von Veränderungen im gesellschaftlichen Bereich – ob das nun die Folge einer technischen Erfindung ist oder eine Idee oder ein Sozialhilfeprogramm. Wir leben in einer Welt, in der die Informationen immer deutlicher demonstrieren, daß die Dinge sich nicht wie geplant entwickeln. Auf diese Erkenntnis gibt es zwei Reaktionen: die Anhänger des alten Konzepts wollen nicht wahrhaben, daß sie gescheitert sind, und bemühen sich um noch intensivere Methoden der Kontrolle. Auf der anderen Seite versucht eine Minderheit von Männern, die eine andere Weltanschauung vertreten, einen Kompetenzbegriff zu entwickeln, der sich dem anschließt, was Frauen und nichtwestliche Kulturen seit langem praktizieren – Menschen also, die nie für sich in Anspruch genommen haben, die Verhältnisse kontrollierend im Griff zu haben, zum Teil schlicht deshalb, weil sie nicht die Chance dazu hatten.

Die Verhaltensnormen, die wir im folgenden darstellen, reichen nicht aus, um unsere in Unordnung geratene Welt zu verändern. Da jedoch im Zusammenhang mit der Fülle des Informationsmaterials, das uns zur Verfügung steht, der Qualität des menschlichen Lebens größeres Gewicht beigemessen wird, könnte die Auseinandersetzung mit diesen Verhaltensnormen den Einstieg in etwas Neues bewirken. Dieses »Neue« könnte eine Welt sein, in der zumindest ein Teil der Mißstände, die auf Theorie und Verhaltensnormen des Kontroll-Konzepts zurückzuführen sind, anderen Verhältnissen Platz macht, die uns besser gefallen. Es muß nicht unbedingt eine Welt sein, die kontrollierbarer ist, sondern hoffentlich bewohnbarer, in der sich die Menschen aufeinander verlassen können.

Die konventionelle Kontrolle könnte dann zu einer Spezialmethode werden, die in ganz bestimmten Situationen, die wir hier nicht ausführen können, angewendet wird. (Daß in freien Industrieunternehmen Kommissionen eingesetzt werden, die regulierend in das System eingreifen sollen, ist ein Beispiel für eine solche Entwicklung.)

Wie alle Mythen, die der Mensch ersinnt, um Licht in das Geheimnis des Daseins zu bringen, war auch der Mythos, die Welt lasse sich in beliebig miteinander verbundene Einzelpartikel aufteilen, ein Gedankengebäude voller Selbsttäuschungen. Einige profitierten zwar davon, aber es war völlig willkürlich ausgedacht und funktionierte nur so lange, wie man die Augen vor dem verschloß, was sonst noch geschah und was nicht ins Konzept paßte. Was man als Ursache und Wirkung definierte, war ein höchst willkürlich ausgesuchter Auszug aus einem nahtlosen Gewebe, einem verschwommenen Bild. Die Entscheidung, welche Dinge man noch unter Kontrolle bekommen mußte und welche bereits beherrschbar waren, war gesellschaftlich determiniert: sie hing von den Wertmaßstäben und der Machtposition derer ab, die diese Kontrolle vornahmen bzw. bereits darüber verfügten.

Was also beinhaltet jener neue Begriff von »Kompetenz«, der für eine Welt, die von Unsicherheit und komplizierten Problemen heimgesucht ist, so dringend nötig wäre?

Zunächst haben wir zu akzeptieren, daß eine bewußte Änderung der Verhältnisse von einem Zustand A in einen Zustand B selten möglich ist, da wir das, was wir verändern wollen, gar nicht kennen. Die Zustände A und B sind zufällig ausgewählte Bestandteile einer unbekannten Totalität; wir wissen also nicht, was wir *nicht* bemerken. Wenn daher A und B schwammige Gebilde sind, dann ist auch die Vorstellung davon, wie die Veränderung vonstatten gehen soll, schwammig. Alles, was wir tun, beeinflußt eine Situation, ohne sie jedoch grundlegend zu verändern. Wir bekommen einen Begriff davon, daß unsere Fähigkeit, entscheidend einzugreifen, in der Wirklichkeit viel geringer ist als in der Theorie, die besagt, wir könnten in kontrollierbaren Bahnen Situationen verändern. Wenn wir das erkannt haben, können wir es uns sparen, verzweifelt und zornig zu sein darüber, daß es uns immer weniger gelingt, die Veränderungen in der Welt in den Griff zu bekommen, in der offensichtlich alle Dinge miteinander zusammenhängen und Unsicherheit um sich greift, je mehr Informationen wir erhalten.

Wir sollten uns vielmehr darauf einstellen, daß wir mit der Unsicherheit leben müssen. Ich möchte an die Binsenwahrheit erinnern, daß die Menschen, sobald ein gewisser Grad an Unsicherheit überschritten wird, Geborgenheit suchen bei Gott, in der Technik oder im Charisma eines

Menschen. Wie wäre es denn aber, wenn wir die Unsicherheit der Verhältnisse als gemeinsames Lebensschicksal bewußt annähmen, wenn auch die politische Führung von dieser Voraussetzung ausginge, anstatt sie zu leugnen und weiterhin so zu tun, als hätte sie die Urteilskraft und die Fähigkeit, uns wieder Sicherheit zu bringen? Es fällt uns gewiß leichter, unsere Unsicherheit zu ertragen, wenn wir sie mit anderen teilen. Not liebt die Gesellschaft, und – Not macht erfinderisch.

Wieso aber sollte eine Person oder eine Organisation das Risiko eingehen, gemeinsam mit anderen in Unsicherheit zu leben? Zuallererst deshalb, weil dies die Grundlage eines Lernprozesses ist. Wenn wir vorgeben, alle Fakten zu kennen, die Probleme genau im Griff zu haben, auch schon zu wissen, welches Ergebnis wünschenswert ist und wie man es erreichen kann, dann werden wir nie begreifen, was wirklich vor sich geht oder auf uns zukommen kann. Bei komplizierten gesellschaftlichen Problemen schafft diese Haltung nichts als Mißtrauen. Die entscheidende Basis jeder Leitungstätigkeit, auch auf staatlicher Ebene, ist das gemeinsame Vertrauen in die Fähigkeit, Berechenbarkeit und Verantwortlichkeit von Institutionen. Es gibt Untersuchungen, nach denen ein solcher Konsensus nicht mehr existiert und das Mißtrauen zunimmt. Allein die Tatsache, daß man sich zur Unsicherheit bekennt, könnte bewirken, daß dieser Trend sich umkehrt.

Und schließlich sollten wir lernen, die Welt nach dem Modell »sowohl – als auch« zu begreifen und nicht nach dem Modell »entweder – oder«. Dieses anmaßende »Alles oder Nichts« ist ein Ausfluß unserer Ethik, in der die Gebote ins Gegenteil umschlagen können, wenn ein einzelner Wert so verabsolutiert wird, daß er zum einzigen Wertmaßstab wird, der keine Kompromisse und flexiblen Lösungen mehr zuläßt.

Das Modell des Entweder-Oder suggeriert, daß die Dinge voneinander unabhängig sind, die Wertsetzungen alternativ. Es führt zu einseitigen Urteilen, zu ausbeuterischer, selbstgerechter Konfrontationsstrategie und verzweifelten Bemühungen, sich selbst in den Mittelpunkt zu stellen. Durch das höhere Informationsniveau ist es jedoch inzwischen nicht mehr so einfach, die Folgen vereinzelter Aktionen zu ignorieren und so zu tun, als wären die Verhältnisse untereinander nicht verknüpft. Da wir aber über keine geeignete Weltanschauung verfügen, wissen wir auch nicht, wie die Dinge tatsächlich miteinander zusammenhängen. Stellt man sich die Welt als ein Sowohl-Als-auch vor (d. h. als logisch zusammenhängend) und nicht als Entweder-Oder (d. h. in isolierte Einzelteile zerfallend), dann haben Toleranz und Mitgefühl größere Chancen, und vielleicht entsteht daraus eine wiederbelebte, wenn auch abgewandelte Ethik. Wenn wir einerseits sehen, daß wir Teil eines großen Zusammenhangs sind, andererseits jedoch meist nicht wissen, wie die Verbindungslinien aussehen, dann bleibt uns fast nichts anderes übrig, als mitfühlend zu sein.

Wenn Mitgefühl die Grundlage meines Handelns ist, anerkenne ich: 1) daß niemand – auch ich nicht – weiß, was er tut, zumindest nicht die *Folgen* seines Handelns abschätzen kann, auf die doch aber die meisten unserer Handlungen ausgerichtet sind; 2) daß wir alle bis zu einem bestimmten Grad in Illusionen leben, weil wir an die »Faktizität« dessen glauben, was uns umgibt, und nicht erkennen, daß wir in einer sehr willkürlich *konstruierten* gesellschaftlichen Realität leben; und 3) daß jeder von uns in der einen oder anderen Weise mit den existentiellen Fragen des Lebens, des Todes und mit der Sinnfrage zu kämpfen hat. Unter diesen Umständen muß jeder das, was er an Klarheit über sein Nichtwissen und seine Endlichkeit aufbringen kann, zusammentragen und alle möglichen Formen der Hilfe mobilisieren, um all das, was ihm sein Verstand sagt und was ihn aus der Fassung zu bringen droht, bewältigen zu können. Ein mitfühlender Mensch ist jemand, der seine Situation annimmt und sowohl sich selbst als auch anderen in dieser Weise hilft.

Würde es mehr Mitgefühl geben, bräuchte man die Irrtümer nicht zu verschleiern, die bei dem Versuch entstehen, eine Sache zu beherrschen. Es wäre nicht mehr nötig, übervorsichtig zu agieren, aus Angst, bei einem Fehler ertappt oder der Unfähigkeit bezichtigt zu werden. Wer akzeptiert, daß er etwas nicht weiß und daher verwundbar ist, hat es nicht mehr nötig, sich im zwischenmenschlichen und politischen Leben defensiv zu verhalten, eine Haltung, die es so schwer macht, verantwortlich und mitfühlend zu handeln.

Das bedeutet im Grunde folgendes: in einer Zeit großer Unsicherheit ist das Lernen die richtige Methode der Regulierung, nicht die Kontrolle. Und Lernen darf nicht heißen, Antworten auf bekannte Fragen zu wiederholen in der Absicht, eine Sache zu beherrschen. Lernen muß bedeuten, die wirklichen Fragen zu erkennen, die uns jetzt auf den Nägeln brennen – wann immer man dieses Jetzt ansetzt. Lernen bedeutet, die Antwort zu finden, wie die Fragen zu diesem Zeitpunkt gelöst werden können – bis dann der Augenblick gekommen ist, da neue Fragen entstehen.

Es wird immer offensichtlicher, daß die Menschen sich mehr zutrauen, mehr von sich aus beitragen und schöpferische Ideen entwickeln, wenn sie an den Entscheidungsprozessen, die ihr eigenes Leben betreffen, beteiligt werden. Sie lernen dabei, mit ihrem Leben bewußter umzugehen. Ich glaube, daß das Beteiligtsein an sich, die Aufrechterhaltung von Beziehungen, die eigentliche Belohnung darstellt. Auf jeden Fall ist in einer unsicheren, unbeherrschbaren Welt die gemeinsame Teilnahme an einer schöpferischen Arbeit in dieser Welt und an ihren Problemen die Voraussetzung dafür, daß Vertrauen entsteht, Lernprozesse in Gang kommen und Verantwortung akzeptiert und praktiziert wird.

Diese Form der Einbeziehung eröffnet einen Weg, seine Welt zu beeinflussen und über sie wie auch über sich selbst etwas zu erfahren; praktiziert wird sie von vielen Müttern (und einer Reihe von Vätern) sowie von allen guten Lehrern. Allerdings wird man damit nur dann Erfolg haben, wenn man dem Neuen und Unvorhergesehenen gegenüber offen bleibt und sich seine Verletzbarkeit bewahrt. Weder das Vorgehen noch das Resultat lassen sich in gewohnter Weise kontrollieren: die Normen von gemeinsamer Teilnahme sind mit den Versuchen einzelner, die gemeinsame, schöpferische Bemühung an sich zu reißen, unvereinbar.

Weder beim einzelnen Menschen noch bei Institutionen und Organisationen kann ein Lernprozeß in Gang kommen, wenn ein Schutzschild hochgeklappt wird und sie sich unverletzlich zu machen suchen. Man bemüht sich dann krampfhaft, die umgebenden Dinge abzugrenzen, damit keine Informationen hinzukommen, die belegen könnten, wie unzureichend man eine Sache beherrscht. Verletzbar bleibt derjenige, der zu erkennen gibt, daß er nicht dominieren, sondern betreut werden möchte. Hegen und Betreuen waren in unserer Kultur schon immer Sache der Frau. Von anderen Kulturen wissen wir, daß nicht nur Frauen die Fähigkeit dazu haben, und auch bei uns demonstrieren dies immer mehr Männer. Die Männer in unserer Gesellschaft erkennen zunehmend an, daß auch sie das Bedürfnis haben, zu betreuen und betreut zu werden. Das Echo auf diese Entwicklung ist positiv; ich bin zuversichtlich, daß wir auf diesem Weg weitergehen können und menschlichere und würdigere Formen finden werden, mit uns selbst umzugehen.

LITERATUR

1) Geoffrey Vickers: »Ecology, Planning and the American Dream«, in: »The Urban Condition«, Hrsg. Leonard Duhl. Basic Books, New York 1963

Plädoyer für eine politische Erneuerung

von Romesh Thapar

Wenn ich gefragt werde, welche Krise sich am sichtbarsten auch im 21. Jahrhundert auswirken dürfte, nenne ich stets zwei Faktoren: den Zerfall demokratischer Strukturen, dem sehr viele Staaten ausgesetzt sind, und die verzweifelten Versuche, mit dem Rückgriff auf autoritäre Machtausübung Probleme zu lösen. Fast scheint es so, als wollte unsere Welt die Neuauflage der 20er Jahre erleben, als in Europa der Faschismus sich breitmachte. Die Krankheit unserer Tage ist ernster; wir haben es nicht mit vereinzelten autoritären Regierungssystemen zu tun, sondern mit einer weitverbreiteten Hoffnungslosigkeit und dem Zusammenbruch demokratischen Denkens.

Wahrscheinlich werden wir die schrecklichen Verirrungen der 20er und 30er Jahre auch weiterhin als Reaktion auf die Erfahrungen mit kommunistischer Diktatur sehen – so lange, bis wir der Sache auf den Grund gehen und feststellen müssen, daß die eigentliche Ursache der politischen Verirrungen von damals die Krise der kapitalistischen Wachstumsgesellschaft und die Entstehung neuer Herausforderungen war, auf die es keine befriedigenden Antworten gab. Die allgemeinen Lebensbedingungen blieben bis in die Jahre nach dem Zweiten Weltkrieg schlecht, und es waren immer noch dieselben politischen Institutionen, denen es anvertraut war, die Schwierigkeiten zu beheben. Wir wollten nicht hinter die Kulissen der Konsumgesellschaft sehen und sorgten uns bestenfalls um die Stabilität des Ölpreises. Und jetzt sehen wir uns dem Zusammenbruch auf allen Ebenen gegenüber.

Politische Entscheidungen beeinflussen in unserer Zeit alle Lebensbereiche. Die Zahl der Menschen, die ihre Fesseln zu sprengen suchen und Forderungen stellen, die ihnen niemand erfüllen kann, wächst und wächst. Wie soll dieses Potential an Unzufriedenheit in die Bahnen eines demokratisch organisierten Lebens gelenkt werden? Wir haben es mit politischen Strukturen zu tun, die in der Feudalzeit entworfen wurden und die immer noch nicht mit Leben erfüllt sind. Die Forderung nach Gleichheit ist auf der Strecke geblieben; mit ihrem Untergang werden die Prinzipien von demokratischer Politik und Verwaltung rasch ausgehöhlt. Das gilt für Schulen und Universitäten, in denen für die Zukunft ausgebildet wird; für Rundfunk und Fernsehen, die gedankenlos die neuen Menschenmassen programmieren; für die überlasteten staatlichen Verwaltungsapparate, die den Menschen dienen sollten anstatt sie zu unterdrücken; für politische Parteien und Institutionen, die immer mehr zum Treffpunkt manipulierter und machthungriger Cliquen werden; und es gilt für politische Wahlen, in denen Geld die Hauptrolle spielt – oft genug sind es Mafiagelder. Wohin wir blicken: Zerreißproben, Spannungen – ist der Zusammenbruch noch aufzuhalten?

Diese Krise zeigt sich am deutlichsten da, wo sich die qualifiziertesten und intelligentesten Männer und Frauen weigern, das Spiel einer korrupten Machtpolitik mitzumachen, die von Mafiageldern getragen wird. Insbesondere gilt das für viele Entwicklungsländer, deren Infrastrukturen zu schwach sind, um den demokratischen Institutionen wirksamen Schutz zu bieten vor dem Einfluß außerhalb der Verfassung operierender Machtzentren und dem Einfluß ausländischer Interessen, die solche ungesetzliche Machtausübung unterstützen. Wohin man auch blickt, die Politiker sind heute nicht mehr die Volkstribunen, die mit ihrer Person für ein Programm einstehen, sondern eine »Front«, die von zwielichtigen und schädlichen Lobbyisten und Interessengruppen des In- und Auslands manipuliert wird.

In unserem Teil der Welt überläßt man die Politik den

Beauftragten einflußreicher Geschäftsleute, die über einen großen Fonds an Bestechungsgeldern verfügen, oder Schmugglern, die sich ein Netz von Einflußmöglichkeiten und Vergünstigungen aufgebaut haben, oder den Bürokraten, die enge Verbindungen pflegen mit internationalen Kreisen, die geübt sind in der Ausbeutung von Staaten. Häufig kandidieren irgendwelche ungebildeten lokalen Haudegen, deren Fähigkeiten darauf beschränkt sind, »Aktivitäten« zu organisieren, oder Gangstertypen, die es verstehen, einerseits einzuschüchtern, nach außen hin aber ehrenwert zu wirken. Alteingesessene Herrschergeschlechter – soweit sie überhaupt noch existieren – sind nur das notwendige respektable Deckmäntelchen für die politischen Herren. Natürlich geht es in reicheren Ländern etwas gesitteter zu. Man kann sich auf Wohlstand und Sicherheit ausruhen – wie dünn aber die Decke ist, sehen wir an den Ölpreisen und den Rüstungshaushalten, die das Trugbild zerstören.

Zwar verliert die politische Führung immer mehr an Niveau und Sachverstand, die Anforderungen an den Staat werden jedoch immer höher und komplizierter. Wir gingen bislang davon aus, daß der Staat dafür da sei, günstige Rahmenbedingungen für die Wirtschaft zu sichern und für eine gerechtere Verteilung zu sorgen. Inzwischen aber stellen sich die weltweiten Probleme ganz anders dar. Wir müssen Pläne machen für Bevölkerungsexplosionen bisher unvorstellbaren Ausmaßes, für große Völkerwanderungen quer durch die Kulturen und politischen Systeme, wir müssen uns darauf einstellen, daß überall in der Welt die ökonomischen Wachstumsraten sinken, daß zwischen einzelnen Kontinenten tiefgreifende und permanente Ungleichheit herrscht und daß die Sehnsucht der Menschen nach einer humaneren Wirtschaftsform und Lebensweise immer stärker und immer deutlicher artikuliert wird. Daß heute auf nationalen und internationalen Konferenzen so viele Phrasen gedroschen werden, wenn es um die Herausforderungen der Zukunft geht, belegt, daß wir mit unseren

Konzepten und Ideen am Ende sind. Den Menschen wird Sand in die Augen gestreut, indem man so tut, als wären die Entwicklungen leicht zu korrigieren und als wären bald sichtbare Erfolge zu erwarten. Davon kann jedoch keine Rede sein.

Die politische Führung und die staatlichen Behörden stehen heute vor der Aufgabe, eine ganze Reihe von schwierigen Problemen anzupacken, was ungeheure Energie und oft sehr unpopuläre Maßnahmen erfordert. Es ist äußerst kurzsichtig anzunehmen, die Gesellschaft würde sich irgendwie und irgendwann von alleine ihren Zielvorstellungen nähern. Je mehr sie sich selbst überlassen ist, desto mehr greifen Verwirrung und Anarchie um sich. Politische Führung ist notwendig, und ihre Funktion wird mehr und mehr darin bestehen, die vereinzelten Bestrebungen und Aktivitäten in ein allgemeines Programm zu integrieren, das von der ganzen Gesellschaft getragen wird. Es wird gefordert, den politischen Entscheidungsprozeß zu dezentralisieren, den Institutionen mehr Selbständigkeit zu gewähren, es wird gewarnt vor monolithischen Macht- und Interessengruppen. Leitgedanke all dieser Forderungen ist der Wunsch nach mehr Gerechtigkeit und Menschlichkeit in der Ausübung der Macht. Die Auswirkungen eines solchen Denkens sind sehr weitreichend.

Es ist äußerst wichtig, die intelligentesten und reflektiertesten Teile der Bevölkerung davon zu überzeugen, daß politische Arbeit schöpferische Tätigkeit ist. Das kann aber so lange nicht gelingen, wie Politik und Geld nicht fein säuberlich getrennt werden. Dieser Aspekt des öffentlichen Lebens hat so beängstigende Formen angenommen, daß nur noch Gangster, die aus dunklen Kanälen finanziert werden, sich in die Politik einschalten. Diese Entwicklung ist nicht nur bei uns in den Staaten des Südens anzutreffen, ihre geistigen Wurzeln liegen in der nördlichen Hemisphäre. Unsere staatlichen und gesellschaftlichen Institutionen sind so schwach, daß wir wohl für immer unter diesem Übel zu leiden haben. Schon werden Forderungen laut, es müsse ein Fonds gebildet werden, aus dem das finanziert wird, was eine Demokratie ausmacht: Wahlen, Volksabstimmungen, Kontrollen und gerichtliche Untersuchungen. Zu Recht nimmt man an, daß die Einlagen in einen solchen Fonds nur einen Bruchteil dessen ausmachen würden, was heute an Bestechungsgeldern in Umlauf ist. In der Diskussion über den Demokratie-Fonds werden aber auch Stimmen laut, die traditionelle und akzeptierte demokratische Praktiken in Frage stellen: bei direkten Wahlen und immer größeren Wahlkreisen entstehen Verzerrungen; Parteien degenerieren mehr und mehr zu Sekten mit sehr partikularistischen Interessen, Wahlergebnisse werden verfälscht, indem opportunistische Koalitionen gebildet werden. Die Wahlkämpfe – genau besehen eine äußerst korrumpierende Sache – tragen weniger zur Information als zur Täuschung der Menschen bei und nähren den Ehrgeiz derjenigen, die die Massenmedien manipulieren. In diesem Zusammenhang sollten wir uns auch darüber klar werden, daß die Tage eines politischen Systems, das auf festgelegten territorialen Einheiten – Parteien, Regierungen – basiert, gezählt sind und daß ein anderes politisches und sozioökonomisches Modell an seine Stelle treten muß.

Wir sollten sorgfältig prüfen, wie Systeme funktionieren, in denen indirekt gewählt wird, auch wenn Demokraten diese Vorstellung noch vor kurzem weit von sich wiesen. Dort, wo das Prinzip der indirekten Wahl verwirklicht und ausgebaut wurde, glaubt man fest daran, daß es möglich sei, neue politische Kräfte an der Basis zu gewinnen, die Parteien von rein ortsgebundenen, sektiererischen Interessen zu lösen und damit den gesamtgesellschaftlichen Zusammenhalt zu fördern. Es ist sogar denkbar, daß man statt über Personen vor allem über Sachfragen abstimmen läßt – und schließlich auch über sorgfältig ausgearbeitete, langfristige Pläne, die allein unser Überleben auf Erden garantieren können. Dazu wäre ein institutioneller Rahmen erforderlich, in dem die Interessen der Gesamtgesellschaft auf verschiedenen Ebenen artikuliert werden und in Politik umgesetzt werden können.

Eine derartige Rettungsaktion, die das erklärte Ziel verfolgt, eine Alternative zu den autoritären Regierungssystemen zu formulieren und zu institutionalisieren, müßte von Maßnahmen begleitet sein, die die staatlichen Behörden daran hindern, sich in fast alle Bereiche des Lebens einzumischen. Die Bürokratie muß zurückgedrängt und eine bürgernahe Verwaltungsform entwickelt werden. Bezeichnenderweise beschränkt sich die Diskussion dieser Fragen gegenwärtig auf ziemlich dilettantische Ausführungen zum Thema Privat- und Staatsunternehmen. Wir müssen die Frage der Organisation viel grundlegender angehen und die Arbeit des gesamten Staatsapparats durchleuchten.

Worum geht es? Um das Aufbrechen monolithischer Verwaltungsstrukturen, um die Förderung kleinerer, miteinander wetteifernder Einheiten, um einen selbständigen Arbeitsstil und Dezentralisierung. Nimmt man diese Ziele und dazu die vielfältigen Auswirkungen der Mikroelektronik, dann dürfte genug Stoff für einen Wandel da sein. Er wird aber so lange nicht die von uns gewünschte Größenordnung haben, wie die langfristigen Perspektiven nicht geklärt sind. Der Staat muß sich auf die Aufgaben beschränken, die von keiner anderen Institution erledigt werden können; die dann »befreiten« Gebiete müssen jedoch sorgfältig gegen die Mafia und Leute, denen es allein um Profite geht, abgeschirmt werden. Sollte dies nicht gelingen, wäre durch den Wandel das Gegenteil dessen bewirkt, was beabsichtigt war. Ich denke hier vor allem an die Entwicklungsländer, deren Regierungen den Menschenmassen nicht gewachsen sind und in denen das Privatkapital von einer triumphalen Rückkehr träumt.

Sobald man darangeht, diese Entwicklungsmöglichkeiten durchzuspielen und zu erproben, merkt man, wieviel hier noch an Basisarbeit geleistet werden muß – wir brauchen Selbständigkeit, persönliche und kollektive, wie wir sie im Bereich der nichtstaatlichen Infrastruktur finden. Selbständigkeit und Selbstversorgung kennen wir vor allem in Verbindung mit nationalstaatlichen Bestrebungen. Höchst selten wird darunter die innere Kraft von Individuen und Gruppen verstanden. Wenn es gelänge, diese Kräfte zu mobilisieren und sie in den größeren Zusammenhang einer langfristigen Entwicklung zu stellen, könnte so manches Konzept mit Leben erfüllt werden.

In den asiatischen Ländern gibt es eine jahrhundertealte Tradition des Selbstvertrauens, die die Menschen gegen die Mißachtung und Brutalisierung der Regierungen schützte. Heute ist es vielfach so, daß irgendwelche Förderungs- und Wachstumsprogramme in das traditionelle System der Selbstverantwortung und Selbstversorgung eingreifen und die Menschen von weit entfernten und unerreichbaren Autoritäten abhängig geworden sind. Natürlich brauchen die traditionellen Gesellschaften Anregungen von außen, eine nicht sorgfältig überlegte Einflußnahme jedoch kann zerstörerisch wirken. Gerade heute, da Wissenschaft und Technik sich sprunghaft entwickeln und sich eine neue Art von Selbständigkeit ankündigt, die man mit Knopfdruck in Gang setzen kann, müssen wir uns bemühen, eine humane Selbständigkeit zu realisieren. Alle schöpferischen Kräfte in der Kultur eines Landes, ohne die es nirgendwo eine positive Entwicklung geben kann, ob Norden oder Süden, Osten oder Westen, müssen dabei bewahrt bleiben.

Solange wir den Zerfall der politischen Institutionen nicht als Indiz für die fundamentale Krise begreifen, in die die politischen, wirtschaftlichen und gesellschaftlichen Systeme, die unsere Zivilisation tragen, geraten sind, so lange werden wir keine ideologische Basis finden für den Widerstand gegen autoritäre »Allheilmittel«, für den Widerstand gegen einen totalitären Staat. Es ist nicht nötig, darauf näher einzugehen; eine zu deutliche Sprache sprechen die ungeheuren Rüstungsausgaben, die Jahr für Jahr rund 700 Milliarden Dollar verschlingen, die die Menschheit dringend bräuchte, um menschenwürdig zu leben. Es ist zwecklos, an Reformen herumzubasteln; diese Einsicht setzt sich allmählich in den Köpfen derer durch, die sich um die Zukunft der Entwicklungsländer Gedanken machen.

Überall da, wo dieses neue Bewußtsein aufscheint, stößt es jedoch sofort auf den Widerspruch festgefahrener Ideologien, Parteiprogramme und miteinander konkurrierender Institutionen. Keynesianismus, Marxismus-Leninismus, Trotzkismus, Anarchismus und Nihilismus scheinen kapitulieren zu müssen angesichts der enormen Herausforderungen, vor denen wir stehen. Es beginnt also das traurige Spiel der Suche nach Wundermännern, nach Messias-Figuren. Aber nicht Wundermänner können die Hilfe bringen, die unsere Welt braucht, sondern nur die Bemühungen jedes einzelnen; diese Bemühungen müssen unterstützt werden. In diesem Punkt jedoch erweisen sich alle Gesellschaftssysteme als gleichermaßen inflexibel, so sehr sie sich sonst unterscheiden mögen. Hier muß unser Kampf einsetzen.

Zunächst müssen wir uns um die Ausbildung einer möglichst breiten Führungsschicht bemühen, die den Mut aufbringt, mit neuen demokratischen Formen zu experimentieren. Möglicherweise wird man damit in solchen Bereichen beginnen, in denen keine Widerstände gegen neue Ideen zu erwarten sind. Auf jeden Fall werden diejenigen, die sich an die alten Strukturen klammern, auch für den unbefriedigenden und nicht mehr funktionstüchtigen Status quo verantwortlich zu machen sein. Wenn wir erfolgreich eine neue Führungsschicht heranbilden wollen, die einen kollektiven Arbeitsstil pflegt und sich aus Personen zusammensetzt, die langjährige Erfahrung in der Arbeit mit Menschen haben, werden wir auf jeden Fall unser politisches System gründlich umkrempeln müssen. Es ist müßig, *das* perfekte Modell ausarbeiten zu wollen, wir brauchen sogar verschiedene Lösungsmöglichkeiten.

Die systematische Arbeit an der Mobilisierung einer

neuen Führungsschicht ist die einzige Garantie dafür, daß die qualitativ verschiedenen Herausforderungen, vor denen die Regierungen in allen Weltregionen stehen, begriffen und auf menschliche und zivilisierte Weise in Politik umgesetzt werden. Der Ausbruch lang aufgestauter Wut und Gewalt – Reaktionen auf die sprichwörtliche Arroganz und die schreckliche Brutalität der etablierten Macht – kann nicht mehr lange aufgehalten werden. In Zukunft werden wir anders vorgehen müssen, was wiederum voraussetzt, daß sich unser Begriff von Führungstätigkeit prinzipiell ändert.

Zugegeben, unter Führungstätigkeit kann man sich vielerlei vorstellen; wir haben schließlich die brutalsten politischen Messiasfiguren erleben müssen, allerlei finstere Verschwörer, die sich mit liberalen Phrasen tarnten, und Militärdiktatoren, die ausnahmslos die Rückkehr zur sogenannten »Normalität« versprachen. Das sind allerdings pervertierte Formen politischer Führungstätigkeit, ich möchte hier jedoch von demokratischen Regierungsformen sprechen.

Das parlamentarische Regierungssystem, wie wir es heute verstehen, entstand etappenweise, als die Menschen aus den verschiedenen Teilbereichen der Gesellschaft ein Mitspracherecht bei der Gestaltung und Steuerung ihres Lebens verlangten. Die gleiche Forderung, die damals zum Entstehen dieses Systems beigetragen hatte, stellt es heute in Frage, weil es nicht mehr die Aufgaben erfüllt, für die es geschaffen wurde. Natürlich spielt die Bevölkerungsexplosion eine wichtige Rolle; ich glaube jedoch, daß die Distanz zwischen den Regierenden und den Regierten den Kern des Problems ausmacht.

Tatsächlich wird diese Distanz mit jeder neuen technischen Erfindung noch größer. Die hochzentralisierten staatlichen Apparate, die Manie, immer nach demselben Schema vorzugehen, die riesigen Produktionsapparate, die voneinander abhängig und verletzbar sind, sind anfällig für störende Kettenreaktionen und erzeugen tiefsitzende Ängste, die unausgesprochen bleiben. Wenn Führung heißt, diese gesichtslose, unpersönliche Funktion auszuüben, dann werden die Menschen unter Umständen zur Gewalt greifen und die Infrastrukturen und Technologien, die sie zu Sklaven gemacht haben, einfach zerstören.

Die Ansätze, die Kluft zwischen Regierenden und Regierten zu überbrücken, sind mehr als bescheiden. Die meisten Menschen haben keinerlei Entscheidungsmöglichkeiten. Die Wege der Politik sind so verschlungen, der Eintritt so hoch, daß kein ehrlicher, integrer Mensch da eindringen kann. Ohne Bestechungsgelder oder Förderung durch die Mafia kommt keiner in wichtige Positionen. So sieht die Realität aus – trotz des Überflusses in der nördlichen Hemisphäre. Der Durchschnittsbürger ist fast genauso hilflos, wie er immer war; er kann sich nur dann Gehör verschaffen, wenn er sich außerhalb der etablierten Institutionen organisiert.

Auf die Dritte Welt, die sich nur mühsam von den lähmenden Nachwirkungen der Kolonialherrschaft befreit, wirkt sich dies noch viel schlimmer aus, da hier die Kluft zwischen Regierenden und den Regierten ganz andere Dimensionen annimmt. Die Regierungen versuchen krampfhaft, ihre Kollegen aus den reichen Ländern nachzuahmen und entfernen sich immer weiter von ihrem Volk. Die wenigen Staaten mit demokratisch gewählten Parlamenten werden sich vielleicht bald den Luxus, Wahlen abzuhalten, nicht mehr leisten können oder wollen. Auch dieses System diskreditiert sich immer mehr. Man wird also die Spielregeln ändern müssen, um wirkliche demokratische Verhältnisse zu bekommen. Das ist der entscheidende Punkt aller Überlegungen zur Leitungstätigkeit; wir müssen die Menschen dafür gewinnen, sich aktiv zu beteiligen.

Die Regierungsformen, die wir kennen, erweisen sich mehr und mehr als unwirksam; wir haben nämlich nie versucht, sie so zu strukturieren, daß sie gegen die jetzigen Herausforderungen gewappnet wären. Dieser kritische

Punkt wurde bisher überspielt mit Selbsttäuschungen über den Charakter der Wohlstandsgesellschaft und bequemen Gedankenspielen über den Zustand der Welt. Inzwischen wächst aber die Zahl derer, die die bislang vorherrschenden politischen und wirtschaftlichen Modelle in Frage stellen. Sie behaupten, daß weder die Regierungsformen der kapitalistisch-liberalen noch die der sozialistisch-kommunistischen Welt auch in unseren Tagen noch allgemeine Gültigkeit beanspruchen könnten.

In den Teilen der Welt, die die schrecklichste Ausplünderung durch die Kolonialmächte erlebten und jetzt vor dem enormen Problem stehen, wie zwei Dritteln der Menschheit ein einigermaßen menschenwürdiges Leben zu verschaffen ist, ist dieser Gedanke besonders weit verbreitet. Hier wurde schon fast alles diskutiert und praktisch erprobt, was es an Regierungsformen überhaupt gibt: die Dezentralisierung der Macht, um die Menschen zur Mitarbeit zu ermutigen; der Gedanke der Gleichberechtigung aller, um einen einfachen Lebensstil zu propagieren und soziale Spannungen abzubauen; zentrale Planung und Verwaltung, um die Wirtschaft beschleunigt zu entwickeln und sie vom internationalen Kapital und dessen Ausbeutungspraktiken unabhängig zu machen; und man hat versucht, die wirtschaftliche mit der gesellschaftlichen Entwicklung in Einklang zu bringen. Trotz dieser Bemühungen haben wir leider oft genug auch schreckliche Irrwege beschritten. Der Kampf geht weiter; wir glauben, daß sein Ergebnis davon abhängt, welche Konzepte für zukünftige Regierungsformen entwickelt werden.

In all den Jahrhunderten, auf die wir uns immer wieder beziehen, verstand man unter Regierung ein vertrautes Machtzentrum, das man nach und nach in ein System überführen wollte, in dem demokratische Kontrolle und ein Gleichgewicht der Kräfte möglich war. Es gab Fortschritte und auch Rückschläge, aber man konnte mit einiger Sicherheit davon ausgehen, daß die Entwicklung kontinuierlich weiterging. Das ist seit dem Zweiten Weltkrieg anders geworden. Mit dem Zerfall der Kolonialreiche entstand ein Bruch in der kontinuierlichen Entwicklung; wir sehen mit eigenen Augen, wie alle Systeme, ob demokratisch oder diktatorisch, in die Krise geraten sind. Irgendwelche Rettungsaktionen bringen nichts ein. Resignation, Zynismus, Gleichgültigkeit greifen um sich; andererseits ist noch keine koordinierte Aktion zustandegekommen, die die vielfältigen Krisenerscheinungen zum Anlaß einer Politik genommen hätte, die eine echte Alternative darstellen und die gesellschaftliche Landschaft von Grund auf verändern würde.

Ich möchte die notwendigen qualitativen Veränderungen für die wichtigsten Lebensbereiche kurz umreißen, damit wir einen Begriff von der Qualität der Systeme und der Persönlichkeiten bekommen, die sich an die Spitze einer neuen Bewegung stellen könnten.

1. Was heißt eigentlich Entwicklung? Bislang haben wir das in bedeutungslosen Zahlen ausgedrückt, Pro-Kopf-Einkommen, Bruttosozialprodukt und ähnliches. Jetzt aber muß man sich zuerst darum bemühen, an der Basis der Gesellschaft soziale Veränderungen in Gang zu bringen. Die bestehenden Polarisierungen müssen abgebaut werden, andernfalls würden sie durch die Entwicklung nur noch verstärkt. Insbesondere für offene Gesellschaften, die dem Druck von außen ausgesetzt sind, ist dies ein enorm schwieriges Unterfangen. Das Wort »demokratisch« verwende ich absichtlich nicht, obwohl das der gängige Sprachgebrauch ist. Im Verlaufe dieses Transformationsprozesses der Gesellschaft also müssen wir nach meiner Überzeugung die Elemente einführen, die das natürliche Selbstvertrauen der Menschen stärken. Es muß verhindert werden, daß Menschen in der Wirtschaft wie Objekte hin- und hergeschoben werden oder bürokratischen Hierarchien ausgeliefert sind, die immer übermächtiger werden. Die Menschen müssen es lernen, ihre schöpferischen Fähigkeiten zu entfalten, eine neue Selbstachtung erwerben, Mitwirkungsmöglichkeiten suchen, die Bürokratie in die

Schranken weisen. Das ist die Lehre, die wir aus der Geschichte ziehen müssen.

2. Was die Beziehung des Menschen zur Technik betrifft, so ist es nicht entscheidend, ob menschliche Muskelkraft oder Denkfähigkeit von den neuen Errungenschaften verdrängt werden, die uns die Wissenschaft und die von ihr gezeugten neuen Technologien bescheren. Vielmehr müssen die Voraussetzungen geschaffen werden, daß die Menschen über die Technik bestimmen und ihren Einsatz steuern können. Hier gibt es verschiedene Möglichkeiten; wichtig ist, die für die jeweilige Kultur geeigneten Formen einer solchen Kontrolle zu finden. Der Mensch muß im Mittelpunkt stehen – das sollte die gemeinsame Ausgangsbasis sein. Wir wenden uns gegen die gefährliche These, in unserem elektronischen Zeitalter komme es allein darauf an, Arbeitszeit durch Freizeit zu ersetzen. Allein diese Behauptung belegt, wie gedankenlos sich diejenigen, die die Macht haben, den Problemen des Jahrhunderts gegenüber verhalten.

3. In den Staaten der Dritten Welt herrscht schreckliche Wohnungsnot. Große Teile der Bevölkerung haben nicht einmal ein Dach über dem Kopf. Hier muß sich grundlegend etwas ändern – aber nicht dadurch, daß man gedankenlos unsere Landschaft durch billige Fertigbauten aus Beton und Glas verschandelt. Allerdings sind wir auch weit davon entfernt, architektonisch schöne Wohnungen aus neuen Materialien in großem Maßstab errichten zu können, um damit den Hunderten von Millionen obdachloser Menschen angemessenen Wohnraum zu verschaffen. Eine Lösung könnte es sein, aus den Baumaterialien, die am Ort verfügbar sind, verstreute Wohngebiete zu errichten. Die Politik hat auf diesem Sektor völlig versagt, weil man nicht wagte, eingefahrene Bahnen zu verlassen. Das Ergebnis: Wohnungsbauprogramme sind überall in unserer Welt mit Enttäuschungen und Desillusionierung verknüpft. Das Gefühl, das Wohnungsproblem sei nie und nimmer zu lösen, macht sich breit und garantiert phanta-

stische Spekulationsgewinne auf dem Grundstücksmarkt und im Bausektor.

4. Im Bereich von Ausbildung und Erziehung bedarf es grundlegender Veränderungen. Wie können wir uns geistig darauf vorbereiten, einem Komplex von Herausforderungen zu begegnen, die untereinander in Beziehung stehen? Ausbildung muß in Zukunft ein sehr viel intensiverer Vorgang sein, in dessen Verlauf jeder einzelne über die Fähigkeiten von Computern hinaus kreatives Denken lernen kann und ihm die Möglichkeit der Spezialisierung offensteht. Ausbildung ist ein in stetem Wandel begriffener Prozeß, der eng verknüpft ist mit der wissenschaftlichen und technologischen Entwicklung. Das jetzige Bildungssystem wurde in Zeiten geplant, die geringere Anforderungen stellten als die unsrige; es zielte auf Vermittlung eines überschaubaren Wissens und der Herausbildung geistiger Eliten; dieser Anspruch wurde durch die Verfechter der Gleichheit aller ad absurdum geführt. Die Ausbildungseinrichtungen bedürfen einer gründlichen Reform, wenn die Menschen die Maschinen sinnvoll einsetzen sollen. Nur ein winziger Teil der verfügbaren menschlichen Gehirnmasse wird überhaupt genutzt. Das zu verändern, stellt eine gewaltige Herausforderung dar.

5. Der Einsatz neuer Produktionsmittel wird in den vor uns liegenden Jahren eine Neudefinition vieler Berufe erfordern, der massive Einsatz von Mikroprozessoren hat dieses Thema bereits auf die Tagesordnung gesetzt. Wir müssen uns offen dem Problem stellen, daß die Menschen angesichts von Robotersystemen, die den Produktionsprozeß bestimmen werden, in Panik geraten werden. Man muß sie davon überzeugen, daß sie die Kontrolle behalten werden und daß sie sich auch weiterhin bemühen müssen, ihre individuellen Fähigkeiten auszubilden. Es hätte verheerende Konsequenzen, wenn wir in diesem Punkt versagen würden. Fehlendes oder unzulängliches Wissen über die komplexe Rolle von Wissenschaft und Technik könnte eine neue Maschinenstürmerei zur Folge haben. Auch hier

registrieren wir mit Erstaunen, daß die offiziellen Stellen dieser Herausforderung mit den Mitteln des alten Systems begegnen.

6. Die Ausgaben für die medizinische Versorgung sind sehr ungleich verteilt. Die riesigen Summen, die ausgegeben werden, um eine winzige Minderheit von Menschen künstlich am Leben zu erhalten, sollten einmal den völlig unzureichenden Mitteln gegenübergestellt werden, die für die medizinische Versorgung der großen Mehrheit bereitstehen. Das ganze System ist nicht in Ordnung, aber mächtige Lobbies (die Ärzte, Arzneimittelhersteller, die Hierarchien der Krankenhäuser) erhalten es am Leben. Angesichts des ungeheuren Bevölkerungswachstums und der Umweltverschmutzung kommen immer mehr Sachverständige zu der Überzeugung, daß jede Verzögerung bei der Reform der Gesundheitspolitik das Ende der menschlichen Art heraufbeschwören könnte. Die Gegenstimmen werden immer leiser. Wir müssen durchsetzen, daß auf diesem Gebiet jetzt gehandelt wird.

7. Die Kultur der Völker und die dazugehörigen Einrichtungen müssen verteidigt werden; jedes Volk muß trotz der in wachsendem Maße mechanischen und auf Nachahmung beruhenden Verhaltensnormen der Moderne seine eigene, ursprüngliche Identität finden können. Ich betone das auch deshalb, weil in vielen Gesellschaften egalitäre Forderungen im Vordergrund stehen; die Quellen des kulturellen Erbes und seine Besonderheiten geraten immer mehr in Vergessenheit. Diese kulturspezifischen Qualitäten aber sind der Nährboden einer Elite, die wir unbedingt brauchen, allerdings in anderer Weise als früher. Wie können wir einen Kreis von Persönlichkeiten gewinnen, der bereit ist, sich mit kühnen und auch unpopulären Gedanken für die Erhaltung und Entwicklung dieser kulturellen Identität und Kreativität einzusetzen? Was tun die Regierungen in dieser Hinsicht? Sie debattieren bestenfalls über die Ursachen von Pornographie und der Darstellung von Gewalt und erkennen vielleicht noch die Notwendigkeit,

deren Auswirkungen genauer zu untersuchen. Die Förderung kreativer Fähigkeiten in allen ihren Formen ist ein wichtiges Gebot unserer Tage.

8. Wir müssen den unterschiedlichen Lebensstil und die ungleiche Lebensqualität der Menschen in aller Welt neu überdenken. Im Laufe der Jahre sind wir hier auf Abwege geraten, und die Gegensätze zwischen arm und reich sind immer schroffer zutage getreten. Diese Fehlentwicklung kann zur ökologischen Katastrophe auf unserem Planeten führen. Unsere Welt kann auf lange Sicht nicht auf verschiedenen Stufen leben, sie ist zu klein, um solche krassen Unterschiede zu verkraften. Wir wissen jedoch, daß die Lebensweisen der Menschen tief verwurzelt sind und nur sehr überzeugende Argumente eine Verhaltensänderung bewirken können.

Wir müssen es fertigbringen, den Menschen die Vorteile einer einfacheren, unkomplizierteren Lebensweise klarzumachen. Enttäuschungen oder das Gefühl, zu kurz zu kommen, würden die Bemühungen zum Scheitern verurteilen. Mit anderen Worten: nichts darf dem Zufall überlassen werden, der Markt muß ergänzt und korrigiert werden durch neue Angebote, die ebenso attraktiv sind wie die Angebote und Versprechungen derer, die sich für die selbstzerstörerische Konsumgesellschaft stark machen. »Alternativ leben« muß zu einer einprägsamen Parole werden.

9. Der Kampf um den Frieden muß entschiedener geführt werden. Ich will hier nicht noch einmal von den schrecklichen Folgen der Rüstungsausgaben sprechen, die rund 700 Milliarden Dollar jährlich ausmachen und weiter ansteigen. Erst wenige haben erkannt, wie sehr das alltägliche Leben der meisten Gemeinschaften von diesen abnormen Zahlen beeinflußt wird, da die wichtigen Aufgaben, die ich aufgezählt habe, wegen des Wahnsinns der Rüstungsausgaben zurückstehen müssen. In diesem Jahrzehnt wird den verschiedenen Regierungssystemen wohl nicht anderes übrigbleiben, als diese verbrecherischen

Ausgaben zurückzuschrauben. Wenn der Druck der Öffentlichkeit stark genug ist, können hie und da vielleicht sogar einseitige Abrüstungsmaßnahmen erzwungen werden – dann, wenn angesichts der Tatsache, daß wir bereits jetzt in der Lage sind, uns mehrmals zu vernichten, endlich die Unsinnigkeit des Wettrüstens erkannt wird.

Es dürfte klargeworden sein, daß es sich bei all diesen Problembereichen um qualitativ neue Herausforderungen handelt, denen sich unsere Regierungen gegenübersehen. Es sind so grundlegende, für unser tägliches Leben so einschneidende Fragen, daß es töricht wäre, mit den alten Wertsystemen an sie heranzugehen. Politik kann nicht mehr nach dem Schema: Geld auftreiben, Etats aufstellen und hinterher Bilanz ziehen, abgewickelt werden. Die Voraussetzung für die adäquate Lösung der anstehenden Probleme ist eine personelle und inhaltliche Umstrukturierung der politischen Führung, da sich in vielen Teilen der Welt die Politiker zum Abschaum der Menschheit degradiert haben.

Und wo fangen wir an mit der Suche nach neuen Führungskräften, die Wortführer der Transformationsperiode sein könnten? Finden wir sie unter den wechselnden Schatten der charismatischen Figuren? In den unsicheren Hierarchien der Militärregierungen? In den Reihen der ungeduldigen Kader fanatischer oder autoritärer Parteien? Oder gar in der Mafia wohlgesinnten Kreisen? Oder aber wenden wir uns an die Männer und Frauen, die das Vertrauen und die Unterstützung des Volkes haben und mit ihm arbeiten? Für mich steht außer Frage, daß wir in diesem Bereich die Menschen finden, die bereit sind, die großen Aufgaben in Angriff zu nehmen. Wir brauchen keine Fernsehstars, sondern Vertreter des Volkes, ihnen muß die nötige Anerkennung und Unterstützung verschafft werden.

Allerdings dürfen wir nicht davon ausgehen, daß diese Männer und Frauen in den bestehenden parlamentarischen Systemen durch demokratische Wahlen nach oben kommen. Wir brauchen andere Wege – und zwar schnell. Es müssen immer wieder neue Möglichkeiten ausprobiert werden, bis die richtigen Auswahlverfahren und Beteiligungsformen gefunden sind. Sie werden sich je nach Region und Gesellschaftssystem unterscheiden. Der zentrale Punkt ist jedoch überall derselbe: die aktive Mitwirkung der Menschen an der Basis ist die Voraussetzung jeder Entscheidungsfindung, und das erfordert dezentralisierte Machtstrukturen. Nur auf diese Weise werden wir unsere Lebens- und Arbeitswelt so umgestalten können, daß Menschlichkeit und die Entfaltung unserer schöpferischen Kräfte den ersten Rang einnehmen.

Vorschläge zur Regelung des Umwelt- und Ressourcenproblems

von André van Dam

Wir streben eine Gesellschaft an, die auf lange Sicht allen Menschen eine humane und wirtschaftlich sichere Zukunft bieten kann und von den natürlichen Ressourcen unseres Planeten sinnvollen Gebrauch macht. Mit diesem einen Satz läßt sich in aller Kürze das Dilemma der Menschheit umreißen, das Dr. Aurelio Peccei in seinem letzten Buch »Die Zukunft in unserer Hand«[1)] so eindringlich beschrieben hat.

Ein erster, sehr naheliegender und praktischer Schritt in diese Richtung wäre es, der Vergeudung einen Riegel vorzuschieben. Unser Planet, so Mahatma Gandhi, bietet genug, jedermanns Bedürfnisse zu befriedigen, nicht jedoch jedermanns Begehrlichkeit. Die Nutzung der Ressourcen unserer Erde bedarf dringend einer Regelung. Die Ökologen in dieser illustren Versammlung denken jetzt sicherlich sofort an Umweltschutz, die Reinhaltung von Luft, Wasser und Landschaft. Die Ökonomen denken an den sparsamen Umgang mit nicht regenerierbaren Rohstoffen, während die Philosophen unser Problem vielleicht im Zusammenhang mit einer neuen Ethik sehen, einem neuen Lebensstil, bei dem etwas sein wichtiger ist als etwas besitzen. Die Vertreter technischer Disziplinen meinen, eine sinnvolle Lösung des Umweltproblems beinhalte das Recycling von Metallen, Papier und Glas. Die Sozialwissenschaftler schließlich denken an die Schaffung neuer Arbeitsplätze. Unabhängig von unseren Berufen halten wir die Rüstung für den sichtbarsten Ausdruck dieser Vergeudungsgesellschaft, die wir aufgebaut haben und womit wir uns und die nachfolgenden Generationen gefährden.

Eine Regelung der Umweltnutzung wird zur Folge haben, daß wichtige Rohstoffe nicht so rasch erschöpfen, daß Arbeitsplätze geschaffen, die Lebensqualität verbessert und ein anhaltendes Wirtschaftswachstum gesichert werden kann. Verringert wird der Inflationsdruck, die Gefährdung der Umwelt, der Rohstoffanteil pro Ware sowie die Ungerechtigkeiten bei der Verteilung der Mittel.

Die wichtigsten Bereiche unseres auf Verschwendung basierenden Lebens, zu denen der Club of Rome Stellung nehmen könnte, sind: 1) Abfallbeseitigung, 2) Recycling, 3) Energiesparen, 4) Wegwerfmentalität und 5) die Vergeudung von Zeit und Talenten.

Abfallbeseitigung

Eines der quantitativ größten Probleme sind die Abfälle. In den reichen Ländern »produziert« jede Familie – direkt oder indirekt – im Durchschnitt jährlich 75 Tonnen feste Abfälle. Im einzelnen sind es: 45 Tonnen Abfälle aus landwirtschaftlichen und tierischen Produkten, 20 Tonnen Abfälle aus Bergbau und Rohstoffgewinnung, 10 Tonnen aus privaten Haushalten, Städten und Kommunen, Handel und Industrie. Die meisten Gedanken macht man sich bislang über die letztgenannten 10 Tonnen.

Die erste und wichtigste Aufgabe lautet: Vermeidung von Abfällen, soweit das möglich ist, z. B. durch Herstellung dauerhafter Produkte, die auch nachdem sie aufgebraucht sind noch etwas wert sind.

Die Industrie muß auch dann noch für ihre Erzeugnisse verantwortlich gemacht werden können, wenn die Garantiezeit abgelaufen ist. Zwar muß der Verbraucher fürs erste einen höheren Preis bezahlen; da aber die Lebensdauer der Waren länger ist, werden sie insgesamt gesehen billiger. Zum sinnvollen Umgang mit Abfällen gehört auch das Wissen, daß alle Produkte einen Rest-Wert besitzen, entweder für den Hersteller selbst oder einen anderen Industriezweig.

Zu den umweltschützenden Regelungen gehört auch die Herstellung größerer, weniger materialaufwendiger Behälter, das Einsparen unnötigen Verpackungsmaterials usw.

Recycling

Eine weitere Regelung muß der Wiederaufbereitung von Rohstoffen nach ihrem ersten Gebrauch gelten. Das Recycling ersetzt noch ungenutzte Rohstoffe, hilft Rohstoffmängel auszugleichen, erzieht zur Sparsamkeit. Wir sind uns bewußt, daß das Recycling eine Menge technischer und organisatorischer Probleme aufwirft; das gilt für organische Stoffe (Lebensmittel, Papier, Gummi, Textilien, Holz usw.) wie für nichtorganische (Aluminium, Kupfer, Glas, Eisen, Blei, Stahl usw.).

Auf dem freien Markt, der sich nur an Angebot und Nachfrage orientiert, schneiden neue Produkte oft besser ab als die durch Recycling gewonnenen, was teilweise auch auf staatliche Subventionen zurückzuführen ist. Angesichts der Tatsache aber, daß die Sekundärproduktion weniger umweltbelastend, arbeitsintensiver und energiesparender ist als die Primärproduktion, sollten eigentlich die durch Recycling gewonnenen Produkte subventioniert werden.

Das Recycling von Papier ist am weitesten verbreitet (20 % in Amerika, 30 % in Europa und 40 % in Japan). Die Metalle, die am häufigsten wiederaufbereitet werden, sind Kupfer, Blei, Eisen und Stahl, Aluminium, Silber und Gold, Nickel, Chrom und Zink (in dieser Reihenfolge). Glas ist das Stiefkind des Recycling; zum einen fehlt es an der geeigneten Technologie, zum anderen spielen große Entfernungen und die Wirtschaftlichkeit eine Rolle. Und doch bringt es Japan bei Flaschen auf eine Recycling-Rate von 80%. Auch beim Recycling von Plastik liegt Japan vorne: dieses Material ist besonders problematisch, da es sich auch auf Dauer nicht auf natürlichem Weg zersetzt.

Müll läßt sich verwerten, wenn entsprechende Auffangstellen eingerichtet werden, wo die Verbraucher die Abfälle an die Hersteller zurückgeben können. Andere Möglichkeiten, Müll wiederzuverwenden, sind: das Kompostieren, die Bio-Umwandlung bzw. Biosynthese, die anaerobische und die durch Mikroben verursachte Vergärung.

Energiesparen

Feste Abfälle kann man in Energie umwandeln, in Strom oder in Methanol (aus Müll gewonnener Brennstoff). Am meisten kann jedoch auf dem Energiesektor selbst erreicht werden: Kohle, Gas und Öl sind durch die Nutzung der Sonnenenergie, der Gezeiten, des Windes und anderer regenerierbarer Energiequellen – gegebenenfalls auch durch Arbeit – ersetzbar. Die nicht-regenerierbaren Ressourcen können wir schützen, wenn wir uns zu einem natürlicheren, einfacheren Lebensstil entschließen. Das Problem dabei ist, genau festzulegen, wo die Grenze zwischen Verbrauch, Verschwendung und Luxus zu ziehen ist.

Die gewaltige Erhöhung des Ölpreises hat viel zur Durchsetzung von Energiesparmaßnahmen beigetragen. Es gibt die verschiedensten Möglichkeiten: die Isolierung der Wände; Stromsparen bei der Raumheizung; die Nutzung der Abwasserwärme in der Industrie; den Ausbau der öffentlichen Verkehrsmittel; die Verlagerung von Transportkapazitäten von der Straße auf die Schiene; Umsiedlungsmaßnahmen, um den Weg von der Wohnung zum Arbeitsplatz und die Transportwege für Rohmaterialien und Fertigwaren zu den Märkten zu verkürzen; die Förderung arbeitsintensiver Tätigkeiten auch im Freizeitbereich. Eine große Herausforderung ist die Reifenverwertung; hier kann auch etwas zum Schutz der Umwelt getan werden.

Kampf gegen die Wegwerfmentalität

Die Werbung suggeriert uns, rasch wieder etwas Neues zu kaufen; der Wohlstand, die Unwissenheit der Verbraucher und die Aufmachung der Waren tun ein übriges. Rasch wechselnde Modeerscheinungen, die Art der Verpackung, fehlende Ersatzteile, teurer Kundendienst und vor allem die fehlenden bzw. wenig ausgebauten Möglichkeiten, mit Gebrauchtwaren zu handeln – sie alle sorgen dafür, daß Waren vorzeitig veralten. In erster Linie ist hier »Erziehung« nötig: wir müssen den Ehrgeiz wecken, sorgfältig zu arbeiten, auszubessern statt wegzuwerfen, zu bearbeiten statt nur besitzen zu wollen, handwerkliche Fähigkeiten zu entwickeln. Durch steuerliche Maßnahmen könnte man dazu bewegen, daß mehr Reparaturen vorgenommen werden und weniger weggeworfen wird. Die Rolle der Werbung, die die Wegwerfmentalität entscheidend mit zu verantworten hat, muß neu durchdacht werden. Werbung sollte in erster Linie der Information und der Aufklärung dienen. Sie sollte sich an echten Wünschen und Bedürfnissen ausrichten und der Verschwendung vorbeugen, indem sie die Verbraucher rechtzeitig und genau informiert.

Vergeudung von Zeit und Talenten

Am traurigsten ist die Vergeudung von Zeit und menschlichen Talenten und Fähigkeiten. Insbesondere in der Dritten Welt ist dies die Quelle unsäglichen Leidens und verursacht in der Wirtschaft große Schäden. Arbeitslosigkeit und Unterbeschäftigung sind alltägliche Dramen. Arbeitslos sein heißt, außerhalb der Gesellschaft zu stehen – ohne

Einkommen, Selbstachtung und Hoffnung. Unterbeschäftigt zu sein heißt, daß man minder qualifizierte Tätigkeiten verrichten muß.

Das Fernbleiben von der Arbeit ist eine Verschwendung, die sich einige auf Kosten ihrer Mitbürger leisten. Streiks, Arbeitsniederlegungen, ein bürokratischer Arbeitsstil und die Anstellung eigentlich überflüssiger Arbeitskräfte gehören in eine ähnliche Kategorie. Viele müssen Tätigkeiten verrichten, die keinerlei persönlichen Einsatz oder Fähigkeiten erfordern. Um Zeit und Talente zu sparen, brauchen wir eine Wirtschaft, in der der Mensch zählt, in der die Menschen die Chance haben, sich weiterzuqualifizieren, in der ihre Leistungsfähigkeit gefordert ist, Technik und Mensch einander nicht feindlich gegenüberstehen und die verfügbaren Jobs auf die verfügbaren Menschen aufgeteilt werden.

Auch im Gesundheitssektor werden Zeit und Talente verschwendet – schuld daran sind die fehlende Aufklärung, schlechte Ernährung, körperschädigende Arbeit oder schlicht Unwissenheit. Angeblich gehört die Hälfte der Krankenhauspatienten in den reichen Ländern zu den Personen mit psychischen und nervösen Leiden; sie sind Opfer des Lebens in den Städten der Wohlstandsgesellschaft.

Die Lösung des Verschwendungs- und Abfallproblems ist eine Frage der geistigen Einstellung. In der holländischen Stadt Dronten z. B. (die im übrigen auf Land errichtet ist, das dem Meer abgerungen wurde) baute man ein Gemeindezentrum mit Kneipe, Kirche, Kino, Versammlungsraum, Ausstellungsräumen, Marktplatz, Sportplatz, Theater usw. – alles in einem Komplex. Hier haben die Bewohner eines Ortes demonstriert, wie man sparsam planen kann, wenn das richtige Bewußtsein vorhanden ist. Wenn sich Basis und politische Führung einig sind, kann man langfristig planen und auch in anderen Bereichen erfolgreich gegen die Verschwendungssucht vorgehen, etwa beim Wasserverbrauch oder bei den Lebensmitteln, in der

Bewirtschaftung von Wäldern und Gewässern, in Industrie und Handel.

Umfragen ergaben, daß ein ausgeprägtes Umweltbewußtsein dann entsteht, wenn die Menschen wissen, warum und wie sie mit bestimmten Dingen sparsamer umgehen sollen. Vielleicht gehört auch die bewußte Hinwendung zu einem einfachen Lebensstil dazu, steuerliche Anreize und notfalls Sanktionen gegen diejenigen, die nach wie vor Verschwendung praktizieren. Preiserhöhungen allein, das sahen wir am Beispiel Öl, bewirken noch keine grundlegende Veränderung des Verhaltens.

In Frankreich muß man für die Beseitigung von Altreifen eine Sondersteuer bezahlen, in der Schweiz für Schrottautos und in der Bundesrepublik für Altöl. Zusätzlich sollte die Genehmigung zur Lagerung und Verklappung bestimmter Stoffe zurückgezogen und der Transport wiederaufbereiteter Rohstoffe und Waren subventioniert werden.

Könnte nicht der Club of Rome auf diesem weiten Feld die Rolle eines Katalysators spielen, indem er mit allen nur denkbaren Mitteln das Bewußtsein dafür schärft, daß der verschwenderische Umgang mit vielen Dingen bekämpft, eingestellt und eingeschränkt werden muß? Wir haben hier eines der wenigen Gebiete, wo jeder einzelne von uns mit zur Lösung beitragen kann.

LITERATUR

1) Aurelio Peccei: »Die Zukunft in unserer Hand«. Verlag Fritz Molden, München 1981.

Die »Software-Gesellschaft«

von André Danzin

Was zeichnet die neue Stufe unserer Zivilisation aus? Um auf diese schwierige Frage eine Antwort geben zu können, möchte ich mich in meiner kurzen Abhandlung auf die Darstellung und Interpretation von Tatsachen beschränken und damit der Gefahr vorbeugen, mich in visionäre Träume zu versteigen.

Nehmen wir einmal an, wir hätten zwei Franzosen vor uns; der eine lebt um 1900, der andere im Jahr 1980; Alter: zwischen zwölf und sechzehn Jahren. Der erstgenannte steht dann im Arbeitsprozeß, während der andere noch zur Schule geht. Sollten sie beide berufstätig sein, wäre mit 50%iger Sicherheit ersterer in der Landwirtschaft tätig und der andere würde im Büro sitzen. Eine Berechnung der arbeitsfreien Zeit, die die beiden in ihrem Leben zu erwarten hätten, würde fünf beziehungsweise neunzehn Jahre ergeben.

Wenn wir vergleichen, in welcher Weise sie ihre freie Zeit verbringen, lautet das Ergebnis: der erste verbringt außerhalb der Arbeitszeit höchstens insgesamt zwei Jahre mit Information, Lesen und Kommunikation, unser zweiter Mann dagegen verbringt mindestens zwölf Jahre an Fernseher, Telefon, Radio und Computer-Terminal. Das sind nicht mehr die gleichen Menschen; das Leben hat sich von Grund auf verändert: die Arbeit, der Umgang mit Zeit, die Ausbildung, das Freizeitverhalten. Das Wichtigste in einem Leben ist die Information geworden und keineswegs – wie der Bruttosozialprodukt-Index nahelegen könnte – Energie, Rohstoffe und Maschinen. Das Gravitationszentrum menschlicher Tätigkeit hat sich zum Immateriellen hin verlagert.

Vielen wird es paradox vorkommen, daß unsere im Kern materialistische Gesellschaft uns an die Schwelle einer Kulturstufe des Immaterialismus geführt hat, in der Information, Verstehen und Wissen die dominierenden Faktoren sind. Die Tatsachen sprechen jedoch für sich selbst. In der nachstehenden Tabelle habe ich sie zusammenzufassen versucht.

Die wissenschaftlich-technische Forschung, die bis ins letzte Jahrhundert ganz wenigen Spezialisten vorbehalten war, beschäftigt heute drei von tausend Menschen. In unserer Zeit ist die wertvollste Entdeckung der Wissenschaft nicht das, was gerade erforscht wird, sondern das unerwartete, unvorhersehbare Neue. Auf diese Weise ist ein mächtiger, stets neue Zufälle produzierender Mechanismus in unser Leben eingebaut worden, dessen Produkt das nicht Planbare ist, während sich gleichzeitig unsere Kenntnisse über die Menschheit wesentlich erweitern.

Immer mehr Wissen wird aufgehäuft, es ist so umfassend und zugleich inkonsistent geworden, daß es nicht vermittelt werden kann. Das Bildungswesen wird mit Wissensstoff überfrachtet, es ist seiner ganzen Struktur nach anachronistisch und der neuen Situation nicht gewachsen. Die Ausbildung ist einer fundamentalen Wandlung ausgesetzt, sie muß ein in den Informationsprozeß integrierter, das ganze Leben umspannender Bildungs- und Selbstvervollkommnungsprozeß werden. Für diesen Bereich wird der Staat immer mehr Geld ausgeben müssen; in der Zeitplanung jedes Menschen ist die Ausbildung ein wichtiger Faktor. Das Kindesalter ist nicht mehr die Zeit der Wissensspeicherung; da lernt der Mensch, »wie man lernt«.

Die Kommunikationsindustrien expandieren immer schneller; Elektronik und Telekommunikation setzen sich in allen Bereichen durch; im öffentlichen Leben, zu Hause, im Gesundheitswesen und im Erziehungsbereich. Zusammen lassen sie einen »verdrahteten« Planeten entstehen, auf dem Informationen wie fließendes Wasser, Gas und Strom verbreitet werden. Der Fernsehzuschauer gibt seine Passivität auf, konsultiert Datenbanken und schaltet sich in Ferndialoge ein.

Die Satellitentechnik versieht uns mit der Fähigkeit, gleichzeitig überall zu sein. Die Produktion der Kommunikationsindustrie, die uns große und kleine, netzunabhängige wie netzverbundene Instrumente beschert, übersteigt bald die aller anderen Produktionszweige. Je perfekter die Instrumente werden, desto weniger Rohstoffe und Energie verschlingen sie.

Der Begriff Arbeit wird mit neuem Inhalt gefüllt. Software, ein Begriff, der ursprünglich die nichtmateriellen Dimensionen der Informatik erfassen sollte, kann nun auf die Gesellschaft insgesamt angewandt werden. Muskelkraft wurde durch Maschinen ersetzt. Die Organisation der Gesellschaft ist immer schwieriger und komplexer geworden und hat den Schwerpunkt menschlicher Tätigkeit auf die Informationsverarbeitung verlegt. Die Informatik arbeitet schneller, klüger und genauer als der Mensch, was die repetitiven Vorgänge in der Datenverarbeitung betrifft. Präzisionsmaschinen, Empfangsgeräte und Mikroprozessoren ermöglichen es, die körperliche Arbeit Robotern anzuvertrauen. Arbeit wird knapp werden und muß unter die Menschen im arbeitsfähigen Alter aufgeteilt werden; die Arbeitszeit der Menschen sollte verkürzt, die der teuren und rasch veraltenden Maschinen dagegen verlängert werden.

Die Frage, wie die Menschen die Zeit verbringen, ist zu einem grundsätzlichen moralischen Problem geworden. Was soll man in der Zeit tun, die einem verbleibt, wenn das Bedürfnis nach Erholung befriedigt ist? Nicht-kommerzielle Tätigkeiten, die im Industrie-Zeitalter in den Hintergrund traten, sind wieder im Kommen. Um das Recht des einzelnen auf eine zweite Beschäftigung, die von den Zwängen bezahlter Arbeit befreit ist, findet entweder ein Kampf statt oder es wird stillschweigend anerkannt. Es wird eine wichtige Aufgabe, die Menschen zum bewußten Umgang mit ihrer Zeit zu erziehen. Dagegen verliert die rein berufliche Qualifizierung an Bedeutung.

Sitten und Gebräuche, die Bestrebungen des einzelnen

und der Gemeinschaft machen eine tiefgreifende Wandlung durch. Die Rolle der Frau hat sich radikal verändert: zum erstenmal in der Geschichte der menschlichen Art ist es die Frau, die in den Fragen der Fortpflanzung mehr zu sagen hat als der Mann. Sie bringt weniger Kinder zur Welt und strebt eine aktivere Rolle in der Gesellschaft an, wodurch mehr Arbeitsplätze benötigt werden. Askese auf sexuellem Gebiet gibt es kaum mehr. Das soziale Leben läßt sich nicht mehr auf Familie, Dorf und Gemeinde beschränken; auch der Arbeitsplatz ist einbezogen. Gleichzeitig jedoch verkümmern unter dem Druck der Massenmedien die zwischenmenschlichen Beziehungen.

An wichtigen Ressourcen wird wieder gespart. Um den Verbrauch knapp gewordener Güter zu senken, wird von staatlicher Seite Geld investiert; ökologische Gruppen setzen sich für die Belange des Naturschutzes ein.

Die immer weitere Ausbreitung der Städte ist nicht mehr die Voraussetzung für das Wachstum der Wirtschaft. Technische Entwicklungen machen es möglich, daß auch in kleinen Teams effektiv gearbeitet werden kann, ohne daß diese in große Zusammenballungen von Menschen eingebettet wären. Der Einsatz von Mikroprozessoren in integrierten, flexiblen Produktionsprozessen erleichtert es kleinen Wirtschaftseinheiten, sich von der Abhängigkeit von großen Industriekomplexen freizumachen.

Dadurch können im Transportwesen Zeit und Geld eingespart werden; darüber hinaus können sich die Menschen im Wohnbereich, der bislang in dichtbesiedelten Ballungszentren erdrückt zu werden drohte, einen Freiraum schaffen, der für Kultur und Bildung daheim unerläßlich ist.

Das Zentrum der Macht verlagert sich vom Eigentum auf die Information. Die Massenmedien prägen die öffentliche Meinung; sie sind es, die Regierungen ernennen und stürzen; ihre Macht greift auch die Positionen derer an, die die Kontrolle über die Wirtschaft ausüben. Ton und Bild dringen in anderer Weise als die Schrift ins Bewußtsein ein und formen die Intelligenz der Kinder. Datenbanken, die man aus der Ferne konsultieren kann, erschließen neue Möglichkeiten, Informationen zu akkumulieren und die Ausbreitung von Wissen zu regeln. Die Massenmedien bilden Monopole, bestenfalls aber Oligopole.

Die wichtigste Entwicklung ist jedoch, daß der Mensch erkannt hat, daß die Welt, in der er lebt, unendlich komplex ist. Die winzigen, leistungsfähigen Minicomputer zeigen, daß das Universum nicht einfach aus einer Anhäufung kleiner Bestandteile besteht, so als wäre es aus einzelnen Bausteinen errichtet worden, sondern daß im unendlich Kleinen das unendlich Komplizierte enthalten ist. Unendliche Komplexität kennzeichnet auch das unendlich Große, das die Weltraumsonden, optische und Radioteleskope erkundet haben. Auch die menschliche Gesellschaft mißt ihre eigene, extrem schnelle Entwicklung an der steigenden Flut der verarbeiteten und gespeicherten Daten. Diese Daten haben seit den 60er Jahren um 15% bis 25% zugenommen, je nachdem, ob auf wissenschaftlichem, technischem, wirtschaftlichem oder einem anderen Gebiet. Ein Ende dieses Wachstums ist nicht abzusehen, denn die Fähigkeit der Computer, immer mehr Daten mit gleicher oder gar größerer Geschwindigkeit zu verarbeiten und zu speichern, nimmt kontinuierlich zu. Auf diese Weise bestärken das Organ und seine Funktion einander innerhalb eines einzigen Entwicklungsprozesses, der zu gesellschaftlichen Veränderungen führt, die an Intensität ihresgleichen in der Geschichte des Menschen suchen.

Es hat den Anschein, als würden die Menschen vor dieser Komplexität kapitulieren. Die Übermacht der Bürokratie erdrückt sie. Die Elemente, die für die repräsentative Demokratie konstitutiv sind, unterliegen ihrem Wesen nach ständigem Wandel. Der schnelle Informationsfluß macht es schwierig, die Spreu vom Weizen, das Wichtige vom Unbedeutenden zu trennen. Jede Entscheidung hat neben den direkt vorhersehbaren Auswirkungen nicht vorhersehbare gegenläufige Auswirkungen, da jeder Impuls eine Serie von Reaktionen im System auslöst, die ihrerseits eine Vielfalt von Bewegungen in Gang setzen. Es kommt oft vor, daß ein unerwartetes Ergebnis, sei es schädlich, sei es nützlich, viel weitreichendere Auswirkungen hat als das geplante Resultat, so daß politische Entscheidungen nicht zu Lösungen führen, sondern statt dessen zu neuen Situationen, die neue Probleme aufwerfen. Erneut muß dann mit der empirisch-praktischen Methode eine Lösung gesucht werden. Die Gesellschaft macht wieder die Erfahrung, mit Unsicherheit und Zufälligkeiten leben zu müssen. Sie hält sich selbst ihrem Wesen nach für unregierbar, wenn man unter ›regieren‹ versteht, daß man die Parameter einer Entwicklung steuern kann.

Das Informations-Management erfordert neue Organisationsmodelle. Diese Organisation, die den beteiligten Personen neue, verantwortliche Aufgaben übertragen würde, ist noch nicht genau zu bestimmen. Wie unreif die Vorstellungen darüber sind, sieht man am Gebrauch neuer Begriffe, die für jeden, der sie benutzt, einen etwas anderen Bedeutungsinhalt haben: Dezentralisierung, Pluralisierung, Partizipation, konzertierte Aktion, Konsensus, Selbstverwaltung. Daß diese Begriffe überhaupt in Gebrauch sind, zeigt ein Verlangen nach Fortschritt, das wir für äußerst wichtig halten.

Das sind nach meinem Dafürhalten in groben Zügen die Merkmale der Metamorphose, die wir gegenwärtig durchleben und die den Keim einer neuen Kulturstufe enthält. Es erübrigt sich, viele Worte darüber zu verlieren, welche großen kulturellen Fähigkeiten und geistigen Kräfte benötigt werden, wenn wir erfolgreich diesen Umwandlungsprozeß durchstehen wollen. Es fehlt uns an theoretischen und, wie mir scheint, auch praktischen Voraussetzungen, unter wirtschaftlichen Verhältnissen zu leben, in denen Daten die hauptsächliche Ware sind. Wir können nicht einmal annähernd genau bestimmen, was der Marktwert dieses vagen und ungreifbaren Gegenstandes »Information« ist.

Einige Merkmale des Übergangs von der Agrargesellschaft zur Informationsgesellschaft

	Agrar-gesellschaft	Industrie-gesellschaft	Informations-gesellschaft
Stellung von Wissenschaft und Technik	sehr schwach, weniger als 0,3 %*	stark, 1 % bis 2 %	sehr stark, 2 % bis 3 %
Stellung der Erziehung	schwach, weniger als 1 %	stark, 2 % bis 4 %	sehr stark, 6 % bis 8 %
Stellung der Telematik-Industrie und der Dienstleistungen	unbekannt	3 % bis 5 %	etwa 10 %
Anteil der Arbeitskräfte in			
– Landwirtschaft	40 %	10 % bis 20 %	10 %
– Industrie	15 % bis 25 %	40 %	20 %
– Information	12 %	15 % bis 20 %	50 %
Faktor Zeit			
– Lebenserwartung	36 Jahre	60 bis 70 J.	70 Jahre
– Freizeit	3 Jahre	12 Jahre	19 Jahre
– Reisen	1,8 Jahre	4 bis 6 Jahre	abn. Tendenz
Grad der Verstädterung	25 %	70 %	abn. Tendenz
Stellung der Massenmedien	schwach	stark	sehr stark
Organisation	nicht sehr komplex	komplex	äußerst komplex
Wechselseitige Abhängigkeit	schwach	stark	sehr stark
Geburtenziffer	stark	schwach	sehr schwach

* Die prozentualen Angaben beziehen sich auf das Bruttosozialprodukt.

Die Autoren

André van Dam (Holland) ist Wirtschaftswissenschaftler und Planungsberater. Vor seiner Pensionierung arbeitete er in der Agroindustrie. Er engagiert sich für die Entwicklung der internationalen Beziehungen und für die Dritte Welt. Seine Veröffentlichungen erschienen in 40 Ländern.

Mahdi Elmandjra wurde 1933 in Rabat, Marokko, geboren. Er ist ehemaliger stellvertretender Generalsekretär der UNESCO und Präsident der *World Future Studies Federation,* heute Präsident von *Futuribles.* Autor mehrerer Bücher und Artikel, u. a. »Africa 2000«, »Maghreb 2000« und Mitverfasser des Berichts an den Club of Rome »Das menschliche Dilemma«, der in 13 Sprachen übersetzt wurde und 1981 in Frankreich den »Prix de la Vie Economique« erhielt (deutschsprachige Ausgabe: Verlag Fritz Molden, München 1979).

T. Ranald Ide wurde 1919 in Ottawa, Kanada, geboren. Er ist Vorsitzender des *Communications Research Advisory Board* in Kanada. Mitautor des Berichts an den Club of Rome »Auf Gedeih und Verderb – Mikroelektronik und Gesellschaft« (Europa-Verlag, Wien 1982).

Hiroshi Inose, geboren 1927 in Tokio. Seit 1961 Professor für Elektronik an der Universität von Tokio. Er ist außerordentliches Mitglied der *National Academy of Sciences* der USA sowie der amerikanischen Gesellschaft für Philosophie. Mehrere Veröffentlichungen.

Mohamed Kassas, geboren 1921; Promotion in Cambridge. Professor an der Universität in Kairo. Forschungsarbeiten im Bereich Ökologie der Pflanzen, insbesondere in Dürregebieten. Er ist Präsident der *International Union for Conservation of Nature and Natural Resources* und Mitglied des Beraterstabes des *United Nations Environmental Program* (UNEP). Mitglied des Club of Rome.

Yoichi Kaya, geboren 1934, studierte und promovierte im Fachbereich Ingenieurwissenschaften an der Universität Tokio. Seit 1978 ist er Professor an der Universität von Tokio. Er schrieb u. a.: »Energy Analysis«, »Control Engineering«. Mitglied des Club of Rome.

Koji Kobayashi, geboren 1907 in Yamanashi, Japan, studierte bis 1929 an der Kaiserlichen Universität von Tokio, wo er 1939 zum Maschinenbauingenieur promovierte. Er ist Ehrendoktor des Monmouth College, des Polytechnical Institute in New York und der Autonomen Universität von Guadalajara, Mexiko.
Seit 1949 arbeitet er im Management von Nippon Electric Co., Ltd. in Tokio. Er ist heute Vorsitzender des Aufsichtsrats und Generaldirektor dieser Gesellschaft.
Dr. Kobayashi ist Mitglied zahlreicher Spitzenverbände der Wirtschaft und staatlicher Organisationen.

Ervin Laszlo ist ein international bekannter Philosoph, Futurologe und Experte in Fragen der Weltwirtschaft. Der Verfasser von 35 Büchern ist momentan Direktor des UNITAR-Programms zur regionalen und interregionalen Zusammenarbeit in den achtziger Jahren.

Pentti Malaska, geboren 1934, promovierter Elektroingenieur, ist seit 1966 Professor der Betriebswirtschaft an der Turku School of Economics in Finnland. Neben seiner Arbeit an der Universität hat er sich in der Energieforschung betätigt und finnische Firmen mit betriebswissenschaftlichen Analysen beraten. Seit zehn Jahren dient er dem Aufsichtsrat der Bank von Finnland als Berater in der Investitions- und Energiepolitik. Gegenwärtig leitet er ein internationales Forschungsobjekt zum Einsatz von Szenarios bei der langfristigen Planung. Er ist der Erste Vorsitzende der Finnischen Gesellschaft für Zukunftsforschung. Malaska verfaßte zahlreiche wissenschaftliche Abhandlungen zu Fragen der Betriebswirtschaft, der

Energie und der Zukunftsforschung. Mitglied des Club of Rome.

Mihailo Mesarović, geb. 1928 in Jugoslawien. Diplom in Electrical Engineering; Ph. D. in Technical Science an der Serbischen Akademie der Wissenschaften in Belgrad. Chairman der *Systems Engineering Division* der Case-Western-Reserve University (CWRU); seit 1965 Direktor des *Systems Research Center* der CWRU.

Donald N. Michael, Professor für Planungsfragen und Wirtschaftspolitik an der Universität von Michigan. Seit seiner Emeritierung Beratertätigkeit für Industrieunternehmen in Fragen der Führungsmethoden und organisatorischen Reformen.

Yukio Noguchi, geboren 1940 in Tokio, Promotion in Volkswirtschaft an der Yale University. Arbeitete von 1964 bis 1974 im Finanzministerium von Saitama. Seit 1981 Professor an der Universität Hitotsubashi. Mehrere Veröffentlichungen.

Aurelio Peccei, geboren 1908 in Turin. Studium der Wirtschaftswissenschaften, Promotion. 1943 – 45 war er in der italienischen Widerstandsbewegung aktiv. Nach dem Krieg in führenden Positionen bei Fiat und Olivetti. Mitglied vieler nationaler und internationaler Gremien auf den Gebieten Wirtschaft, Politik und Kultur. Aurelio Peccei ist Gründer und Vorsitzender des Club of Rome.
Autor mehrerer Veröffentlichungen, u. a. des 1981 erschienenen Buches: »Die Zukunft in unserer Hand« (Verlag Fritz Molden, München).

Howard V. Perlmutter, geboren 1925 (USA), Promotion in Psychologie an der Universität von Kansas. Gegenwärtig als Professor für Sozialwissenschaften an der Wharton School, University of Pennsylvania, tätig. Direktor des

Worldwide Institutions Research Center. Mitglied der Vereinigung COR.

Eduard Pestel, geboren 1914, ehemaliger Kultusminister von Niedersachsen und emeritierter Professor der Universität Hannover. Seit 1969 Mitglied von EXCOM. Mit M. Mesarović entwickelte er in dem Buch »Menschheit am Wendepunkt« (DVA, Stuttgart 1974) das Konzept des organischen Wachstums und trat für die Schaffung großer regionaler Wirtschaftsgemeinschaften der Entwicklungsländer ein. Mitglied des Club of Rome.

John R. Pierce, geboren 1910 in Des Moines. Arbeitete bei *Bell Laboratories* über Mikrowellenröhren, Kommunikationssatelliten, über Sprach- und Hörvorgänge. 1971–80 Professor in Caltech, 1980–1982 Leiter des *Jet Propulsion Laboratory*. Emeritierter Professor für Maschinenbau. Mehrere Veröffentlichungen.

Adam Schaff, geboren 1913 in Polen. Doktor der Philosophie an der Akademie der Wissenschaften in Moskau. Lehrstuhl für Philosophie in Lodz, dann in Warschau. Er ist Mitglied der Polnischen Akademie der Wissenschaften. Lehraufträge im Ausland, u.a. in Wien. Zahlreiche Buchveröffentlichungen (die deutschsprachigen Ausgaben erschienen im Europa-Verlag, Wien). Mitglied des Club of Rome.

Soedjatmoko wurde am 10. Januar 1922 in Sawahlunto auf Sumatra geboren. Er studierte am Medical College in Djakarta, Indonesien, und an der Harvard University in den USA. Von 1968 bis 1971 war Soedjatmoko indonesischer Botschafter in den Vereinigten Staaten; ab 1971 fungierte er als Berater der indonesischen Regierung in sozialen und kulturellen Angelegenheiten. Seit vielen Jahren ist Soedjatmoko für die Vereinten Nationen tätig: am 1. September 1980 wurde er vom Generalsekretär der Vereinten Nationen zum Präsidenten der United Nations University ernannt.

Claudio Stern, geboren 1938 in Mexico City. Untersuchungen und Veröffentlichungen zur Binnenwanderung, Verstädterung und Regionalentwicklung. Heute Professor am El Colegio de Mexico und Leiter des *Center for Sociological Studies* am El Colegio de Mexico. Geschäftsführender Leiter des *Program for Social Research on Population in Latin America.*

Hugo Thiemann, geboren 1917 in der Schweiz. Ehemaliger Generaldirektor des *Battelle-Instituts* in Genf. Mitglied des Wissenschaftsrats der Schweiz und des Direktoriums der *Schweizer Akademie für Angewandte Wissenschaften.* Seine Veröffentlichungen befassen sich vor allem mit Forschungspolitik und der Zukunft der Wirtschaft.